# 建筑设计教与学

黎志涛　著

中国建筑工业出版社

**图书在版编目（CIP）数据**

建筑设计教与学/黎志涛著.—北京：中国建筑工业出版社，2014.5

ISBN 978-7-112-16546-9

Ⅰ.①建…　Ⅱ.①黎…　Ⅲ.①建筑设计　Ⅳ.①TU2

中国版本图书馆CIP数据核字（2014）第046990号

　　本书是针对建筑设计课程，阐述教师如何培养建筑设计人才和学生如何学习建筑设计的专著。全书分为五章：第一章概论，阐述了建筑设计课程的特色和教学目的、大纲、过程、管理、评估，以及师资队伍和教学主体；第二章阐述了在建筑设计课程中教师教学的重点；第三章阐述了教师怎样才能教好建筑设计课程；第四章阐述了学生学习建筑设计究竟主要学什么；第五章阐述了学生怎样学好建筑设计。

　　本书主要供建筑院校师生参考，对于年轻建筑师和转行从事建筑设计工作的旁专业设计人员也有参考价值。

责任编辑：王玉容
责任设计：董建平
责任校对：陈晶晶　刘梦然

**建筑设计教与学**

黎志涛　著

\*

中国建筑工业出版社出版、发行（北京西郊百万庄）
各地新华书店、建筑书店经销
北京京点图文设计有限公司制版
北京画中画印刷有限公司印刷

\*

开本：787×1092毫米　1/16　印张：19¾　字数：520千字
2014年6月第一版　2014年6月第一次印刷
定价：**46.00**元
ISBN 978-7-112-16546-9
　　　（25321）

# 前　言

　　建筑设计教学作为建筑教育的重要一环，在人才培养中有着举足轻重的作用。自 20 世纪 20 年代由中国第一代建筑师和中国近代建筑教育开拓者们开创中国建筑教育事业以来，历经几代同仁们的努力，使中国的建筑教育有了巨大发展，并为国家培养出数以万计的建筑设计优秀人才。其中，建筑设计教学为此作出了突出的贡献。而当今的建筑教育又呈现出另一番景象：一方面，新增办系与日俱增，招生规模不断扩大，学科发展日臻完善，教学手段日趋现代，人才培养多元并存，国际交流频繁互往；另一方面，社会急功近利思潮、缺乏责任的浮躁心态、追求名利的办学思路、现实负面因素对教学的干扰和冲击等，都在不同程度上影响着建筑教育的健康发展和建筑设计教学的正常运行。面对建筑教育的新形势，从事建筑设计教学的教师对于教什么？怎么教？学生对于学什么？怎么学？便成为师生需要再思考的问题。

　　著者的一生与建筑设计结下了不解之缘。从在清华本科六年的建筑设计入门熏陶，到在南京工学院三年研究生的建筑设计深造；从九年的学习建筑设计，到近三十年的教授建筑设计课程；从建筑设计教学研究，到长达八年的教学管理；从数十年参加工程项目设计实践，到退休后仍在帮助青年学子和年青建筑师提高建筑设计能力，最终明白一个道理，即当自己作为学生学习建筑设计时要问自己，我应该学什么？怎样学？回答是，按教育的人才培养目标要求自己，学会做人，学会做学问。当自己的角色发生转变，成为教师时，也要问自己，我应该教什么？怎样教？回答是，按教学宗旨不仅传道授业，更要为国家培养人才。这应该是每一位建筑院系的教师和学生，要扪心自问，并给予明确应答的。否则，学生不明确学习的目的和学习方法，就难以成为德、智、体、美全面发展的人才，也难以具备强有力的综合能力，去迎接人生未来的挑战。而教师若不履行自己的职责，没有一个端正的教学态度和正确的施教方法，就会误人子弟。

近些年来，在各校建筑院系的建筑设计教学改革中，中青年教师积极探索着新的教学思路、新的教学方式、新的教学方法和新的教学手段，并为此取得了许多可喜的教学成果。但是，也应承认，当下的建筑设计教学仍有不断完善和发展的空间，仍存在需要纠正的教学偏向，仍有对传统建筑教育优秀遗产继承和发扬的反省，更有建筑设计教学应以学生为本，以人才培养为目标教学理念的回归。总之，我们的建筑设计教学研究、改革，要从纯学术和操作层面，提升到对学生品学全面发展的关怀高度上。要以学生为本，尊重学生的创造精神，关心学生身心健康发展的方方面面。这才是建筑设计教学改革的出发点和落脚点。

本书实际上是著者数十年来对建筑设计学习、教学、研究、管理的一次系统总结。许多收获是从先生们的言传身教中学来或受其熏陶感染、潜移默化而成；许多教学理念也是因热爱教学、研究教学而发现其中的教学真谛；对于如何提高教学质量，也是从教学管理的经验中摸索出搞好建筑设计教学的规则；更有在长期与校内外学生的频繁接触与平等交流中，深知他（她）们对学习建筑设计的热爱、激情、困惑与苦恼，甚至对某些建筑设计教学的不良现状抱有的不满与无奈。著者也从与许多新办建筑系的年青教师和建筑设计单位的年青建筑师的接触中，了解到年青教师因教学刚起步，不知如何发展自己、提高教学能力；年青建筑师不知在设计实践中如何进一步提高自己的设计能力。所有这些内外诱因促使著者早些年就萌发要写一本关于教师怎样教建筑设计，学生怎样学建筑设计的书。而且设想在探讨建筑设计教学法的基础上，提升到以"育人为本"这样一个人才培养的大学教育宗旨上进行阐述。无奈杂事缠身，只是拖至去年初才排上日程动手撰写，也因撰写途中必须让位于有些更重要、更急需完成的事，而延误至今才终于脱稿。

在本书撰写过程中得到中国建筑工业出版社王玉容编辑的关心和帮助，是她的督促终使本书能与读者见面，在此深表感谢。还要感谢东南大学建筑学院赖自力和王祖伟为全部照片所做的整理工作；感谢刘怡显、陈秋红、张颖三位热心的朋友在百忙之中为全书进行了认真的打印。感谢黎珊为全书打印稿进行了多次订正。

本书所述，仅是一家之言，不妥之处，望同仁和读者不吝赐教。

黎志涛 2013.12

# 目　录

# 第一章

## 概　论

# 一、建筑设计的课程特色

建筑设计课程既具有理工类课程传授科学理论知识及动手操作实验的特点，又具有艺术类课程注重艺术修养及创作训练的特点，因而具有自身独特的课程特色。

## 1、课程地位

在建筑学专业的人才培养计划中，是以建筑设计为主干课程，并配置其他相关课程，如公共课、专业基础课、专业课、选修课、实践教学环节等，共同构成有机的课程系统。这些相关课程虽然有自己的完整教学内容，但它们都需随着建筑设计课的进程而依次适时跟进。甚至根据各年级建筑设计课对学生应先修相关专业课的部分理论知识要求，各相关课程应能够按知识单元分学期授课，以便学生能够学以致用，而不是一鼓作气完成自身的授课任务。可见，建筑设计课是建筑学专业培养人才计划中的核心课程，而所有其他课程都是围绕着建筑设计课而展开教学的。其关系犹如一株大树的主干，在若干枝叶的簇拥下才共同构成一株枝繁叶茂的大树。

## 2、课程比重

在建筑学专业学制设置上，学生需要经过五年的学习才能完成学业，并通过教学评估而获得建筑学学士学位。可以说，建筑学专业学制之长，在大学各专业之中实属罕见。在这五年中，从一年级开始，建筑设计课程实际上已经进入了教学程序，只是一年级所进行的教学活动是建筑设计基础性的知识传授与设计基础训练，学生并没有真正进入建筑设计领域。也可以说，一年级的建筑设计基础课程是为二年级开始的建筑设计课程学习在准备设计知识与基础设计的条件。而正式的建筑设计课程的学习要经历三年（二至四年级）。虽然第五年进入了建筑设计课程学习的最后阶段，但那是该课程的实践教学环节，即设计院实习和毕业设计。因此，建筑设计课程真正的整体教学是纵跨五年制中间的三个教学年度。如果按学时在五年总学时中所占的份额，可达 23.4%，倘若包含一年级的建筑设计基础和五年级的毕业设计这两部分，实际上作为建筑设计课程一体化的学时，那么，建筑设计课程所占总学时的比重更高达39%。因此，一门课程跨学年之长，学时占有量之多，是大学里其他学科的任何课程所不及的。

### 3、课程内涵

建筑设计课程是一门传授建筑创作学问和掌握设计方法与操作技能的课程，无论在知识领域或是创作领域都涉及到对诸多学科之科学成果的了解与运用。诸如环境学、地理学、气象学、城市规划学、建筑历史、建筑结构、建筑构造、建筑材料、建筑施工、建筑物理、生理学、心理学、人体工程学、哲学、人文学、美学、生态学、园艺学、经济学等等。可以说，建筑设计课程在不同程度上需要吸纳如此众多的学科知识，也是其他学科或专业所没有的，真可谓要上知天文、下知地理。不仅如此，由于建筑设计的对象，如：工业建筑、公共建筑、居住建筑、地下建筑以及各类城乡市镇设施，只要是为人们提供使用空间或装点环境的人工物，建筑设计的创作触角都会涉及到。因此，学生对这些建筑类型的工艺流程、设计原理、生活规律、使用要求等等也都应有所了解。更由于建筑设计的最终目标是要创造一个具体的为人所用的人工物，不但要坚固、经济、适用、美观，而且要与大自然友好相处。这就要求学生具备较强的综合分析能力以及创造力和实践能力，才能将创作意念转变为现实。

总之，建筑设计课程的教学内容之丰富，教学要求之全面，也就形成了课程自身与众不同的课程特色。

### 4、授课方式

由于建筑设计课程兼有理工类与艺术类课程的特点，其课程内容又包含了理性知识与感性创作两部分，因此，授课方式也与众不同。

凡理性知识，诸如设计理论、创作理念、设计原理、专题研究等都需在课堂上集中授课，以便在某一课程设计之前，教师将相关设计知识向学生做一全面概述。而这种授课手段很大一部分是借助多媒体形象地给学生以直观的讲解，再配以教师的板书，把设计所要考虑的问题，或者思考过程演示出来。也可以说，这种集中授课方式常以形象教学为特色。但是，这种集中授课方式在一个课程设计单元的全程教学中采用并不多。

作为建筑设计课程，主要的授课方式却是在分散式的教学小组内进行。

因为，建筑设计不仅是知识的传授与能力的培养，更是一种创作活动。尽管课程设计任务书对全年级学生是统一的，但每一位学生对设计命题的理解、立意构思、设计方向、创作路线、解决设计问题方法等都不会相同，甚至大相径庭，其结果导致各学生的设计目标五花八门。而且，由于建筑设计的结果不会像解数学题 1 加 1 等于 2 那样有一个标准答案，只能相对优劣而言。因此，教学过程的授课方式犹如医生看门诊一样因人而异，视方案"病情"而"对症下药"。故需采取分小组形式，教师一对一地针对每位学生的设计过程进行因材施教，个别辅导。在辅导中既指导具体的设计问题，又讲述一定的理论知识。

当然，每一课程设计的集中授课与个别辅导总是穿插进行的。当课程设计进行到某一阶段时，小组教师发现某个共同问题需要集中讲解时，可以在小组范围内集中全组学生就某一个共同的设计问题进行授课，或者讲评、讨论。这种授课方式是随机适时的，全在于设计教师对教学状态的把握。

## 5、教学形式

正是因为建筑设计课程具有多方面的特殊性，导致了教学形式主要是以分组施教的方式展开的，即由一位设计教师带领若干学生组成一个教学小组，共同经历一个课程设计教学单元的过程。由于建筑设计课程教学属于个体辅导，为了保证教师对小组每一位学生负责，并提高教学质量，教师辅导的学生数量不宜过多，一般以 10 ~ 12 人为宜。即使如此，在每一次半天的课内学时设计辅导中，每一位学生所摊到的辅导时间也只有 20 分钟左右，要想在这点时间内使教师对学生的方案进行深入辅导，甚至展开讨论交流就显得时间短促了。难怪一位敬业的教师上设计课"拖堂"至下午一两点才吃午饭的现象也就不足为怪了。因此，如果校方不顾办学条件，任意扩大建筑院系招生人数，造成每位设计教师指导学生数要提高到 15 人以上，甚至 20 多人乃至 30 人之多，显然至少是对建筑设计课程教学方式的特殊性不了解，或者办学宗旨另有图谋，而不顾及教师教学负担过重或无视人才培养的质量所致。

由于建筑设计课程的教学是这样一种分散式的个体辅导方式，势必在一个年级的该课程教学组织中，就需配备若干名教师同时分组教学。这与其他理论课是由一名主讲教师面授一百人甚至两百人的课程教学全然不同。

这种差别完全是由于建筑设计课程教学特点所决定的。

当一个课程设计终结并启动新一轮课程设计时，分组教学形式可不变，但辅导老师要轮换。三年的建筑设计课程都是如此展开。学生在此期间可以接受 12 名教师的教学辅

分组教学是建筑设计课的主要形式

导（以每学期进行两个课程设计计）。学生从中可以学到不同教师的教学特长而受益，也可能相反而无所长进，这全在于各位设计教师的责任心与教学水平了。

### 6、教学难度

在大学里，恐怕难以找到比建筑设计更难教、更难学的课程了。表面看起来，任何一位毕业博士生，甚或毕业硕士生都可以立马上岗辅导学生建筑设计，甚至可以不要备课，仅凭现有能力与水平，按低标准教学要求就能使建筑设计教学应付着运转起来。可以说，这种似乎轻车熟路的教学是别的课程做不到的，当然，这是一种不正常的教学现象。若按高标准教学要求，则要想真心教好建筑设计这门课却不是轻而易举的事，难就难在限定条件和可变因素太多。

首先，建筑设计活动完全是一个创作过程。各种创作因素都会引起学生对同一命题以及设定的条件而产生不同的观点、分析、判断、决策，从而导致不同的创作方向，到达不同的设计目标，甚至方案结果大相径庭。在此状态下，教师如何指导学生创作理念，把握学生创作方向，辅导学生创作手法等等，都没有现成公式规则可套。何况学生对创作过程中所遇问题的认识差异不能裁定为是与非、对与错。只能是相比较而言，这就增加了教师辅导学生设计的难度。

其次，建筑设计过程实质上是一种思维过程，包括运用逻辑思维与形象思维进行建筑创作，而做方案的画图仅仅是表象。教师要想辅导学生做设计，就不能简单地就事论事解决图面上的设计手法问题，一定要从搞清学生怎么"想"设计问题入手进行辅导。但是，要想从学生的图面上去发现学生头脑中对设计问题出现的思维偏差，并不是一件容易的事。这正是

教师辅导学生设计中的难点和盲点。

再者，教师辅导学生设计也是要自己动脑筋的，也是带有个人的观点、思维方法去指导学生展开设计工作的。由于建筑创作开始阶段学生的设计思路很宽阔，或者说没有框框而呈现多路径的设计方向，当然也必定存在若干设计问题。教师要想尊重学生的建筑创作（毕竟是学生自己做设计），就不能以自己的意志强加于学生，不能以自己的思维代替学生的想法，而要循循善诱地帮助学生在原有方案的基础上逐步完善方案，从而避免全组10多名学生的方案趋同于带有教师思维印记的同一模式。但欲要做到这点并不容易，也可以说是相当难的。因为，教师一个人要应对10多名学生的方案，还要使各学生的方案不能雷同，并各有特色，教师自己如果没有一点设计功力，恐怕也是难以做到的。

更大的困难恐怕是建筑院系对生源的要求与其他学科对生源的要求完全不一样所致。这就是，由于中学教育和高考制度的某些弊端，以及社会与市场因素，造成了许多进入建筑院系的新生高分低能，甚至并不太适合学习建筑学专业，而真正对学习建筑学专业十分感兴趣又初步具备了一些先天优势的生源，因考分不上线而被拒之门外。面对这样一种现实，教师只能从零起步，一步一步地引领学生走进建筑设计的殿堂，真可谓万事起头难。何况建筑设计的教学效果不像其他课程只要下功夫就可立竿见影，它的教学效果只能是滞后的，在很大程度上是一种潜移默化的过程，仅仅依靠课堂教学已远远不够了。因此，欲要教好建筑设计这门课，就要比教好其他任何一门课程付出数倍的努力。

但是教好建筑设计这门课绝不是一位教师所为。因为，这门课需要数十名教师在不同年级授课，又具有很灵活的流动性。因此，完全需要一支德才兼备、全心全意教学的教师团队共同为之努力。这是由于这门课的教学方式、教学特点、教学跨度等等与众不同特色所决定的。也正是这样一种团队教学方式，整体的教学成效要依赖每一位教师的智慧和才华。但任何事物总是一分为二的，这种团队教学若缺乏教学监管，也会产生个别教学低下、教学又不上心的教师混在其中，一旦出现教学质量问题也难以问责于谁。这与其他绝大多数教学责任分明的课程有很大的不同。

还有一点应提及的就是，建筑设计课程对教学硬件的要求，即应保证足够的教学空间和图书资料。倘若满足不了这一基本要求，要想搞好建筑设计教学也是相当困难的。因为，对于侧重于运用多学科知识进行建筑创作而言，不需要像其他工科院系那些多种多样且设备昂贵的实验室，它只需要丰富的中外文图书资料，以拓宽学生眼界。这样，学生才能见多识广，才能有更大的创作自由。又由于每一位学生必须有自己的独立创作小天地，因此，$2m^2$ 左右的学习、绘图空间是必需的。这与大学里其他系的学生上课没有固定教室，而处于"打游击"的状况形成鲜明对比。再说，建筑设计的学习还需要有交流的场所，以便能展开讨论、点评、展示等公共教学活动，使学生在特定的教学氛围中，经常能受到专业素质的潜移默化。

但是，作为各学校对整体教学资源配置而言，对于上述建筑设计所需的两个教学硬件条件较难做到两全其美。对于老的建筑院系，图书资料较为丰富，特别是历年保存的珍贵图书资料比较厚实，但教学空间较为紧张，或者教学环境不甚理想。而新的建筑院系，则与前述情况相反。

另一个新出现的问题是，由于大学教育的扩张以及大学城的兴起，造成异地办学，使教师在市区老校区与大学城新校区两处奔波，无暇顾及课外时间多与学生相处。而这一点使建筑教育和建筑设计教学处于尴尬的窘地。因为，建筑设计的弹性教学辅导和必要的课外教学活动以及师生交往因此受到较大制约，对提高教学质量和人才培养是不利的。

总之，建筑设计课程对教学软硬件条件的要求较之其他院系更为苛刻些。比如，有些教学条件（老的图书资料）并不是有钱就能办到的。何况，从全校整体考虑，校方并不认为建筑设计课程所需的办学条件有那么重要。这样，建筑设计教学只能在困难中前行。

## 二、建筑设计的教学目的

建筑设计作为一门核心课程，其教学目的就是教会学生怎样做建筑设计。具体体现在学生经过5年的学习过程，在下述四个方面应达到教学要求。即树立正确的设计观点；明了建筑设计的有关知识；掌握正确的建筑设计方法和学会运用建筑设计的不同媒介。

### 1、引导学生树立正确的设计观点

这是保证学生建筑设计入门能走上正路的先决条件。因为，任何人对人对事总有自己的看法，做建筑设计也是一样，设计者总是带有自己的观点指导自己的设计行为，不管这种观点正确与否。因此，建筑设计的教学就应力求引导学生逐步树立起正确的设计观点，以免在片面观点的误导下使学生的设计学习迷失方向。

那么，什么是正确的设计观点呢？

**建筑设计是多学科交叉的整合设计**

前述已论及建筑设计课程的内涵要涉及到众多学科的知识领域。不仅如此，就建筑学本专业而言，建筑设计的内容就包含了环境、功能、形式、材料、结构、构造、建造、经济、生态等等诸多因素对设计的制约。同时，由于建筑物及其环境也随着社会的发展、人类生活方式的日益丰富与多元化，以及人们对生活质量的要求越来越高而逐渐复杂起来。当今的建筑设计面对如此的局面与变化，已不再能单一学科地独自解决日益复杂的设计问题了。这就决定了我们要树立起系统论的观点来应对，要综合运用诸学科的研究成果进行整合设计，而不能用唯心主义的观点抓住一点不及其余。比如，一味强调形式，甚至形式主义的建筑外观，而不顾及其他因素对设计的影响，导致设计目标与环境格格不入、使用功能不甚合理、结构形式违背受力逻辑、投资成本铺张浪费等等诸多弊端。为了避免因片面或错误的设计观点而导致的设计失误，我们只能把建筑设计的目标放到知识系统、城市系统、环境系统乃至社会系统、文化系统中进行综合分析、判断、整合，才能从中激发出方案立意构思的灵感，寻找出方案发展深化的途径，以及制定方案实现的策略与措施。因此，逐渐引导学生树立起正确的设计观点实为建筑设计课程教学的第一要务。

**建筑设计是解决设计矛盾的过程**

通常，我们会被建筑设计的表面现象所迷惑，即建筑设计或其教学过程似乎总是在不断地画图、改图乃至最后成图，甚至为了吸引人的眼球，不遗余力地在效果图上大显身手，大做文章。

然而，这并不是建筑设计过程中的真相。因为在建筑设计的过程中，学生会身不由己地自始至终总是深陷在各种设计矛盾之中，总是为纠结于这些矛盾而冥思苦想，主动地或被动地应对着，自觉或不自觉地运用某种办法试图去解决它。这些矛盾是诸多学科的要求渗透于建筑设计而产生的，也直接来自于自身学科各个相关专业对建筑设计的规定所致，更来自于人们对建筑物使用的要求越来越高。建筑设计的任务就是在整合设计的过程中运用辩证唯物主义的观点，在设计的各个阶段分清各因素的主次地位，协调它们不断产生着的矛盾，并根据设计目标的最终要求，权衡各种矛盾的利弊关系，以期找到解决设计问题的最佳途径。建筑设计的这种工作状态充满了建筑设计过程的始终。因为，这是矛盾的永恒法则使然。既然如此，我们就要正视它，主动地、有意识地把建筑设计的工作当作是在解决设计矛盾。那么，你就会把主要精力花在不断地思考设计问题、分析设计矛盾，并竭力按两点论的方法正确解决设计矛盾上，从而逐步推动建筑设计的进程。这样，整个设计过程的图示就成了思考与解决设计矛盾的必然表达。由此，我们就不会丧失勤于手脑并用的设计基本功，而不断增强自己提高设计能力的内功。

**建筑设计是创造空间及其环境的过程**

尽管建筑设计多数是在二度空间（纸、电脑屏幕）上研究建筑设计的诸多问题，但我们的设计目标是为人们创造一个具有三度向量的、适宜生活的空间及其环境。因此，空间及其环境就成了建筑设计的重要内容之一。它既是学生建筑创作意愿的起点，又是所要追求的设计目标，学生在设计过程中不能不紧紧围绕着空间及其环境的建构而精心推敲。诸如，不但要考虑建筑形体空间与城市空间、场地空间的有机融合，还要妥善组织建筑内部各组成空间的功能秩序，以及从空间美学考虑的序列与变化。此外，若干单一重要空间的体量、尺度、比例等设计的至臻完善，也是不可忽略的细节。

但是，空间毕竟是一种物质形态，并不是学生所追求的终极目标。空间只有纳入了人的因素才会使空间具有活力，具有生命。而一旦考虑空间中人的因素就会使问题变得更为复杂起来。比如，不同人对同一空间及其环境会有不同的体验，即使同一人对不同空间及其环境也会产生不同的情感，这就涉及到空间及其环境对人的心理作用。因此，建筑设计在创造有形的空间及其环境的过程中，学生还需充分研究空间及其环境给人以何种特定的精神体验，烘托何种特定的氛围，创造何种特定的意境。这些空间感的创造，都是学生运用空间形态变化的手段在其他设计要素（如色彩、光线、材质等）的参与下，对人的心理产生作用而实现的。因此，对空间感的把握与追求是对空间建构的升华，也是学生自身设计修养的提升。

总之，空间及其环境的建构与创作过程，必定要协调好人、建筑、环境三者之间的内在有机联系，使之成为和谐的整体。

**建筑设计是一种设计生活的过程**

"建筑是为人而不是为物"，这句业界的口号对于每一位设计者恐怕都不陌生。但是，是否真正体现在自己的设计作品之中，往往是另一回事了。我们见到的各城市中已矗立起而又违背"建筑是为人而不是为物"这一准则的建筑物难道还少吗？因此，端正为人而设计的设计观点，具有很现实的意义。尤其建筑设计教学对于刚入建筑设计领域之门的青年学生，从设计起步开始就要为他们牢牢树立起这一观点而把握好方向。

这一设计观点为什么如此重要？说到底，前述所提及的建筑设计是创造空间及其环境的过程，仅仅是为了满足于人们物质与精神需要的手段而已。而建筑设计的本质应该是一种设计生活的创造。我们知道，人的生活是丰富多彩的，包括公共生活和居家生活。而人们的生活发展到当今更是崭新而多元的，特别是在信息技术革命的今天，诸如自动控制、信息传递、网络技术、电脑普及等先进高科技手段的出现，正在改变着人们的生活方式，丰富着人们的现代生活内容。因此，建筑设计不仅要考虑空间中人的行为秩序，及其相互关系的和谐和正常发展，而且要综合运用技术的、艺术的、数字的手段创造出更符合现代生活要求的空间及其环境。否则，在建筑设计中如若孤立地玩弄形式构成，沉溺于对奇异怪诞造型的无节制张扬，而忽视人对空间的基本使用要求，则叫得震天响的"建筑是为人而不是为物"只能成为一句空洞的口号，甚至变质为忽悠人的商业广告。

因此，建筑设计的意义不在于"生活的容纳"，而在于"生活的切适安排"；建筑空间的建构不在于标新立异，而在于按现代生活秩序和提高现代生活质量为准则，使空间组织更有章法，空间内涵更因考虑人的积极参与而具有活力。

### 2、帮助学生明了建筑设计的有关知识

由于建筑设计所涉及的知识域实在是太宽了，可谓无所不及。因此，建筑设计教学要求学生的知识面尽可能地宽，凡是教学计划中的所有课程，以及外围知识都要尽可能获取，也就是说，要"博学"。很难想象，一位知识贫乏的学生能设计出好的设计作品。由此可知，知识的积累就成了学习和从事建筑设计的基本条件之一。

那么，建筑设计教学要向学生传授哪些知识呢？

**理论知识**

建筑设计理论是指导设计行为的明灯。学生只有用一定的设计理论武

装自己，才能逐步走向设计领域的自由王国。因此，建筑设计课程教学要用通俗易懂的表述，阐明若干设计理论的精髓。而对于学生来说，学习建筑设计伊始，最需要明了的基本设计理论知识就是设计原理，包括公共建筑设计原理、城市住宅设计原理、城市设计原理、室内设计原理、居住区规划设计原理等。

其中，学生对于公共建筑设计原理，主要要明了公共建筑平面功能中所涉及的功能分区、房间布局、流线组织等的设计基本原则与方法，公共建筑设计与技术（结构、设备）的紧密关系，公共建筑的室内外空间组合与艺术处理的手法，以及明了环境、功能、艺术、技术多种设计要素的辩证关系。

对于城市住宅设计原理，学生主要要明了套型设计以及低、多、高层住宅设计的原则与方法，住宅外部空间环境设计，以及住宅标准与经济，住宅工业化设计的若干设计问题。

对于城市设计原理，学生主要要明了城市设计的构成要素、城市设计的理论与方法以及城市典型空间设计的若干问题。

对于室内设计原理，学生主要要明了室内设计与建筑设计的关系、室内设计的方法与步骤、室内各构成要素（空间与界面、采光与照明、色彩与材料、家具与陈设、绿化与景物）设计的手法，以及明了人体工程学在室内设计中的运用。

对于居住区规划设计原理，学生主要要明了居住区的规划结构与布局，居住区各构成要素（住宅用地、公建用地、道路用地、公共绿地、停车设施等）的规划设计方法，以及综合技术经济指标，竖向规划设计、管线工程综合设计等的要求。

上述各设计原理虽然作为一门独立课程可以单独系统授课，但对于学生而言，这些理论知识的获取不仅靠课堂系统的传授，更需要通过设计实践，由浅入深地逐渐理解、消化、掌握。不仅靠强化灌输，更需要在设计实践中日积月累。而建筑设计教学不论教学方式是以建筑类型，还是以设计问题为主线，都是以各类公共建筑和居住建筑为课题进行有系统地设计训练。因此，教师在设计辅导中要经常运用设计原理知识，有针对性地回答学生的疑惑，或指正学生设计中的问题。

**专业知识**

建筑设计是一种专业性很强的创作活动，如果没有专业知识的支撑，建筑设计只能是纸上谈兵，而设计目标是无法实现的。因此，学生需要明了和运用许多本专业及相关专业的知识来应答建筑设计途中出现的各种问题。这些专业知识包括建筑历史、建筑结构、建筑构造、建筑材料、建筑物理、建筑设备、建筑施工、建筑安全、建筑经济、建筑规范等。这些知识的获取虽然有各自的授课渠道，但建筑设计教学更需要在学生设计实践中细水长流地、理论联系实际地、综合地给予及时指点，这是建筑设计教学责无旁贷的任务。因为，学生在建筑设计过程中出现的各种问题是需要教师用各专业知识加以解惑的，但又不能以专业知识、技术要求而扼杀学生的设计想法（哪怕很幼稚）和热情，对于不同年级的建筑设计教学如何与专业知识结合好，是需要把握分寸的。

**生活常识**

知识来自于课堂教学仅仅是一种渠道，更宽广的渠道来自于学生身边的生活。既然建筑设计是一种生活的有序组织，建筑设计的宗旨又必须以人为本，那么，学生就必须要了解人、了解人的生理与心理，了解人的各种行为及其规律。所谓建筑设计处理功能问题就是根据人的使用要求，将各房间按一定的生活秩序井井有条地安排妥当。所谓要创造特定的空间氛围、意境，也就是要按人的精神境界要求，通过各种设计手法加以实现。为此，学生就要多观察生活、了解生活、遵循生活，也即向生活学习。虽然生活常识书本中有，但从生活中去获取更为形象、生动，也更便于理解与记忆。比如，观众厅的座位排距多少合适？单人床的宽度多大睡得才舒服？黑板挂在教室哪一端墙上才符合使用要求？楼梯踏步多高走起来才不费劲？几件事都要赶着做完怎样的安排最省时间？到医院第一天去打吊针与第二天去打吊针，就诊程序有什么不同等等。这些生活常识无时不有，无处不在，只要我们留心都可以随时随地获取，问题是学生对此常常熟视无睹。因此，建筑设计教学在传授专业知识的同时，就要提醒学生注意捕捉生活常识，将生活常识有意识地灌输到建筑设计的辅导中应是建筑设计教学的内容之一。只有这样，学生才能加深对课堂理性知识的理解，并不断充实自己的知识宝库，这对于学生今后的职业生涯将不断发挥能动作用。因为，生活才是一切创作的源泉。

**美学知识**

形式是建筑设计的研究对象之一，包括外部体形塑造、立面比例推敲、外墙材色搭配、装饰要素构成，以及室内空间形态、家具陈设配置、装饰图案美化、小品绿化点缀等等，进而突显外部形象特征与烘托内部环境氛围，这些形式表现无一不涉及到美学问题。而这些形式内容都是靠学生设计出来的，其水准高低直接与学生的美学修养有关。学生要想表现建筑美，首先自己要懂得美，只有自己具备了对美的欣赏能力、鉴别能力、评价能力，才能把对美的表达较好地体现在自己的设计作品中。倘若不是这样，设计出来的建筑，从外到里何谈一个"美"字？更不要说让人体验到对美的享受了。因此，建筑设计教学要向学生传授一点美学知识。比如平面构成、立体构成、色彩构成、材质构成，以及讲清素描关系、色彩关系、光影关系三大设计基本美学知识及其相互关系等，这些都是建筑设计辅导所要传授的教学内容。

然而，建筑设计教学传授美学知识不像传授理论知识、专业知识那样理性，也不完全像获取生活知识那样感性，而是两者要同时兼备。即要讲清某一美学知识的依据、道理，又要靠学生在生活中去体验。这种知识的获取完全是一种潜移默化的过程，是一种在美的环境作用下熏陶感染而修成正果。

### 3、教会学生掌握正确的建筑设计方法

教会学生掌握正确的建筑设计方法，可以说是建筑设计课程最重要的教学目的。对于学生今后一生而言，也只有在这五年里能有计划、有系统、有辅导地进行建筑设计的方法学习。倘若错过这个机遇，将贻误学生前程，或者只能待到在社会闯荡中历经磨难，从实践中去弥补在校期间由于主客观原因而造成的建筑设计方法学习的缺失。

掌握正确的建筑设计方法为什么如此重要？看看学生做方案的现实：一项课程设计，若干学生的方案结果总是千差万别，甚至大相径庭。其中有优秀的，也有低劣的，还有多数平庸乏味的。之所以如此，当然有各种原因，但最根本的一条就是学生的设计方法不一样而所致。由此引申可知，对于人们做任何一件事，只有掌握了正确的方法才是我们达到成功彼岸的保证。革命建设尚且如此，科研、教学也不例外。哪怕日常生活琐事，没有一个正确的方法指引，我们只能四处碰壁。建筑设计因是一项极其复杂的创作过程，我们自始至终总是纠结在各种设计矛盾之中，更需要有一种正确的设计方法帮助学生从乱麻中理出头绪，以便迎刃而解各种设计问题。

那么，什么是正确的建筑设计方法呢？当然，所谓建筑设计方法可以

从理论层面加以研究探讨，而且这种研究早在第二次世界大战之后，已在世界许多国家兴起，并出现若干派别。他们分别从不同的侧重点来总结研究建筑设计的方法。诸如经验学派、信息学派、语言学派、心理学派、行为学派等。但是，针对建筑设计教学，我们更需要从实践层面阐述什么是正确的建筑设计方法。这就是：正确的建筑设计方法包含了正确的思维方法和正确的操作方法。因为，建筑设计的目标是由思维和操作这两个紧密结合的过程共同完成的，是设计概念转化为设计目标的必需环节。而思维方法是建筑设计的灵魂，操作方法则是思维活动赖以进行的方式。

**正确的设计思维方法**

对于学生来说，应清醒地认识到，首要的不是怎样下手"做"设计，甚至施展各种设计手法"玩"出一个方案来。而是要动脑去"想"问题，并在建筑设计全过程中不断想点子、想办法、想出路，直至"想"出一个较为符合题意的设计目标。"想"即是展开思维活动，这是人脑的属性，也是学生对设计题意的能动反映过程。问题是，在思考设计时怎么去"想"？有人"想"得浮浅，甚至"想"歪了；有的人"想"到点子上，而且"想"得深入。可以说，前者是由于"想"得不得法所致，而后者是因为有了正确的思维方法才能引领设计路线走上正确之路，并达到成功的彼岸。

然而，建筑设计因是创造性智力活动，那就不是一般地"想"问题，而是根据建筑设计创作的特点，把逻辑思维与形象思维结合起来，并在灵感的激发下，寻找到一条能反映具有明显方案特色的创作路径，从而产生与众不同的新思维结果。

当然，这条方案创作之路并不平坦，一定路途崎岖，矛盾重重，学生只能依靠正确思维的武器，去面对错综复杂的设计问题。此时，首先要特别注重思考设计问题的整体性。即在建筑设计的任何阶段，都必须坚持以整体的观点来处理局部的设计问题。因为，设计中的各个要素（环境、功能、形式、技术、建造等）及各个细节（入口定位、图底关系、功能分区、房间布局、交通分析等）都是以整体的部分形式存在的，它们之间互相影响着、制约着，任何局部的变化都会引起整体的连锁反应，可谓牵一发而动全身。因此，学生在思考设计任何问题时，不要忘了整体的要求。

其次，要按照矛盾法则分析与处理设计过程中的所有问题。因为任何事物的发展都不是绝对的，设计矛盾的双方总是相互依存、相互转换着，而且这一矛盾解决了，方案前进一步，又会在新的条件下出现新的设计矛盾。更大的设计困难还在于设计矛盾不是单一存在发展的，而是多样的设计矛盾纠缠在一起，让学生不知从何下手解决。也许抓住了一个矛盾把它解决，其出发点和结果都是对的，然而把它放在整体之中考察，却是捡了芝麻丢了西瓜，得不偿失。这就有一个思维方法问题，即学生必须用辩证的观点和方法来分析矛盾和解决矛盾，而且对待设计矛盾只能抓主舍次，有得有失，企图十全十美获得一个圆满的结果只能事与愿违。

另外，由于建筑设计没有唯一解，这不仅指方案的最后目标，更指设计过程中所获每一阶段性设计成果，或者解决任一设计矛盾的办法，甚至完善任一设计内容的思路，这些都存在多样的可行办法。但是，学生总需要在若干解中寻找到相对可靠而又最佳解决设计矛盾的办法，或者寻找到较之其他方案结果更为优秀的设计目标。因此，这就存在一个解决设计问题的优化工作。它应贯穿在整个建筑设计过程的始终，只是各个设计阶段，或各个设计步骤的优化工作的目的与内容不同而已，这说明优化是多层次的。而且这种优化工作离不开正确的设计思维以及学生本人的专业素养与实践经验。

综上所述，建筑设计教学在辅导学生课程设计时，尤其要注重思维方法的引导。这是建筑设计教学主要目的之一。

**正确的设计操作方法**

建筑设计的操作过程像一切事物的发展一样，都有着自身的发展规律。从自然变化、历史演进、社会更替、经济活动，到人才培养，乃至我们在日常生活中欲要做好某件事等等，都要遵循客观事物的发展规律。否则，谁违反了客观事物的发展规律，谁就一定会受到惩罚。

建筑设计也一样，若不按设计规律办事，抑或称之为不按设计程序展开设计，就会使设计过程乱了套。要么设计程序颠三倒四，要么解决设计问题不分轻重缓急，要么对设计因素的处理顾此失彼。一句话，学生对设计过程就会掌握失控。其结果只能是时时被动，处处碰钉。可见，掌握正确的设计操作方法也是很重要的。

那么，什么是设计的规律呢？这个设计规律就是，建筑设计正常程序所确定的设计步骤及其相互间的互动关系，以及每一设计步骤重点要思考什么问题和解决什么设计矛盾。

一般来说，先规划后单体。这种设计程序是不言而喻的，也符合局部服从整体的系统论原则。就建筑设计教学而言，我们总是由易而难、由简而繁地从单体设计训练开始。即使如此，也必须让学生从一开始就建立起设计程序的概念。这就是做建筑设计不能随心所欲，一定要按设计程序办事。而设计程序是通往设计目标的阶梯。建筑设计教学的目的就是教会学生沿着设计操作方法的阶梯，老老实实地走向设计目标的彼岸。

看来，学生一旦掌握了设计程序的脉络，在设计操作中不但可以事半功倍，而且可有效提高设计质量。认识到掌握正确的设计操作方法的重要性，师生在设计教学中就能免于陷入就事论事的细节纠缠，而把教学重点放在方法教学上。学生也只有掌握了正确的设计方法，才能释放出自主学习建筑设计的能动欲望。

### 4、教会学生运用建筑设计的不同媒介

前述建筑设计操作是伴随着运用不同的建筑设计媒介而完成的。所谓建筑设计媒介，是学生传递建筑设计信息的方式和手段，也是作为建筑设计过程中各种信息的载体。

任何一项课程设计教学或建筑工程设计都是由下述三种建筑设计媒介共同完成的。即建筑图形媒介、建筑模型媒介和建筑数字媒介。

**建筑图形媒介**

建筑图形媒介是一种二维信息投影，也可以对三维信息进行二维表达。其作用是帮助学生在设计过程中将设计概念、构想以图形表达出来，并在视觉的参与下共同促进设计思维的发展。

建筑图形媒介可分为草图图形、方案图形、表现图形、透视图形和工程图形。

草图图形是在方案设计伊始，对于头脑中思维潮涌般闪现的设计意念还在模糊、游移不定时，用图示符号及时记录在草图纸上，并通过视觉的帮助，对其进行分析、评价、综合、决策，再将其信息迅速反馈回大脑中，以便进一步促进思维的发展。如此往复多次，使设计意念越来越清晰，设计目标越来越明朗。可以说，草图图形是一种"在纸上的思考"。这是建筑设计其他媒介在方案设计初始阶段不可替代的表达方式，也正是前述正确的设计操作方法所必须运用的媒介。

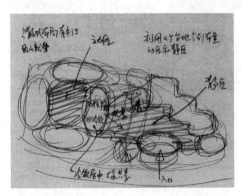

图示分析草图

方案图形是方案设计中途对认可方案的平、立、剖面表达，也是一种
深化研究、完善设计的运作方式。

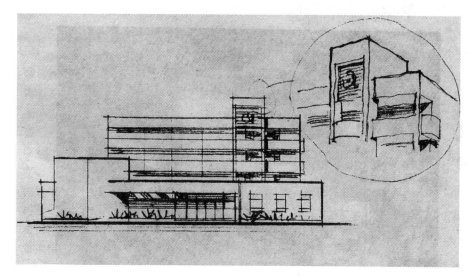

**手绘方案草图**

表现图形是展示方案成果的有效手段。它以肯定的线条，准确的比例，
适当的表现手法传递设计目标的信息。

一套完整的学生作业
表现图在一定程度
上反映了学生的设计修
养——段斌（四年级）

透视图形可分设计过程中勾画局部三维效果图，以便推敲形体变

学生手绘透视图有助于对素描色彩光影三大基本概念的正确理解——姚静（二年级）

化、材料衔接等的细部设计，以及作为表现图形的构成部分具有审美价值。

计算机图形是计算机绘图的表现形式。

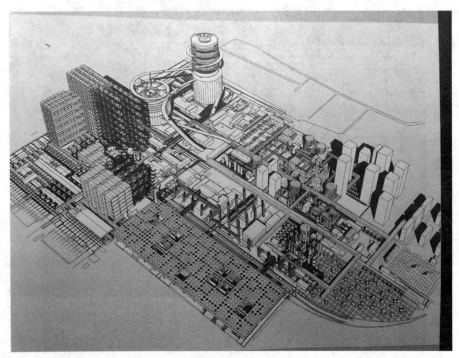

计算机绘图表现

上述五种建筑图形除后面四种建筑图形已被建筑数字媒介取代外，草图图形是不可被取代的，它正是建筑设计教学必须加强的训练手段。因为，这是作为学生未来成为执业注册建筑师的基本功之一。道理很简单，草图图形表象是图示，实质是一种设计思维进行的手段。摒弃了草图图形，设计思维就难以进行，也就无所谓正确的设计方法可言。

**建筑模型媒介**

建筑模型媒介是以三维信息来表达设计的手段。它在反映建筑形体关系以及建筑形象中具有直观的效果。

建筑模型媒介可分为工作模型和成果模型。

对于建筑设计教学而言，工作模型才是真正用于研究建筑形体的有效手段。因为对于学生来说，由于空间概念尚未完全建立，若仅依靠建筑图形媒介来研究方案，对于想象空间的感觉，把握形体的建构会有很大困难，学生只能通过工作模型手段搭建出一个符合设计意念的体块，并在此基础上，通过体块的变化与增减，以期将体形关系推敲至满意为止。这个过程可以不断增强学生空间的想象力和转换力（二维与三维的互换），直至这些能力娴熟到可以甩掉工作模型手段，而通过视觉直接观察二维图形就能立刻在脑中转换成三维的空间形象，这将有助于学生在建筑设计操作过程中，始终能把平面设计与空间设计同步发展，并牢牢控制住两者的互动关系。

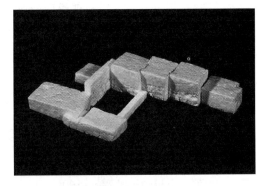

一个幼儿园课程设计的工作模型

至于成果模型，除了能训练学生动手能力外，仅仅作为展示作用而已。

**建筑数字媒介**

建筑数字媒介是利用计算机对图形、模型等传统媒介进行数字化的表达方式。它不但能够高效地绘制平、立、剖面图，并方便地对其修改，而且能够快速、精准地进行从传

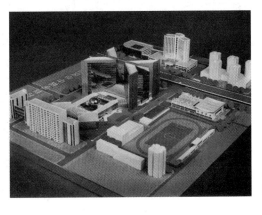

一个毕业设计的成果模型

递二维图形方式向三维模型演进；并可让学生任意变化视角、视点来观察评价自己的设计作品；甚至能够进行四维的动画表现，让学生可以有"身临其境"的体验。特别是计算机利用数字媒介所特有的算法和规则进行对建筑元素的操作编辑过程，可以实现塑形建筑形式

**利用建筑数字媒介进行建筑设计辅导**

中任意复杂曲线、曲面的描述，从而为学生的建筑设计打开了更宽阔的思路，这是图形媒介无法实现的。同时，通过计算机辅助设计也能帮助学生解决许多设计中的难题。

上述建筑设计媒介在建筑设计全过程的不同阶段，各自都发挥着不可替代的重要作用。正是它们共同的工作才能完成建筑设计从概念向设计目标的转化。因此，任何一种建筑设计媒介的运用试图从一而终显然是不妥的。这就要求建筑设计教学对学生运用这几种建筑设计媒介应有正确认识。即对于学生入门建筑设计而言，以及课程设计教学在建筑设计全过程中的阶段性要求，我们应该更强调学生要学会草图图形媒介的方法。因为这是一种思考方式，是学生应娴熟掌握的设计基本功。而对于掌握数字媒介，学生完全可以无师自通。即便如此，它也不应成为建筑设计教学方式的主流。否则，学生在没有学好扎实的设计基本功前提下，沉溺于运用计算机进行建筑设计，其副作用是显而易见的，对学生今后一生的职业生涯也潜藏着危险。

## 三、建筑设计的教学大纲

我国建筑教育已明确把"合格的职业建筑师"作为培养方向，而国家对高等学校建筑学专业本科教育评估标准也以此培养方向制定评估指标体系，通过评估的院校建筑学专业毕业生可获建筑学学士"职业性学位"。这就是说，建筑学专业培养的人才是以职业建筑师为主。那么，教学计划乃至各课程教学大纲都要以这一人才培养目标为指导思想，制定出具体的教学措施。由于建筑设计课程纵跨 5 个年级（包含与建筑设计实为一个教学整体的一年级建筑设计基础和五年级的毕业设计），因此，又要从人才培养规律和建筑设计课程教学目的来制定各年级的教学大纲。其大纲内容要点包含课程的性质与目的、课程内容的教学要求、能力培养的要求、教学进度、考核方式及主要教材与参考书。

什么是职业建筑师循序渐进的人才培养规律呢？这就是引领新生入门、夯实设计基础、提高专业素质、培养综合能力、对接社会需要。也可以说，这分别是5个年级建筑设计制定教学大纲的宗旨。

### 1、一年级建筑设计基础教学大纲宗旨

一年级的建筑设计课程性质是一门专业基础课。对于从中学来的新生面对建筑设计这门博大精深的课程，只能从基础训练开始。如同体育界培养体操运动员要从分解动作苦练开始，把每一个基本动作千百次地练到娴熟程度一样。其目的是让学生在概念上知晓设计就是一种创造，是将意念通过一定的设计手段，把若干建筑要素整合为设计目标，并初步明了这一过程是学生自主地、有创造性地逻辑思维与形象思维的结合，从而体验到设计工作的特点。同时，通过图纸或模型的表达加强学生的动手能力，并逐步认知和体验内外空间的属性与特性，以及学会对多个空间的分析或自行组织的方法。为此，其相应的课程设计作业应是简单而有趣的设计基础训练，让学生感到学习建筑设计与高中枯燥无味的应试教育真的不一样，从而逐步提高学生对建筑设计学习的兴趣。

一年级建筑设计基础课有趣的课程设计作业

### 2、二、三、四年级建筑设计教学大纲宗旨

二、三、四年级的建筑设计课程性质是一门专业主干课。其教学大纲的制定要遵循该课程的教学目的，并贯彻到教学内容、教学手段和教学管理之中。同时，按照人才循序渐进的发展规律，各年级建筑设计大纲的指导思想应有所不同。这就是：

**二年级是建筑设计入门启蒙阶段**

前述已提及一年级学生的学习内容都是建筑设计分解动作的设计基

础训练，是为从二年级开始真正进入建筑设计领域做好各方面的准备。那么，二年级建筑设计的教学目的又应是什么呢？恐怕还是宜以端正正确的建筑设计观念和掌握正确的设计方法这两个核心的教学目的为重。这是关乎学生今后一辈子的职业生涯能否发挥潜能的前提。所以，从学生建筑设计入门第一天起，就要不断加强这两方面的教育和训练。为此，二年级每一课程设计都要围绕某一设计理念设题，比如，"建筑设计应重视环境设计"和"建筑设计即是生活设计"。这是两个最基本的设计理念。此外，也要以传授正确的设计方法为目的设题。因为，二年级课程设计毕竟纳入了环境、功能、形式、空间、技术（简单的）等若干设计要素，此时，就不能再用一年级分解动作的设计训练方式了。学生一旦进入要完整设计一个建筑，就要同时应对这些设计要素。而要想把它们整合成一个有机的设计目标，就必须运用正确的思维方法和正确的操作方法。需要注意的是，设题仅是手段，而不是目的。因此，为了抓住教学重点，题目规模不宜过大，也不能过于复杂，应坚持设题循序渐进的原则。比如，配合上述教学目的可依次设题为150m²的公园茶室、200m²的小别墅、6班全日制幼儿园、2500m²的小型图书馆等。

### 三年级是建筑设计知识综合阶段

三年级的建筑设计教学大纲就要围绕提高学生建筑设计的综合能力为目的而展开教学。因为，按照教学计划的安排，许多专业基础课此时都已相继授毕，或正在授课中，为了使学生能融会贯通这些专业知识，并进一步理解建筑设计必须综合这些专业知识才是更深入的设计。为此，通过结合建筑构造知识的住宅设计可使学生明白建筑设计不是画出来的，而是通过构造设计做出来的；通过结合结构知识的商场设计，可使学生明白建筑设计不能随心所欲，而要受到结构逻辑的制约；通过结合建筑声学知识的剧场设计，可以使学生明白造型的构成不仅具有美学意义，其内部空间形态也因为要保证观众看得好、听得好，而要结合建筑物理的要求做好音质设计和视线设计；通过结合建筑光学知识的博物馆设计，可使学生明白空间的组织与建构应满足三线（流线、视线、光线）的使用要求等。上述这些参考课题，虽然各自综合的知识域不同，但其综合的设计方法却是一样的。这就是它们作为一个建筑设计系统，彼此共存，互为制约。这些更为复杂的课题设计只要教学得法，在二年级初步建立起来的正确设计观念和学到的正确设计方法就能得到有效地巩固和发展。

**四年级是建筑设计学科交叉阶段**

四年级的建筑设计教学大纲则是围绕学科交叉的教学目的而展开的。因为学生到了高年级已经具备了一定的独立设计能力，而且教学计划所安排的许多旁学科、前沿学科等选修课程在四年级大量开出，不仅可拓宽学生的知识领域，而且也可能渗透到建筑设计的教学中来。为了更强调建筑设计是多学科交叉的整合设计这一观念，可通过设置多样的课题，比如城市设计、小区规划设计、景观设计、室内设计、高层建筑设计、历史遗产保护设计、绿色建筑设计、节能设计等，提供给学生自选。一方面可发挥学生在某一专业领域的设计优势；另一方面使教学活动从中、低年级的规范教学走向开放式教学，从而形成高年级的建筑设计教学特色。

## 3、毕业设计教学大纲宗旨

五年级的建筑设计教学实际上是实践教学环节，它包含设计院实习和毕业设计。前者由于作为企业单位的设计院出于对经济效益的考虑，无心也无力协助教学单位承担这一培养人才的任务。也由于考研、招聘两根指挥棒干扰了高校的正常教学秩序，而无法有效地实施。因此，教学单位能控制的就是毕业设计环节。

学生到设计院参与教学实践环节，从中可提高解决设计实际问题的能力

毕业设计的教学大纲应考虑教学与社会对人才的需求能够很好对接，以便为毕业生顺利走上工作岗位，并能很快适应设计单位的工作方式与工作环境而做好全面准备。为此，可采取真题真做，或假题真做的训练手段，并宜做到扩初设计，甚至部分做到施工图设计阶段，让毕业生明白施工图设计是方案的深化设计，是今后终身职业的主要工作内容。为此，在毕业设计中更要注重设计的完善与深度，并充分考虑施工等许多方案可操作性问题，以提高毕业生解决实际问题的能力和对施工图设计方法的了解。对于希望毕业之后能读研继续深造的毕业生，教学大纲要为他们设置研究性的课题，包括设计研究或理论研究。其目的是提高他们的独立科研能力和学术论文的撰写能力。

## 四、建筑设计的教学过程

一个课程设计单元包含了集中授课与调研（1周）、方案设计辅导（4.5周）、成果表现（2周）、答辩与评图（0.5周），总计8周为一个周期。各教学阶段的教学方式有所不同，教学侧重点也各有所别，但彼此却紧密衔接。

### 1、集中授课

每一课程设计起始，由该年级建筑设计教学小组的一名主讲教师负责集中授课，讲解该课题的设计原理、相关实例分析，其目的是告之学生在动手进行设计之前，应了解的相关设计知识。课下由学生去图书室自行进行资料的检索或相关图书的借阅。学生通过这些前期的知识准备，以便为下一步正式展开设计工作奠定基础。

同时，由另一位出题教师集中向学生布置作业，阐明课程设计的教学目的，明确课程设计的具体内容，以及教学进度安排和对阶段性设计成果的要求。最后公布各教学小组学生分组名单，并将此后的教学组织工作交由各小组辅导教师担当。

建筑设计集中授课

## 2、调研

建筑设计的课程设计训练一般为真实环境条件下的假想课题，其目的是让学生在真实城市环境条件的影响下进行建筑创作，从而建立起建筑与城市不可分的整体设计概念。因此，学生必须了解课程设计任务书所指定的城市地段周边的环境条件，并在现场踏勘中分析各种外部条件的利弊关系，建立城市空间的概念，想象应该有什么样的建筑体量与形式立于该地段才能与城市环境友好相处。甚至把该地段的具体环境范围扩大到对整个城市关系的思考中，在必要时还需要充分了解城市人文环境与自己的设计目标有何种文脉关系等等。学生只有到现场亲身感受地段的氛围，才能找到设计的感觉。

毕竟建筑设计的最终产品是为人所用的。因此，学生在调研阶段还应对课题所确定的服务对象进行了解。包括了解使用者对功能的要求，对"拟建"项目的建议，甚至设身处地的进入角色，充分体察他们的行为规律、心理状态等等，所有这些调研过程及其成果，是学生正式展开设计的前提条件。

对于学习建筑设计刚入门的学生来说，由于社会阅历浮浅，对各类型建筑的感性认识和生活体验不足，因此，可能对课程设计的建筑类型较为陌生。或者在中学时代因兴趣所限，虽曾生活在建筑其中，但对它们却熟视无睹，更不要说像追星那样去关注了。因此，在学生动手设计之前，辅导教师有必要带领学生到与设计课题同类型的现实建筑中一边体验感受，一边现场讲解，分析案例，让学生真正理解这类建筑的设计要领。

## 3、方案设计辅导

方案设计辅导过程是整个教学单元的重点环节。在一个教学小组内，教师要依次轮流与每一位学生对话，针对学生每次方案设计阶段性成果进行个别设计辅导。由于教师事先并不知晓各位学生在上课时能拿出什么样的阶段性设计成果，也就无法提前对辅导做出课前准备，全凭教师临场应变了。同时，还不能让学生看出教师对学生设计成果反映迟钝，甚至辅导不到位的破绽，这在一定程度上也是对教师教学水平的一种考验。这种门诊式的辅导具有很大的弹性，对话可多可少，时间可长可短，这要看师生双方的互动状况而定。若学生好学善问，教师费时就多；若学生课前设计准备不足，过程设计成果寥寥无几，则教师辅导实难深入，只能蜻蜓点水一带而过。反之，若教师认真负责，辅导又能循循善诱，也许交流半小时，甚至一小时也不足为怪。若教师对学生不耐烦，抑或心思不在教学上，对学生的辅导只能敷衍了事走过场而已。由此可见，建筑设计的课堂辅导成效，实为师生双方对待教与学的认真态度和投入多少有关。

在方案设计辅导阶段，除去上述以教师一对一为主的辅导之外，还要看各辅导教师如何组织教学，更好地调动学生的设计积极性而采取其他的教学方式。如通过小组交流方式，互相观摩、评论取长补短；或请相关专业教师、旁学科教师、建筑师等适时地给学生介绍与本课题设计有关的知识等等。正是这种与众不同的教学方式，使得建筑设计课程的课堂教学显得更为生动活泼，而不存在统一教学模式。

### 4、成果表现

学生的建筑设计成果最后要通过某种媒介表现出来。这些媒介可以是手绘图面，也可以制做成果模型，或者运用计算机绘图，或者几种表现手段兼而用之。这要根据教学目的，由课程设计任务书而定。

成果表现一方面展现学生两个月（8周）辛勤创作的成绩；另一方面也是建筑设计课堂教学质量的检查。因此，学生很看重这一阶段的个人努力，往往为了出众表现，挑灯夜战、逃课赶图，甚至连续熬夜的现象几乎成了常态，也成为各建筑院系学生交图前的一大"景观"。

### 5、答辩与评图

与熬夜赶图这种紧张劳累情景形成强烈反差的是，到了交图时刻，就成了学生庆贺收获的欢乐节日。整个交图过程学生热闹非凡，面对评图室琳琅满目的学生设计作业，学生们会以自我欣赏的神情享受创作成果的喜悦，也会以鉴赏的眼光品评他人的作品，或赞许或议论，这实际上是一次很好的彼此交流、相互学习的机会。这种在建筑设计教学活动中又一次展现出来的独特场景，在大学其他专业的学生学习生活中可谓别具一格。

当然，展示所有学生的设计作业是为了紧随其后的答辩与评图教学环节。

在答辩时，要成立一个答辩委员会，由外组教师和外聘建筑师组成，共同对一个小组的所有学生逐一答辩。一方面了解学生通过本课程设计的学习成效如何；另一方面检查本小组的教学质量是否达到人才培养目标。

在答辩的基础上，通过答辩委员会最终评图，以及辅导教师考查学生在学习过程中的学习状态与能力表现，综合给出一个成绩。这种成绩的评定，不像批改外语、数学等科目的学生作业那样，可以用对与错来判分，而是通过客观评判，并带有教师主观因素，将同一小组的学生设计作业按优、良、中、差与不及格若干等级相对分档。这种模糊综合评分法具有建筑学专业的特点，又免不了掺杂着教师个人对不同学生印象好坏的情感色彩。因此，分数并不绝对反映学生的设计能力。

## 五、建筑设计的教学管理

为了使建筑设计教学活动正常开展，保证并提高教学质量，严格执行教学管理是必须的，尤其建筑设计教学方式有着自身的特殊性。如若放松教学管理，说轻一点，会造成放任自流，教师乐于轻松，学生甘于混日子；说重一点，教学事故会频发，甚至麻木到不以为然。其后果是，荒废了学生拼搏高考好不容易获得的五年黄金学习时光。

那么，谁来抓教学管理？当然是主管教学的院系领导，但建筑设计任课教师也不能置之度外。因为建筑设计任课教师身居教学第一线授业，是教学计划的执行者，也是教学活动的组织者，更是学生入门建筑设计的引路者。如果没有一套科学的教学管理制度与监督措施，教师不把教学管理作为自己的份内工作，恐怕连授业都难以进行。因此，院系领导和所有建筑设计任课教师都应有明确的教学管理意识。

那么，怎样加强教学管理呢？

### 1、对教学计划实施的管理

教学计划不是简单排课表，它是人才培养的指导性教学文件。从指导思想、培养方案、实施步骤、学时安排、进度控制等若干环节对课程运行、教学活动进行管理，而在这个人才培养计划之下的建筑设计课程教学计划，则表述在课程设计任务书之中。它包括课题目的、教学要求、设计内容、图纸要求、进度安排和参考书目等具体而明确的指示与目标，它是实施教学计划和教学管理的依据。

既然如此，课程设计教学活动必须在这个框架内运行，以体现通过教学研究而制定的教学计划的严肃性。比如，教学计划中教学进度一览表已明确安排好该课程设计在八周内每一周的教学任务和要求。但由于建筑设计教学在时间控制上弹性很大，更由于建筑设计深度是个无底洞，学生总希望自己的方案尽善尽美，却忘记了教学计划阶段性要求，而深陷在某个设计问题中不能自拔，导致不能按教学进度向前推进。对此，教师着实难以控制教学进度。但其后果将不堪设想，那就是最后交图前的连续熬夜赶图便成了常态，并直接影响到其他课程的正常进行。更糟糕的是，一些人把这一现象当成建筑系的教学特点而自鸣得意，并言称世界上的建筑系都是如此。殊不知，学生不是建筑师在突击一项工程设计，学生需要全面发展，也需要健康成长，借口要交设计作业而逃课，这个理由站不住脚，领导和教师更不能视学生每到交图熬夜导致透支健康而不闻不问。之所以这一顽症至今不能根除，还是在于教师执行教学计划不力。虽然有客观原因，但教师只要有严谨教学这个意识，有严格执行教学计划的行动，教学进度及教学阶段性成果总是能保证的。

又如，在低班课程设计教学计划的要求中，明确指出，学生从设计起步就要打下扎实的基本功，其中包括训练图示思维、动手思考的基本功。这是重要而科学的训练基础，是中国建筑教育数十年经几代教育工作者共同形成并坚守的优良传统，也是被培养出无数杰出人才所证明了的。因此，在教学过程当中，应确保这一教学目标的严格执行。那就不能对学生过分依赖电脑帮忙而不闻不问。因为，设计基本功（尤其是思维基本功）的训练只能依靠学生自身的努力。正像演员练功、运动员练基本动作一样，是要吃苦流汗的。更重要的是，不能因放松这方面的教学管理，使学生的设计态度、设计方法一开始就走偏，以免因此而贻误一生。

在课程设计任务书中，对过程教学各阶段的教学深度是有明确要求的，这也是设计辅导能有计划、有步骤进行的有力保障。那么，教师就要严格控制进度，要求学生每周按时、按相应设计深度达到教学要求，以避免前松后紧这种司空见惯的现象屡屡发生。唯有此，才能真正根治前述所指学生交图前的连续熬夜赶图、想方设法逃课的怪象。

在课程设计任务书中，还对设计成果图纸的绘制，从内容、纸张、比例、表现、方法等诸方面提出了具体规定。既然如此，教师也要对学生的图纸绘制过程直至最后完成进行全过程管理。即对于低班教学来说，学生应按教学要求自己动手绘制图纸，而不应通过电脑建模打出样稿，再描绘，这是两种不同的教学管理。当然，前者是严谨教学的管理，而后者是一种放任自流的教学态度。对于高班教学来说，当然可以借助计算机辅助设计和计算机绘图，以提高设计效率和绘图速度，但设计质量和表现质量还得靠学生自己能力的发挥。就图纸表现而言，对方案内容的表现深度理应重于对图面视觉效果的包装，对透视图场景表现要体现出学生对三大基本关系（素描关系、色彩关系、光影关系）的正确掌握和设计修养（空间意识、美学素质、高雅意趣）在画面中的潜在体现。因此，教学管理在课程设计最后环节是否能严格要求，无论是从当前完成作业，还是从今后学生对待事业具有严谨求实的态度，均有着直接和深远的影响。

### 2、对教学规章执行的管理

教学规章是对日常教学活动的规范化约束，其目的是保证教学活动能有序正常地开展。学校主管教学部门（教务处）会制定出系统的管理办法，而学校下属各教学单位也会根据本专业教学特点另外补充相关管理细则。

由于建筑设计课的教学特殊性，不可避免地在教学管理上有着一点灵活性和变通性，但为保障教学正常开展而制定的教学规章这个底线是不能破的。比如按时上课，这是从小学到大学人人皆知的教学规章，建筑设计课是不是也要遵守？似乎这不应该成为一个问题。但是，就是因为建筑设计辅导课的上课方式与众不同，很可能就会因教学管理放松，找个借口（如课前小组教师要开碰头会）教师集体迟到进课堂，而让学生静坐等待。那能不能小组教师碰头会提前在课前进行，不要占用课内时间呢？如若教师养成上课迟到的习惯，学生见怪不怪，也不必按时进教室了，可以睡点懒觉，或者趁教师未按时进教室前吃早点。这不就形成一种松垮的教学现象吗？当然，有按时上课就应有按时下课的规章。但是，上设计辅导课不行。因为建筑设计辅导用时弹性很大，教师认真一点，一上午四个小时下来，即使中途不休息，不上厕所，很多时候也难以到点下课，甚至拖堂一两小时才能松口气。这是境界高、责任强的教师所为，算是一种敬业奉献。但是，因为建筑设计辅导用时弹性大而提前完成设计辅导任务，就可提前离开教室走人？从教学管理而言当然不可以。教师应该继续巡视课堂，随时辅导需要继续辅导的学生，这是教师的本职。要想协调前述两种状况或者为教师减负，就应按合理的师生比配备足够的师资力量，或者改进教学方法，提高教学效率。

又如，上理论课时，教学管理是不允许教师接听手机的。这条规章是常理，否则应作为教学事故。按理，设计辅导课也应照章执行，但能做到吗？往往教学管理执行不力，甚至在教师意识中就没这个概念，在行为上也从来不被约束。久而久之，这种状况也就成了建筑设计辅导课独有的现象。

根据教学计划安排的设计课时间应是雷打不动的，除非情况特殊。若需调课应事先办理相关手续，否则应严格执行上课时间安排，不可随意更改。但是，建筑设计教师都很忙，有时出差在外忙项目，一时赶不上回来上第二天的课，就会先斩后奏，要求调课，或者请自己的研究生顶替上课。更有教师会擅自通知学生调课，以便为自己的事让路。且不谈师德问题，这种现象是要严加管理的。否则规章制度就会形同虚设，危害的是教学秩序，受伤的是学生。

诸如此类，对教师教学行为的规范化管理是必须的，也是教学能正常开展的前提。

至于对学生学习的教学管理，其目的也是为了对学生当下的学习和一生的成长负责。这种必要的教学管理，不仅是保证学生能在良好的校园环境中身心得到健康发展，更是为培养学生具有良好人格打下初步基础。比如，要求学生上设计课不迟到，不旷课，并养成良好行为习惯，才能在今后走上社会去遵守公德，去尊重别人。要求学生上设计课一定要在课堂内集体进行，而不能像在门诊部看病那样来去自由，搞得教室冷冷清清，稀稀拉拉，这哪有一点建筑设计教学的氛围呢？而氛围正是学生学习建筑设计所需要的，它是学生受潜移默化熏陶感染影响的必要条件。因此，教师要强化这种教学管理，否则建筑设计的教学特色也将荡然无存。

重视过程教学，对于辅导设计来说是很重要的，也就是说，把对课程设计最终的总要求分解到八周的各个教学阶段之中，毕竟学生刚入门，还没有能力自我控制设计进度，及其各阶段应完成的设计深度。因此，教师应严格把关，督促学生课前应准备好成果，防止辅导时，学生拿出来的过程图纸寥寥几笔，空洞无物。而一旦设计阶段转换之际，也要督促学生将设计进度向前推进，暂时无法解决的方案遗留问题，只要不是严重的方案性问题，只好保留。告诫学生，注意方法的学习和过程的学习比手法的学习更重要。

凡此种种，说明无论对教师，还是对学生的教学管理，都是为了保证建筑设计教学秩序正常发展不可或缺的手段。

### 3、对教学质量督察的管理

教学质量保障体系包含了备课质量、设计辅导质量、学生图纸完成质量、成绩评定质量等若干环节。

**备课质量督察的管理**

认真备课是任何一门课程展开教学活动和保证教学质量达到教学要求的前提。然而，建筑设计课程与其他理论授课需要几倍于讲课的时间做好备课工作不同，似乎凭着设计任课教师（哪怕刚上岗的新教师）已有的学识，都可以轻松在学生面前畅谈设计"门道"，反正学生刚入门，对于建筑设计迷惘不知所措。

但是，要想真正教好学生做设计，还真不是一件容易的事情。首先，教师特别是年轻教师要先试做方案，并在教学小组内开展几轮讨论，这属于集体备课。一是了解题意，二是预知解题有哪些思路；三是摸清学生做该课程设计会出现哪些困难和问题，以及这些问题如何去解决等等。其次，对于低班设计教学而言，教师宜亲自动手画出若干份参考方案的全套表现示范图备用，以便在课程设计结束时的上版绘图阶段，张挂在教室供学生参考，毕竟临摹表现方法也是一种学习途径。

**设计辅导质量督察的管理**

设计辅导的教学质量保障，是整个课程设计全过程最重要的教学质量保障环节，主要依赖于每一位辅导教师的责任心、教学方法和教学水平，关于这一点将在第三章详述。

**学生图纸完成质量督察的管理**

对于学生作业完成质量的管理，也是不可忽视的。由于在课程设计单元最后阶段，学生一心在画自己的图，尤其是高年级学生是用电脑绘图，可以不在教室里进行，似乎教师一下子可以轻松，甚至可以不过问学生了。殊不知，正是这种放松教学管理，导致了学生的设计图纸问题多多。如一些不该出现的低级设计错误（楼梯长度不够、厕位尺寸太大、横墙撞窗、结构柱不对位、出现暗房间、剖面空间概念有误、疏散违规等等）出现在图纸上。方案内容的表达也空洞无物，设计与表现缺乏深度，图面包装过度，表现喧宾夺主，手绘表现力弱，线条表现不严谨，图纸版式设计缺少构图章法等等。上述问题本可以通过加强教学管理得以及时克服或避免的，就是因为放松管理，学生不集中在教室完成作业，教师又少有亲临教室指导，甚至对低班学生的绘制作业教师懒于抑或无功底动手示范，只好任其学生各显神通了，这样的学生图纸质量怎么能保证呢？

**成绩评定质量督察的管理**

成绩评定是在全年级范围内，依据总的评判标准，所有参与该年级教学的设计教师对每一位学生的设计作业进行成绩评定的。由于建筑设计的评分不能以对与错下结论，而是进行综合评价，这会给评分工作带来一定难度，也免不了各教师要给本组学生打感情分。但为保证评判的公正性、较为客观性，以及学生设计水平与能力客观存在的差异性，还是应事先制定一个共同应遵守的评分标准和拉开成绩档次的规定，以便客观反映学生学习的状况。那种因评分工作量大且繁多，就走马观花凭对图面印象打分，或者为了教学面子都把分数往高分打，分数都挤在优良档次而绝少有中下档次。这些评分现象都难以保证成绩评定的质量，也不反映设计教学的真实状况。为了保证成绩评定的质量，教师对每一份学生作业都应认真阅读，排除感情用事，并与其他学生作业客观进行横向比较，做出实事求是的成绩评定。还要注意适当拉开成绩档次。这样的成绩评定不但相对客观地、较真实地反映了学生设计能力与水平的整体状况，而且也保护了设计能力较强、又肯下功夫学生的学习积极性，对于那些设计能力弱又缺乏学习动力的学生也是一种鞭策。

## 4、对教学档案规范的管理

教学档案是教学管理的文本，不但缺一不可，而且所有教学档案都应规范化管理。建筑设计教学档案包括教学大纲、教学计划、课程设计任务书、教学检查表、听课记录、学生成绩册、学生留系优秀作业、毕业设计全套管理表格等等。这些教学档案有些看来是琐碎的事务性工作，有些则是重要的教学文件。如课程设计任务书，它并不是可以随意制定的，它要求教学小组集体研究确定命题,要求命题人按教学要求选择合适的现状地形（必要时宜有两种不同的地段供学生选择），并亲手试做方案，以此制定设计对象的规模和内容，以及绘图的比例与工作量控制，还需交由教学小组集体论证、修订。这种课程设计任务书出台的程序应有严格的管理。那种随意框一个用地范围，只有指北针、道路，而无任何外部环境条件的地形图，或者设计内容规模违背教学大纲要求，甚至不经试做方案而凭空想象出一个粗糙的课程设计任务书,至于建筑规模、设计内容、绘图比例都心中无数,或者干脆采取拿来主义,借用外校现成课程设计任务书应付教学,这些现象的发生既是教学不规范,也是缺少对档案审查所致。

对于毕业设计教学档案的管理,因教学周期更长,就学校管理层面讲,其教学管理环节多多,尤其对毕业设计后期的文档管理更是一丝不苟,各种表格填写都需逐项检查。这些虽然是细节,但从中可窥见一个教学单位办学是否严谨认真。因此,从主管教学的院系领导到每一位指导毕业设计的教师都应有做好教学档案规范化管理的意识。

## 六、建筑设计的教学评估

教学评估是对建筑设计教学状况、人才培养质量的全面检查。其评估内容与标准包括:

### 1、对建筑设计教学状况的评估

建筑设计教学状况的评估可包括四个方面:教学计划与教学文件、教学管理、教学实施、毕业设计。

**教学计划与教学文件**

• 教学计划应符合建筑设计人才培养的科学性。诸如传授学识与技能应循序渐进的原则,注重学生的学识增长应与身心健康平衡发展,控制好建筑设计教学与相关课程的协调并进;

• 各种建筑设计教学文件应齐备,并且格式规范、内容翔实、存档完好。

**教学管理**

• 应严格执行教学计划,开展各项建筑设计教学活动;

• 有保证教学质量的各类规章制度,并能认真贯彻执行;

• 教学档案及学生学习档案管理规范;

• 建筑设计过程教学各环节的考核制度完备,并严格执行。

**教学实施**

• 设计辅导的课堂教学形式多样,氛围活跃;

• 教师能将传授知识和技能与培养学生职业素养结合起来;

• 师生注重建筑设计过程与方法的教与学;

• 严格设计基本功的训练,培养运用不同表现媒介的能力。

**毕业设计**

· 选题宜接近实际工程条件；

· 选题的内容、设计深度和知识的综合运用能力均应高于课程设计；

· 毕业设计的各教学环节应按时、按量、按质认真完成；

· 提交完备的毕业设计文件。

### 2、对人才培养质量的评估

建筑设计人才培养质量的评估包括近期评估和远期评估两个阶段。

**近期人才培养质量的评估**

由于建筑设计教学纵跨五年制全过程，因此，应站在建筑设计整体教学上进行人才培养质量的评估。

· 学生的建筑设计主干课学习能与德智体全面发展和各科学习同步发展，以及与参与校园文化活动相互促进；

· 学生从建筑设计入门零起步到毕业，综合能力（方案设计能力、语言表述能力、动手表达能力、知识运用能力、组织工作能力、独立调研能力、社会活动能力等）应逐年提高；

· 学生的建筑设计基本功（设计思维基本功、设计操作基本功和动手表现基本功）应扎实娴熟；

· 学生在国内外各项设计、论文竞赛中，成果优异；

· 学生在毕业应聘工作或考研应试中能成功胜出。

**远期人才培养质量的评估**

人才培养的质量常常还需经时间的发酵和社会的考验。而学生潜力的发挥只有在实践中才能见高低。因此，对人才培养的质量更需从长远来评估。

· 毕业生质量能得到社会广泛认同，信誉度高；

· 按国家一级建筑师注册考试对报考资格年限的规定，应在参加工作两年之后尽早通过国家考试，取得一级建筑师资格；

· 在设计单位经若干年锻炼已经能胜任专业负责人、项目负责人的职责，并能独立主持工程项目设计，或位居设计所、设计院要职，独立领导全所、全院的设计业务工作；

· 在工程项目设计工作中能坚守正确的价值取向，积极探索设计的原创性，紧密结合中国国情，设计出在国内外具有较大影响的建筑作品，并获得各类设计成就奖；

• 毕业生社会适应力强，能在各岗位中发挥骨干作用，成为各行业或各部门的精英、领导。

## 七、建筑设计的师资队伍

由于建筑设计教学的特殊性，不仅师资队伍的人员配置要远远大于全校其他院系师生比的比值，而且对师资队伍的构成与素质都有更高、更严的要求。主要体现在以下三方面，即师德典范、业务精湛、执教有方。

### 1、师德典范

对于建筑设计的任课教师来说，较之业务能力、教学水平更为重要的是对师德的看重。因为，与建筑师完成工程项目不同，建筑设计教学不仅传授设计知识与技能，还有培养学生的思想、情感、意志、品格的重任，更是铸造学生灵魂的工程。教师若没有师德的底线，不但不能胜任职责，还会误人子弟。因此，对建筑设计任课教师提出师德要求一点也不为过。那么，建筑设计教师应在哪些方面提高自己的师德修养和行为规范呢？

**敬业职守**

毋庸讳言，教建筑设计课是最好"混"的。因为，教师可以不备课、可以动嘴不动手在学生面前头头是道神侃，或者三言两语打发学生美其名曰要独立思考。过去设计教师还拿一支铅笔进课堂，与学生在草图纸上讨论设计问题，现在学生改用电脑设计，干脆就空手道。此外，偶尔还可以迟到早退，可以不认真阅图而随意点评学生作业等等。当然，这样的设计教师是不称职的。所谓敬业职守，就是要把教好学生做设计当成一回事去认真做。那么，什么是"认真"呢？

首先，教师要有责任心上好每一次设计课。要意识到为国家培养人才是自己的神圣天职，不能因为任何有违这一天职的行为而玷污自己的良心。应该说，高校教师，尤其是建筑设计教师这一职业有着得天独厚的优越工作条件。其中可以不坐班这一条就是其他任何职业都引以羡慕的。一位设计教师在一般情况下，担任一门建筑设计课就可以满足学校规定的教学工作量，那么，按通常一周上两个半天设计课计，折算为一周只上一整天课，一学期为 16 周，一学年就 32 周，去除其中遇到的法定假日，设计教师充其量一年才上一个月的课，扣除剩余必要的教学辅助工作，其他的时间全归自己自由支配。这样一算，设计教师还有什么理由不认真上好这一年内只上一个月班的每一堂建筑设计课呢？恐怕那种缺乏责任心的"混"，于情于理于良心都说不过去。

其次，要把教书当作第一职业，这似乎是天经地义的道理。然而，现在的金钱和利益诱惑太大，身边干扰因素太多，有时教师会身不由己，把第二职业与第一职业的地位本末倒置，导致一些教学事故的发生。当然，设计教师可以也应该做点工程项目设计，不但可使理论教学与设计实践很好结合，而且设计实践又可促进教学质量的提高。但是，教师一定要把位置摆正，把上课视为任何事情不能也不应撼动的。当然，教师利用无课时段可以出差在外忙项目，但第二天有课就不能借口随意调课，而应提前返校，以保证按时上课辅导学生设计，上完课可再接着出差，这就是第一职业主导与第二职业从属的关系。且不说因这样两头奔波多少有点教学分心。

既然把建筑设计教学作为第一职业，就要做到爱岗敬业，就要心在教学上。诸如做到每一轮新课程设计上手前都要备课，即认真做好方案试作，摸清课程设计的所有问题，以便上课辅导学生设计时胸有成竹；在课程设计辅导中，要上足课内时间，只要教室里有学生就不能因故提前退场。至于因需要而超时课堂辅导，则应视教师是一个需要有奉献精神的职业，要有一种敬业的境界。在设计辅导中，对待学生要一视同仁，对于设计能力弱、底子差的学生，更要以仁爱之心给予热情帮助，要坚信没有教不好的学生。在点评学生作业判分时，要尊重学生两个月辛勤创作的成果，仔细认真地一分为二进行点评，而不是走马观花、浮光掠影式的下结论。

**为人师表**

"教风"与"学风"是构成"校风"的两大支柱。欲要带出一个好的"学风"，"教风"必须要正。因为，好的"教风"是提高教学质量、培养人才的保障，它无形地影响着学生的成长，引导着"学风"的建设。而好的"教风"要依靠每一位教师忠于职守，从严规范自己的言行，以为人师表的举止彰显"教师"的本色。

例如，在建筑设计教学中，凡是要求学生做到的，教师必须以自己的榜样行动成为学生的表率。因为，新时期的大学生更看重教师的言行一致、表里如一。

教师经常要求学生按时上课，以便每次设计辅导前能先集中交代或布置相关教学事项，那么教师就要比学生提前进教室做好课前准备，而不应让学生在教室里等教师上课。教师要求学生辅导完设计后，要留在教室及时修改完善方案，或多与他人交流，或向教师提出新的问题继续求得辅导，那么教师就要坚守在教室辅导学生至下课为止，哪怕小组学生全部辅导完毕，也不应提前走人。教师要求学生认真完成设计作业，那么教师也要认真备课耐心辅导。甚至教室几周没人清扫，脏乱已经不能容忍，不妨课前督促学生自己动手整理环境卫生，教师若能亲自动手，这种示范的作用会慢慢影响学生良好人格的形成。在课外时间，学生若有求于教师，教师应责无旁贷给予满足，甚至主动在课外时间走到学生中去关心学生的学习。教师正是在诸如此类的教学细节中，身体力行地发挥表率的作用，才能让学生明白在专业学习中，同样要学着做人。

为人师表就是要求教师在形象上让学生觉得可亲可近，而不是以一副师道尊严的面孔让学生敬而远之。怎样拉近与学生的距离？关键在教师。首先，教师要摆正自己在教学活动中的位置，这就是课上是师生关系要从严治学，课下与学生是朋友关系，要平等相待。在与学生相处时，言语要温和、循循善诱，而不可严词训斥。只有在情感上拉近距离，才能有效展开教书育人工作。行为要平易近人，一板一眼都注意身教重于言教，教师的言行只要做到为人师表，教学就没有搞不好的道理，学生就没有教不好的理由。

### 教书育人

教书说到底是育人。学生在学校不仅需要充实知识、掌握技能，更需要发展健康的人格。而教师根本的任务就是为国家培养优秀人才，那么，这双重任务就应成为教师义不容辞的重任。

教师要担当起教书育人的重任，自己先要德才兼备，不但师德要高尚，而且学问要渊博。这样，一名教师一旦"以身立教"，又有令人敬佩的业务功底，才能令学生"亲其师、信其道"，教书育人的工作才能结合专业做得有声有色。

教书育人需要教师具有职业奉献精神。人们常把教师的崇高职业比作"独光"——照亮别人，耗尽自己；或者比作人梯，让学生站在教师的肩膀上攀登科学的高峰。因此，教师要忘我投入地潜心教学，甘心额外花时间走到学生中去，甚至牺牲攒钱的机会，为了提高教学质量而沉下心来做学问。

教书育人就是希望学生人人成才，而成才又不是轻而易举的事。对学生从严要求才是正道，那种对学生的学习放任自流，对学生的行为品德处置漠然，实际上有害于学生的成长。今天的大学生是学习在优越的校园氛围里，生活在强国梦的社会环境中，他们充满朝气、思想活跃。但是，他们缺少意志的磨炼，缺少对未来的使命感和责任感。因此，用什么样的标准去要求学生，不仅关系到他们日常的行为规范，而且也影响到他们今后的人生之路。自古有"严师出高徒"之说，教师对学生只有从严要求才能造就出一代新人。

教书育人不是教师居高临下地对学生说教，尤其在课堂之外的与学生交往中，教师宜放下身架，以知心朋友的身份与学生推心置腹、促膝谈心。以专业教师做学生工作特有的优势，在专业学习中不露思想工作的痕迹而把育人工作做好，这较之政工人员出现在学生面前，他们在心理上更容易接受，更倍感容易接近。

做教书育人工作不是大道理满天飞，也不是板起面孔以势训人。因为大学生是有思想，也是能够明理的，之所以有时认识有偏差，行为有失当，这是年轻人成长过程不可避免的。凡此，教师都应晓之以理，动之以情地帮助学生进行分析，直至学生心悦诚服，这也是教书育人是否能达到预期效果的方法问题。

教书育人说到底是要求教师对学生要有一颗爱心，要把学生当成自己的子女一样关心他们的成长。以平易近人、耐心仁爱的关怀去触动他们的内心世界，使他们在远离父母孤身求学的环境中同样感受到生活的美好。这将影响到他们对人生的看法、对国家集体的热爱、对事业的追求。因此，爱心相待应是教书育人的情感基础，而实施教书育人工作很多时候需要发挥情感的纽带作用。非如此，教书育人工作只能是表面文章，甚至成为嘴上的空洞口号。

教书育人，还是一个在深度和广度上进行人才培养的系统工程。作为建筑设计教师而言，教书育人的工作不应局限于教学范围内，也不应局限于自己的学生中。因为我们关怀的不仅仅是个体学生的成长，而是要造就一代一代为国家、为人民做贡献的人才。因此，教师面对学生时，无论是自己教的学生，还是不认识的学生；不管是在读学生，还是已毕业的在职学生；不管是本校学生，还是外校学生，只要他们在思想上、学习上、生活上有求于你，作为教师理应责无旁贷地热忱应答、鼎力相助。因为他们都是国家未来的栋梁，这才是一名教师教书育人的更高境界。

**淡泊名利**

在建筑教育事业中，做一名优秀的教师是需要在毕生的岗位上无止境地追求更好。这就要求设计教师不为名声所动，不为利欲所诱，不为地位所迷。尤其年轻教师，由于教学刚起步，经验欠缺，功底不足，急需积累。而改变这种状况只有靠自己勤奋、埋头教学、沉心做学问。

但是，我们毕竟不是生活在世外桃源，在我们周围，浮躁行事、急功近利的现象比比皆是，而教学成果不可能立竿见影，更不能有半点虚假浮躁。教师只能踏踏实实做好当下的教学工作，不为出成果而搞教学，也不要做了点事稍有眉目就急于宣扬，这种本末倒置的关系只能把教学搞成花架子，最终会适得其反。事实上，一项教学成果的产生是非常滞后的，少则数年，多则需经几代人的积累。正如两弹一星是经几代人共同奋斗的结晶，而成千上万的科技人员却隐姓埋名沉寂在遥远而不为人知的角落。这说明任何科学成果是需要时间和实践磨砺的，它需要具有奉献精神的优秀人员为之付出。因此，淡泊名利是教师应具有的优秀品质，而教师正因为把名利看得很淡，才不会为此对教学分心。也正因为教师把精力和时间扑在教学上，教学成果必然会水到渠成、厚积薄发。

在当前的市场经济社会里，教师不是苦行僧，为了生存养家，也为了建筑设计这一行业需要理论联系实际，做点业余设计增加收入也是无可厚非的。但教师一定要把握一个度，这就是业余设计不能干扰、冲击教学，这是底线。也不能形式是在搞教学，而且教学工作量一点也不少，但心思却轻教学重项目，长时间在外忙工程，蜻蜓点水回校应付教学。这种把第一职业与第二职业位置颠倒的做法实不可取。因为，金钱的诱惑常常会使人的心灵受到玷污，作为教师这一圣洁的职业尤其要提防。

荣誉声望是罩在一个人身上的光环，只能不期而至，而不能刻意索求。看看那些每年当选的感动中国人物，无一不是在各自岗位上为社会、为人民、为他人数年数十年如一日地默默奉献着，却丝毫没有为了个人出人头地之念，但国家群众会铭记他们的功劳和事迹，给予应有的荣耀。因此，教师对待荣誉应有超然的态度，那是自己要在教学岗位上为之兢兢业业付出一辈子的，可能这一辈子就这样默默无闻地燃烧了自己。但经你手上培养的学生人才辈出，甚至在国内外相关领域获得巨大成功和荣誉，这才是教师最大的成果，也是对教师的最大奖赏。证明教师培养人才的成功，从而也赢得学生的口碑，恰恰这是比任何有形的奖励更为厚重的荣誉认可。

总之，名利可以有，但不可追名逐利，那样会活得很累。只有能放得下，才能干好自己喜欢干的事，才能把教学当成快乐的事。

### 2、业务精湛

作为建筑设计教师，如果没有一个博学多才的业务能力是难以提高教学水平的，如果没有过硬的建筑设计功底也是难以让学生信服的。因此，不断提高自己的专业水平就成为走上建筑设计教学岗位的教师面临的任务。从哪些渠道去提高教师的专业水平呢？

一名教师既然担任建筑设计教学工作，起码自己的设计能力要过硬。靠直到获得博士学位学的那点设计基础，那点积累去应付学生可以，但教好学生还差得很远。因此，要不断在业余时间参与设计实践。比如设计竞赛、投标项目、工程设计等，凡是有条件在不影响教学的情况下，都要积极参与，权当作训练自己设计能力的机会。能够屡屡获奖胜出，就证明自己的设计能力在不断提高，有了这样的设计功底，才能在建筑设计教学中游刃有余。

一名教师若在专业某一方面独树一帜、成果显赫，不但可使本教学单位教学特色超群，而且也成为教师本人的教学研究特长。比如教师在住宅设计研究中，经过长期理论研究和工程设计实践积累，终于提出创新理念、科学策略、可行措施，并被设计实践证明既有社会效益，又有经济效益，还解决民生问题。这种把建筑设计教学与科学研究和工程设计紧密结合起来的路子，正是提高教师业务水平的正确方向。那种把教学与工程设计相脱节，或者结合不甚紧密而分开行事，其结果都不会有特色成果产生。教学只能平淡不会有声有色，工程设计项目就会轻品位重经济效益，难有特色研究成果。

著书立说应该是教师职业的本分，也证明其业务水平有过人之处。对于教学总结、帮助学生学习大有裨益。这可以成为考核教师业务水平的一个重要方面。当然，著书立说、撰写论文是教师基于多年教学和研究基础上的结晶，不可一蹴而就。

综上所述，建筑设计教师既然选择了这个职业，就不能靠吃老本过日子，仅就学生对各位教师业务能力、教学水平的私下点评，教师就会深感教学压力之重，就会敦促自己要不断提高业务能力和水平，才能适应不断发展的教学要求。

### 3、执教有方

建筑设计教学不是简单应付差事，也不是单纯为了完成教学工作量。

实实在在有一个如何执教的问题值得每一位设计教师思考，包括执教理念、执教态度、执教方法。

**执教理念**

干任何一件事不应是盲动或随群的，因此，教师要有自己的教学主张与观点。尽管建筑设计教学有教学大纲，课程设计有共同制定的任务书，但具体落实还得靠每一位设计教师通过设计辅导加以实施。而设计辅导又是多元化的，全凭教师个人的教学水平发挥。这就要求建筑设计教学整体以及教师个人要有正确的执教理念，以便各年级在总的教学要求下，充分发挥教师个人的能动作用。这个教学理念就是回答建筑设计主要应教什么？又该怎么教？诸如，是教设计手法还是教设计方法；是教设计技巧还是教设计基本功；是教某一设计要素还是教设计综合能力；是一点论地看待设计矛盾还是两点论地分析设计问题？是沉湎于计算机辅助绘图，还是多种设计媒介娴熟运用等等。这些执教理念正确与否关系到建筑设计教学的成败，也关系到人才培养质量的优劣。因此，树立正确的执教理念尤为重要。

**执教态度**

毫无疑问，每一位教师的执教态度应是端正的、健康的。不能以为辅导建筑设计是轻车熟路，就可以轻松上阵，得过且过。事实上教好建筑设计课比教任何一门课都要难。难就难在软因素制约太多，这不是靠教师单向付出所能实现人才培养目标的。如果设计教师没有一个正确的执教态度，面对生源先天缺乏专业学习的素养、教学成效需要发挥全体教师团队精神、办学需要营造特定的环境氛围、学生成长需要教师全身心投入其中、教学成果又难以短期见效，而社会的诱惑又无形地吸引人等等。就会失去执教的热情，其结果只能去应付教学。而设计教师要想在自己的岗位上有所作为，非得有执着的精神不可，一名好的教师应多操心怎样教好学生，少一点其他欲望索求。

**执教方法**

辅导学生建筑设计没有现成公式，也没有统一模式。因为，建筑设计教学是一个开放的教学体系。随着办学的发展，教学改革的推动，其教学方法也呈现多元化。但不管是采用什么教学方法，都要适应受教育者现在的素养条件，要符合受教育者学习建筑设计的循序渐进的规律，以及围绕培养能适应未来社会需要人才目标而施展有效的教学方法。有了正确的执教方法，才能有目的、有系统、有计划地培养高质量的建筑设计人才。

# 八、建筑设计的教学主体

由于学习建筑设计对于学生从生源到培养过程，直至培养目标都有着许多不同于其他学科的要求，因此，对于学生而言能否适应这些要求取决于他们选择建筑学专业是否适合于自己，是否具有学习建筑设计的潜能，以及经过培养能否达到预期成才目标。

从当前的高考办法来看，学生对选择专业的盲目性、功利性以及分数决定命运的招生规则，导致许多人才培养错位的怪现象：一些高分考生进了建筑院系但并不是发展自己最好的选择，而另一些对学习建筑学专业怀有一往钟情并具有发展潜质的考生因差了那么几分，阴差阳错被录取到他不喜欢的专业。这样，高分进了建筑学门槛的考生，有的考生能很好调整过来，很快进入学习建筑设计角色，而多数考生这个调整过程不同程度地需要一段时间，导致了建筑设计教学成本和学生投入的增加。

怎样分析建筑设计教学主体的这种状况呢？

## 1、对生源的分析

能够高分考进建筑学专业，应该说这些学生是同龄人中的佼佼者，他们有追求人生目标的动力；有面对强手如林的拼搏精神；有学习不怕吃苦的品格；有面对压力奋发向上的毅力等等。但也要看到所有这些都是高考制度、家长望子成龙的压力而逼出来的。他们一旦有幸进入建筑院系失去过去那些高压条件，在一个全新的环境中是否还能保持如此旺盛高涨的人生进取和学习劲头，还有待在新的人生转折点中加强引导，防止学生高考大功告成而产生"船到码头车到站"，一下子松垮下去的现象发生。而事实上，他们对于建筑设计的学习还有很多不适应之处。如学生并非根据个人兴趣爱好自主选择了建筑学专业；由于中学的应试教育使学生的思考较为逻辑、僵化，而缺少灵敏的创造性思维；也由于中学教育缺少人文美学教育，导致学生艺术修养、审美能力缺乏，绘画能力几乎空白；更由于高考指挥棒让学生的知识域仅限于高考大纲范围，又沉沦于题海战术，使学生失去了对生活的热爱与关注。就连建筑设计特别强调的要有空间概念，学生也仅有中学立体几何那点皮毛知识等等。

可以说，学生诸如数理化学习超群的优势，在学习建筑设计中并未能发挥作用,倒是他们上述的劣势日渐显现,成为学习建筑设计的障碍。因此,新生要尽快转换学习角色。

## 2、学习角色的转换

新生通过奋斗虽然走进了建筑院系的大门,但因之前并不了解建筑,也不了解建筑设计的学习,所以并未走近建筑而仅知道点皮毛。至于真正走进建筑懂得其博大精深的学问,那是一辈子要付出的努力。不管如何,新生进校第一天起就要尽快转换学习角色,以便能够从走近建筑向走进建筑迈进。那么,怎样转换学习角色呢?

**转换心理状态**

新生过去在高中都是各校的佼佼者,志气昂扬,现在同在建筑院系,就重新处在同一起跑线上,随着学习的进展,名列顺序就会有前有后。这种差异是正常的,不能以此认为自己落后了,导致精神压力过大,甚至想不开,这种中学带来的排序思维应尽早抛弃。

**转换学习目标**

高中的学习目标是想方设法通过高考独木桥跨进大学门槛,而大学的学习目标是为今后服务社会准备条件,包括老实做人、踏实做事。

**转换生活方式**

入校新生再不是过去在家有依靠,在校有教导,而在大学里全要靠自己独立生活、独立为人处事;更不是在家过独生子女优裕的生活,而是要融入集体生活。尤其学习建筑设计,如果没有一个好的班风、团结友爱的集体,个人的成长也是难以实现的。

**转换学习方式**

建筑设计的学习是一个开放式的系统,有听课、有辅导、有交流、有调研、有实习,甚至参观游览、公益活动、劳作赏乐等等,学习方式丰富多样,不是中学那种枯燥乏味的个人苦读和疲劳伤身的题海战术。因此,一个全新的学习方式要求学生能够加强自主学习。

## 3、学习的努力方向

学生针对学习建筑设计的短处要在下述几个方面明确努力方向。

**要提高学习建筑设计的兴趣**

兴趣是学习的最好老师,不少学生对建筑的朦胧兴趣还是孩提时玩搭积木所启蒙的。现在真要学这一行，就要把这一点幼稚的喜欢变成一生的痴迷追求。因为，学生只有爱上建筑设计才能进入角色去积极探索它。而兴趣又不是天生的，可以在学习建筑设计的氛围中逐渐熏陶感染、潜移默化。可以从自己喜欢音乐、舞蹈、文学、集邮、书法等多样的兴趣中得到共鸣互补。

**要提高鉴赏美的修养和表达美的能力**

建筑具有展示美的功能，学生要想表达建筑美，只能先提高自己对美的感知、对美的热爱和竭力表达美的能力。这正是学生与生俱来所欠缺的，但必须努力弥补。因为，学习建筑设计也是一种美的创作，不要因为这一方面的低能而影响一生的专业发展。

**要提高对空间的想象力与创造力**

建筑设计是一种从无到有，从抽象概念到创造有形实体的过程，空间始终伴随着设计进程不断发育形成。怎样掌控它、创造它，学生不能没有强烈而丰富的空间构想，不能没有对空间生成的驾驭能力。这是学习建筑设计最困难之一。

**要提高思维能力**

建筑设计过程是靠学生的思维活动推动的，任何手段，哪怕现代高科技技术都只能起辅助作用。因此，学习建筑设计一定要积极思维，并且建筑设计学习的特点又决定了必须坚持手脑并用。而思维方法又有正确与错误之分，要学着用正确的思维方法指导自己的设计行为，并养成习惯成为设计的本能。

**要扩充头脑中知识面的覆盖**

由于建筑设计的广泛关联性，就决定了建筑设计的任务就是运用多学科的知识综合解决设计中的难题，从而实现预期的设计目标。因此，学生要不断拓宽自己的知识面，以充实自己的头脑，也提高自己的修养。这些知识无论专业的、艺术的、文学的、科技的、生活的等等，日积月累都可以成为启迪建筑创作的灵感，滋润设计成果的内涵。

总之，学生既然把一生交给了自己热爱的建筑学专业，就要义无反顾地坚持走下去，哪怕遇到任何艰难困苦，都要不放弃不抛弃。其唯一的办法就是学习、学习、再学习。

# 第二章

## 教师教什么

建筑设计在建筑院校的教学计划中既然是一门主干课程，更是奠定学生作为未来建筑师或成为建筑行业领域精英的专业基础。那么，我们怎样把一位刚入门大学而对建筑设计却是一片空白的新生，造就成德才兼备并具有发展潜质的建筑设计优秀人才？这涉及到人才培养的各个层面。其中，弄清建筑设计课程在学制年限内究竟应该"教什么"尤为重要。

由于建筑设计行为是一种需要心智与技能紧密结合的复杂创作过程，它要求学生首先要有一个正确的设计观；要求有过硬而扎实的基本功；要求能掌握并运用正确的设计思维与设计方法；要求能够融会贯通各学科的知识与生活经验综合分析与处理各种设计矛盾；要求具备一定的艺术和人文修养及创新精神，以创作出具有文化内涵的建筑设计精品。同时，又要求学生能够为将来参加工作而增强社会责任感，并培养良好的职业素质做好准备等等。建筑设计课程这些教学目标与要求，正是建筑设计任课教师在自己的教学实践中要把握好的教学方向。即，我们不仅仅传授给学生做建筑设计的知识与技能，更重要的是在为国家培养所需要的建筑设计优秀人才。既然如此，设计教师就不能只停留在就设计而教设计的具体专业层面上，而应在辅导学生建筑设计的过程中，突出抓住以下几个有关建筑设计的教学重点：

## 一、引导学生树立正确的设计观

建筑设计对于刚入门的大学生来说，这是他们从已习惯于中学教育方式转而进入一个全新却又陌生的求知领域。怎样使学生在成长的转折点迈好专业学习的第一步？关键看设计教师如何去引导他们走上设计的正路。如同幼儿蹒跚学步要靠父母的呵护与引领，才能迈出人生踏实的第一步一样。因此，设计教师首先要建立这样一个意识，即在设计辅导中始终要关注、纠正、引导学生的建筑设计观，使其不可偏离正确的学习建筑设计方向。这对于学生五年的专业学习，乃至一生的执业有着重要的作用。

做建筑设计既然是一种创作，学生必定有一种设计态度对待之，也就是建筑设计有赖于学生的指导思想，不是正确的设计指导思想就是片面的甚至错误的设计指导思想。前者可以使学生有一个正确的建筑设计观，把建筑设计当成是为社会大众服务的事认真去做；后者将误导学生的建筑设计观，而把建筑设计当成个人随意的把玩。两者的设计态度如此大相径庭，其后果则不言自明。

那么，设计教师从哪几方面引导学生的正确设计态度呢？

### 1、引导学生正确看待建筑创作

大学新生进入建筑院系不久，将会从圆梦的兴奋状态坠入迷惘的不知所措中。因为建筑设计这门主干课对于刚刚结束中学时代学习的他们来说，是全然不同的一片新天地。他们起初对此有新奇、有热情，也有茫然、有苦恼。继而会因建筑创作观的模糊而把设计当作拼贴游戏，乃至多数学生直到毕业仍没有理解建筑设计的真谛。但这不是学生不努力，而是学生在观念上还没有真正弄懂建筑创作究竟是怎么回事。对此，设计教师有责任引导学生从认识上先弄清楚建筑创作的实质。

**建筑创作是心智与技能的结合**

建筑设计是从概念到目标实现的专业操作过程，而称之为建筑创作是在学术上更多的是当做一种做学问。学生在学校里进行建筑设计就是这种做学问的学习过程。那么，怎么认识这种做学问呢？

首先，学生要有心智，即心力与智力。心力就是思维的能力。学生必须自己动脑筋想问题、分析问题，不要企图依赖外力，更不要指望计算机代劳。因为，计算机尽管有海量的信息贮存、强大的记忆认知能力，但期望它来替代学生进行建筑创作还是难以做到的。学生只能靠自己，特别是刚入门建筑设计，就要先养成一个勤于动脑的好习惯。头脑只有多动才能越来越聪明，才不会面对复杂的设计问题出现思维僵化、反映迟钝的现象。不少学生在大学期间过度用计算机进行所谓的计算机辅助设计，实质上只不过是计算机辅助制图。结果，心力越来越弱，导致离开了计算机就不知道如何用手下笔做设计，这种现象正是平时进行建筑创作缺少动脑训练的缘故。

而智力就是认识、理解设计问题，并运用知识经验等解决设计问题的能力。因此，只动脑仅是初步的，还要会动脑。因为建筑设计的问题具有复杂性、多变性、转换性、相对性等，而解决设计问题的办法没有公式，没有套路，甚至结果没有唯一。对此，学生的头脑不复杂点能行吗？我们只能依靠正确的设计思维（下一节将详述）去迎刃而解任何复杂的设计问题。这一点是学生学习建筑设计必须清醒认识到的。

其次，建筑设计只动脑会动脑还不行，因为再好的设计想法，再好的解决设计问题的办法，不从脑中落实到图面上依然没有价值。何况是不是好的想法，好的解决设计问题的办法，还有一个若干类似的想法、办法需要比较择优的过程。这就需要把它们统统摊在图面上，可行可不行，一比较一分析全然明白。怎样使这一过程的比较择优更加有效，更加有把握呢？这就牵涉到设计技能问题。即怎样通过手绘更迅速更达意地表达头脑中的概念，这在建筑设计的不同阶段，随着对设计问题考虑的先后秩序、深浅程度的不同，其手的表达会有粗线条写意与细线条推敲之别，全在于学生的个人掌控之中。由此可看出，学生设计技能的高超与低下之分，对于个人的设计素质有着十分重要的作用。

看来，建筑设计需要学生心智与技能的紧密配合，这种结合最大的特征就是借助于手进行思考。这是与其他理工学科完全不同的思考方式，也是学习建筑设计者的看家本领。这样说，学生在整个五年学习建筑设计的过程中都要明白什么是建筑设计初始的状态。即不但要冥思苦想，还要动手勤快。两者相辅相成，互动地推进建筑设计有条不紊地顺利展开，并不断提高设计的质量，也同时不断地提高自己的设计能力。

**建筑创作是追求真善美的探索**

建筑创作是从无到有的探索过程，这就需要学生有一种孜孜不倦地探索精神，而不能看成是一个画图的过程。更不能陷在屏幕上成为鼠标操盘手，忙于输信息、画线条、搞拼贴。因为，学生此时的精力都集中在"画"图上，少有想到设计问题，从而忽视了"思考"设计问题的重要性。

要进行建筑创作就要探索许多未知的设计问题，更重要的是如何去探索。尽管课程设计是一假想的任务，但因环境的真实性(若环境也是假设的，教学就成问题了)，我们就应真实地进行建筑创作，做一个诚实的设计。

诚实的设计就是要尊重环境条件的"真"。这个环境条件包括基地环境条件和城市环境条件，包括显性硬质环境条件和隐性软质环境条件。学生的设计目标如何与这些环境条件结合紧密，并成为该环境之中的有机组成部分，是需要做许多探索工作的。当然，这些环境条件对于设计目标的创作来说有利有弊，如何扬利弃弊或变弊为利，这些都是值得研究的问题。说到设计目标与环境的结合，还要认识到这种结合应是全方位的，包括基地规划应遵守城市设计的规定；与基地左邻右舍在日照、消防、景观、形体等方面应有一个和谐友好的关系；能够遵循地区的生态机制、体现城市文化传统、注重技术发展与地区条件相适配等，所有这些设计探索就是一种"善"，即善待环境。只有这样，设计目标在环境设计中才显现出"美"的真实性。那种在环境设计中不顾条件制约，而一味追求图纸上的总图图案视觉效果，所谓"天圆地方"、"九宫格"、"阴阳八卦"等等自圆其说的所谓体现文化性，实在有点牵强附会，而与环境却不是真实地结合，因而就不是求"真"，反映在设计心态上缺少"善"，其设计成果当然就称不上"美"。这是学生学习建筑设计应避免的。

诚实的设计还要在平面功能上揭示生活的真谛，这是建筑创作的底线。虽然人的生活层次不一样，生活方式也各有所别，更不要说人的各类生活是那样的丰富多彩，这本是生活的真实面貌。那么，建筑创作的目标就应尊重人的各种真实生活的需要，就要在设计中从生活秩序的安排直至人的行为方式、人体尺度的舒适性满足提供能进行真实生活的空间，这种"以人为本"的人性化设计就是一种"善"，即善待生活的真实性。反映在平面上功能布局会很有章法，甚至许多生活细节设计处处能体现对人的生活体贴入微、关怀备至。这样的建筑创作一定能反映出生活的"美"。那种对平面功能设计不上心，看似把所有房间内容都杂乱无章地充塞进孤芳自赏的时髦形式之中，甚至许多违反生活常理的设计，就是一种"非善"。如厕所设计一例：有将男女厕所设计成共进一个前室门的；有将公共场所的男女厕所门毫无遮拦地设计成开门见底；有将门厅男女厕所的门正对主入口开启的；有将女厕所开高窗向男厕所借光的；有将女厕蹲位数少于男厕的；有将客房卫生间三件洁具因门挂角而布置欠佳的；有将手纸盒挂在恭桶水箱后墙上的；有将单身公寓卫生间的浴缸画成床那么大的等等。面对厕所设计这些失"真"，如厕生活将是多么的不便或尴尬，如此就谈不上生活的"美"了。因此，学生无论在功能设计的总体上或是设计细节上都不能忽视善待生活的准则。

诚实的设计尤其在建筑的造型或立面设计中，万万不能搞伪设计。所谓伪设计就是一个不诚实的虚假设计，这在目前各城市的建筑垃圾中比比皆是：玻璃幕墙包裹着蹩脚的丑陋建筑体型；堆砌违反结构受力性能的繁琐构架；掩盖真实形体的华丽外壳；毫无理由的非线型变形虫体；缺乏建造逻辑和材料特性的拼贴；与内部功能空间特征相违背的立面形式；莫明其妙地用一个具象写实的脸谱式造型突兀在众目睽睽之下；或者大肆玩弄所谓隐喻"龙"、"凤"、"飞碟"、"波浪"之类与建筑的真实内涵毫无关系的象征性设计手法等等。这些建筑的形象不但扭曲了人们的健康审美情趣，

不诚实的伪设计——
福星高照酒店

也背离了建筑的"适用、经济、美观"原则。这不仅是设计水平、设计手法的问题，重要的是设计者对国家、对人性缺少一种"善"，把建筑设计当成一种浮夸任性的试验场，而绝非是创新之路。我们培养的未来建筑师在学习建筑设计伊始，就要防范学生在造型设计中走火入魔。因此，设计教师要随时随地纠正学生的建筑创作观，引导他们关注设计的真实性，努力做诚实的设计。

**建筑创作是运用多学科的知识与成果综合解决设计矛盾的过程**

学生在大学五年的建筑设计学习中，表面看是在不断地做课程设计，不停地在画图，但设计教师在辅导学生设计时，一定要透过表象阐释清楚建筑创作的实质应是运用多学科的知识与成果综合解决设计矛盾的过程。学生运用多学科知识越灵活、越有效，就越能打开建筑创作的思路，越能使创作成果富有新意。而创作过程对设计问题分析越透彻，对解决设计矛盾越能掌控自如，其创作之路就会越加通畅，少有迂回曲折。看来，学生对待建筑创作还真不能看成是一个简单的画图过程，实实在在要学好教学计划之内的所有课程。不仅如此，还要扩大教科书以外的知识域，同时要运用科学的辩证唯物主义思想，看待、分析、解决设计矛盾。这应是学生在建筑设计学习中获得成功的必由之路。

从专业学习来看，我们的设计目的物——建筑物及其环境是随着社会的发展、人类生活方式的变化而显得丰富多样，以及人们对提高生活质量的欲望而变得越来越复杂。特别是科学发展到今天，许多边缘学科、交叉学科都已渗透到建筑学领域中来，而人类所面临的许多棘手问题，如生态问题、可持续发展问题等都对建筑设计提出更迫切的要求。所有这些，使建筑设计仅依靠自身的学识和解决设计问题的手段都已显得力不从心，它必须运用诸学科的研究成果进行整合设计，方能在新的历史条件下焕发出新的活力。

建筑设计的教学也正是为了让学生学会运用诸学科的知识进行整合设计的方法，并由简单到复杂、循序渐进地不断强化这种训练。尽管学生在建筑设计的学习中运用多学科知识进行整合设计的能力有一个逐步提高的过程，但设计教师在设计辅导中应努力向学生阐释清楚建筑设计与其他学科知识的关系。这就是：

首先要运用建筑学的专业知识处理好建筑物与环境的和谐关系；处理好建筑物平面复杂功能的有机关系；处理好各种流线的顺畅和避免相互干扰交叉；处理好建筑物内外空间形式与功能内容、技术条件、经济、建造等的辩证关系；处理好建筑物各细部与整体的协调关系等等。

建筑物要想安全地容纳人的多样生活，其结构体系必须是合理的、坚固的。因此，建筑设计要运用结构工程学的知识，对设计对象进行合理的结构选型与合乎结构逻辑的布置，以便为结构工程师对建筑物的结构计算提供合理的设计依据。

建筑物是由各种建筑材料，根据其性能、作用、感官而进行建造的。因此，建筑设计要运用材料学的知识对设计对象进行合理选材和构造设计，以使建筑物具备建造的可能，并充分展示建筑物表皮的艺术效果。

建筑设计的根本目的是通过实体手段而获得建筑空间及其空间环境。建筑设计为了使人在其中获得一个适宜的生活环境，就要运用建筑物理学知识精心处理好声、光、热等技术问题，以便有效隔绝外界不利因素而保证人的感官舒适性要求得到满足。

建筑物不但是建筑设计的物质产品，也是文化精神的载体。因此，建筑设计要从建筑史学中寻找文脉，以便通过建筑传承建筑文化的传统，注入某种文化内涵，并烙上时代发展的印记。

建筑设计所创造的建筑形象涉及到建筑美学问题，那就要运用美学理论指导建筑设计在形、色、质诸方面遵循美的原则与规律，从城市整体上直至建筑细部的艺术处理上符合人的审美情趣。

建筑物是耗费资源的庞然大物。因此，建筑设计必须要有经济头脑，要运用经济学原理把握好标准、造价，使建筑物经济、适用、坚固、美观。同时，建筑设计还要在深层次上力图从设计、建造、使用及建筑物的日常管理维护各个环节，充分考虑以较少的投入获得最大、最好效益所能采取的对策。

人与生俱来希望与大自然亲密接触，尤其在今天的高科技现代生活环境中渴望回归自然。因此，建筑设计要运用造园学的原理、知识，使建筑物能够融入自然环境，或在建筑物的内外环境中引入自然要素，从而改善硬质环境的缺陷，进而创造美的、自然的生活环境。

当今的生态学发展给建筑设计带来严峻的课题，即建筑设计要更加注重生态环境的保护。诸如节能减排、绿色设计、可持续发展等，以便使人类的建造活动尽量减少对自然环境的干预和破坏，达到人工界与自然界的和谐发展。

当今的信息技术革命不仅给社会和人类生活带来日新月异的变化，而且诸如自动控制、信息传递、网络技术、电脑普及等先进手段的出现也给建筑设计注入了新的活力。因此，建筑设计要充分运用这些数字手段、现代分析技术和计算技术使建筑设计解决更为复杂的设计问题成为可能，并大大提高设计效率和精确度，使设计的产品——建筑物比任何时代更现代化、智能化。

上述运用各类知识解决设计问题的根本目的，还是"为人而不是为物"。为了更好地满足不同人的不同需求，建筑设计就要运用人的生理学、心理学、行为学等知识细致地把设计工作真正做到位，使建筑空间因纳入了人的正常生活而具有生命力。

凡此种种，建筑设计所涉及到各学科知识并不是孤立单一地各自影响于建筑设计，它们总是共同影响着建筑设计的起步、过程和目标。因此，建筑设计对这些知识的共同影响就有一个整合的设计策略。这就需要运用系统论、离散论、控制论等现代科学方法论的原理，在建筑设计总体上把握好大方向，又能面对一个一个具体的设计问题获得最优解答。

如前所述，建筑设计与诸多学科是那么宽广而又紧密地联系着，而要想将它们部分地或多样的关联起来进行整合设计并非易事，何况建筑设计一旦将它们整合在一起势必会产生这样或那样的矛盾。正如设计初始，学生就会立刻陷入如何处理建筑与环境关系的设计矛盾之中。这些矛盾有外在的，如基地周边的道路、建筑、朝向、风向、景向等；也有内部的，如功能要求、技术条件、造型构思等。这些内外因素各自都对建筑设计提出约束条件。更为困难的是，这些内外因素不是孤立地对建筑设计产生影响，而是相互错综复杂地交织在一起共同对建筑设计产生作用。这些作用有些是正面的，也有些是负面的，从而让学生从中难以取舍，难以判断，难以决策。但是，建筑设计总是要向前推进的，只是不能走错方向。那就要运用矛盾法则，通过正确分析各种内外条件、综合各内外因素的利弊关系、确立构思的出发点，使建筑设计在起步阶段能够找准方向、正确上路。但是这仅仅是开始，根据矛盾永恒的法则，当建筑设计每前进一步时，总会有新的设计矛盾出现，旧有矛盾虽然解决了并获得阶段性成果，但对于解决新的矛盾它又成为新的制约条件。就是这样，设计矛盾在建筑设计不同阶段的相互转换给建筑设计总是平添了许多新的问题，学生不得不在设计的过程中不断应答这些新涌现的设计矛盾。而解决这些设计矛盾的办法及其目标又没有唯一性，这就更增加了解决设计矛盾的困难。但是，只要学生能意识到做建筑设计就是为了自始至终解决设计矛盾，而不管用什么方式画图仅是手段，再运用正确的解决设计矛盾方法，就能够将设计途中一个一个设计矛盾迎刃而解，直至获得满意的设计成果。

综上所述，在学生刚入门建筑设计中，设计教师重要的是让学生明白建筑创作究竟是怎么回事，以便在设计行为上能有一个正确的理念指导，学生只要建筑创作方向明确，至于设计知识与技能总会在五年的学习中逐步充实和掌握的。

### 2、端正学生"为人而设计"的态度

建筑及其建筑设计的目的是什么？当然是为人而使用、为人而设计。在理念上这应该是业界内所有人的共识，但在现实和设计实践中却是另一回事。我们只要看看充斥于各城市的建筑垃圾，不管它们外观如何奇异炫富，只要看最基本的使用功能是否满足人的生活需要，就可知其设计理念与"以人为本"的指导思想差之千里。诸如博览建筑设计大玩奇特造型，却没有很好解决流线、光线、视线的"三线"基本要求，造成陈列厅用光混乱没有重点突出展品的主角地位；因忽视陈列品橱窗的二次光反射，影响了观众欣赏珍品的效果；因大玩空间设计手法，造成难以布展的空间浪费惊人。医院门诊楼设计气魄现代，可是候诊厅室内界面装修全是高档石材、玻璃等硬质材料，造成声反射过于严重，其噪声环境加重了病人候诊时烦躁痛苦的心情。交通建筑设计更是雄伟宏大，可是流线过于迷津漫长，使负重且焦急的旅客一路苦不堪言。高层写字楼四周玻璃幕墙通透光洁，耗能暂且不说，光污染已严重影响人们的正常生活。即使像住宅这类最贴近人们生活的建筑，也因立面要出视觉效果而在北向卧室开所谓落地玻璃大飘窗，造成住户在冬季因寒冷而难以忍受，甚至户门直对客厅开门见山，居住生活的私密性被一览无遗；就连洗脸间、厨房的灯具也不加考虑地设计在吊顶上，而不是用镜前灯或设置在案台上方，造成需明亮处却被身影

遮挡等等。现实生活中这些非人性化的建筑设计及其建筑物，都是设计者缺乏"为人而设计"的意识，或自身就缺乏生活体验所致。我们培养的学生不应该成为这样的建筑师。

因此，"为人而设计"的理念不是一句空洞口号，更不能口是心非，一定要真真切切地落实到自己的建筑创作中。尤其是在学生五年的建筑设计学习中，设计教师要时刻关注"为人而设计"的理念是否在学生的设计意识中扎下根。当然，要做到这一点，对于学生而言有个过程。这就要求设计教师要循循诱导，并反复阐明"为人而设计"的道理，而这个道理就体现在建筑设计的各个环节：环境设计、平面设计、造型设计、材质选用、细部推敲等，而最集中是体现在平面设计的完善之中。因此，设计教师要纠正学生那种醉心于形式主义构成，玩弄造型手法，而忽视对平面设计的研究。甚至认为功能是活的，可变化的，只要有个自认为满意的建筑形式框框，什么功能都可以"装"进去的片面甚至极端的看法。若如此，不适合人使用的建筑，尽管造型奇异还有什么使用价值呢？如同T台上模特身穿的奇装异服，尽管时尚但不合你的身材或穿着场所，再漂亮的时装对你来说还有什么意义呢？

至于落实"为人而设计"的理念最集中体现在平面设计的完善之中，是因为平面设计最直接反映了房间布局的秩序、交通流线的组织、内外环境的交融，并隐含着空间组合的变化、造型体量的构成，以及氛围意境的创造等等。其中尤以房间布局的秩序设计环节更是"为人而设计"最重要的体现者。因为房间布局绝不是简单地"排"房间，或者强硬地"塞"进预设的形式框框中。若如此，就等于把"人"的因素排除在外，那还有什么"为人而设计"可言？而房间布局的合理与否，功能分区是否明确，完全在于学生"为人而设计"的理念是否强烈。因为，建筑设计的本质实际上是进行周密的生活设计，相对于外部造型来说，平面设计与人的生活和各种行为有着更加密切、更加直接的关系。如何将各房间在平面中很有章法地组织在一起，正是充分考虑了在现代生活的空间里人的行为正常发展及其相互关系的和谐。只有这样，学生才能创造出符合人的现代生活要求，满足人的生理和心理需要的建筑空间。这样的空间才有生命力，这样的建筑才具有使用价值。当然，这样说并不排斥学生对形式完美的追求，那也是人的精神生活所需要的，两者相辅相成，不可对立而言。只是我们要更加强调对平面功能设计的关注，这是满足人的物质生活要求的基本条件。强调这一点不为别的，只是让"为人而设计"始终成为学生进行建筑创作的出发点和最基本的设计动力。

然而，就平面设计而言，其设计质量也会有优劣之分，这并非取决于学生设计手法高超或平庸所致。关键之处还是在于学生对人的各种生活理解，及其"为人而设计"的理念在设计中体现的深浅程度。学生若要使自己的建筑创作成为精品，前提条件是平面设计要至臻完善。可以从三个方面来评价：

首先，房间布局要适应现代生活的秩序。

人的现代生活丰富多彩，它包含了社会公共生活的各个领域以及居住生活的各个层次。就后者而言，居住生活的承载体是居住建筑，不管富豪的别墅还是平民的经济适用房，尽管居住档次不一、条件有别，但都希望满足居住生活的使用要求，这是现代居住生活的基本要求。但现实恰恰与此相反，各类住宅、别墅设计不是在平面设计上下功夫，而是在形式上大做文章，以求广告效应。而平面功能从房间布局到门的位置等存在着大量问题，要不然，几乎家家户户搬进新房装修总要拆墙打洞移门。当然，各家人口结构、生活方式、经济条件等各有差别，导致住户平面设计不尽如人意。但确实有许多住宅、别墅设计对人的生活考虑不周，在设计中留有败笔。倘若建筑师真真设身处地为人而着想，对设计的生活问题考虑周到点、细致点，哪怕对一个插座、开关都按人的使用方便要求和人体工程学原理仔细推敲到位，也许拆墙打洞移门的事会少发生些。

看来，居住建筑设计不是简单排房间、算面积，仅仅为了"容纳生活"而已。若如此，则住宅倒真正成了"居住的机器"。然而，人生活在居住建筑里无论起居、睡眠、休息、待客、学习、娱乐、就餐、家务、洗浴等众多现代居住生活行为都有着一定的秩序和相互和谐的关系。这样，居住建筑的平面设计就不能不考虑为现代居住生活的秩序创造一个良好的条件。例如，户门是居住生活秩序的起始点，按现代居住生活要求，不能"开门见山"一览无遗。因此，在平面设计中，入户处需要有一个小小的过渡空间，以便遮挡户外公共空间对户内的直视，从而保护居住生活的隐私。此外，进门换鞋、放物已成为人们现代居住生活的习惯，因此，要有放拖鞋和存户外鞋的区域。再如，一套户型的房间少则四、五间，多则七、八间，如何将它们按居住生活秩序组织起来也是要动一番脑筋的。诸如把客厅、餐厅、厨房、卫生间等归类在公共生活区，把主次卧室集中在私密区，使功能分区明确。而对于各个房间的布局根据现代居住生活要求，做到其位置要各得其所：客厅和主卧室优先朝南，且阳台应与客厅紧密相连，使住户与客人足不出户就能在室内接触自然环境。而厨房按服务流线要求应尽可能短捷，并不干扰户内其他活动，因此厨房应尽可能接近住户入口附近。至于餐厅应与厨房在生活秩序上保持最密切的联系，以提高备餐与餐后收拾餐桌的工作效率，且与客厅在平面关系上宜保持流通状态，共同形成居住生活的开放区等等。如此说来，居住建筑设计还真不是单纯的空间创造或是造型的别出心裁，确确实实要把人的生活考虑进去，才能使住宅为人而所用。

其次，居住建筑设计还要进一步满足人的高质量的生活要求，这也是社会进步、经济发展、人民生活水平提高对"为人而设计"注入的新的内涵。它体现在人体的舒适性是否得到满足，这与人体的外在感官，即触觉、视觉、听觉、嗅觉、味觉有着密切关系。为此，居住建筑的室内装修选材要得当，尽可能采用触感温柔的、色感温馨的、嗅觉无异味的用材，切不可照搬大型公共建筑那些硬质材料过多的装修手法。家具款式要符合人体的基本尺寸和从事各种活动所需的舒适尺度，而家具设施的配置更要考虑人的行为规律和使用的舒适性。即使像卫生间、厨房这样的辅助房间，在现代居住生活里，其地位越来越显得重要，也是检验现代居住生活质量的重点部位。这不在于它们的面积要如何宽敞，装修如何高档，重要的是学生对使用它们的人更应体贴入微，按厨房的操作工艺流程对各项用品，诸如锅碗瓢盆、刀铲瓶罐等，以及对卫生间诸如肥皂盒、毛巾、化妆品，卫生纸等洗漱厕浴用品，件件都要精心设计到位，使住户用起来得心应手、省时省力。

高质量的生活要求不但要满足人的生理舒适性，也要重视精神的愉悦。因为，现代生活一向保持物质生活与精神生活的和谐统一，两者都应得到正常发展。因此，平面功能设计要进一步考虑如何创造一定的氛围，这就涉及到对平面设计所隐含的空间形态、材质选择、家具配置等硬质环境要素和色彩、光线、温度、湿度、声音等软质环境要素的综合思考。例如，对于卧室人们从心理上要求私密性更强些，气氛更恬静、优雅些。这样，卧室的平面形式就应较为封闭、空间形态就应较为收敛。为此，窗户就不应太大，而四壁根据不同人使用的卧室特性采用低纯度色彩，照明宜柔和，室内质地以织物为佳，图案点缀以静态为好，陈设更需富有生活气息等等。通过这些综合处理，使人在心理上体验到家庭生活的人情味和温馨感。而客厅是全家人或亲朋好友相聚的地方，这样，客厅的平面形式就应宽敞，空间形态就应较为流通。为此窗户尽可能开大，甚至设计成落地窗，并借助阳台使室内外空间流通，又可使客厅光线明亮、视野开阔，再加上观赏植物陈设点缀和画龙点睛的色彩、图案搭配，使人在心理上呈现出亲切、和睦、欢快的气氛。

最后，"为人而设计"的更高境界是体现建筑的文化性或品味。当然，对于不同类型的建筑而言，其文化性的层次是不一样的。就居住建筑来说，它毕竟不像博物馆、图书馆等公共建筑那样对建筑的历史文脉、文化性要求较为浓厚，但居住建筑也应体现自己朴素无华的品味。因此，平面要紧凑简洁、立面要真实大方、室内要高雅宁静，而不能置居住建筑以满足人的使用要求于不顾，舍本求末大搞形式主义的虚假设计手法。

再说，居住生活又是多元的，不同家庭成员的职业工作、兴趣爱好、生活方式、经济条件等都有所不同，因此，对户型乃至室内装修情调也千差万别，要想真正做好"为人而设计"，看来要研究的设计问题真可以说止于至善。

至此，我们仅仅阐述了居住类型的建筑设计。看来要想设计出精品，并不是那么轻而易举的。而那些各类型公共建筑，因规模庞大、功能繁多、技术复杂，其设计难度则可想而知。但也必须坚守"为人而设计"的准则，以保证人的各类社会生活要求得满足。诸如观演建筑要保证看得好、听得好；阅览建筑要保证幽静高雅的学习环境；餐饮建筑要创造与饮食特色一致的文化氛围；幼儿园建筑要创造适宜幼儿身心健康发展的室内外环境等等。对此，学生对公共建筑的设计考虑就要更为周全、细致、深入。因此，不管居住建筑还是公共建筑，其建筑设计的指导思想必定以人为本，为人而设计，这一点是共同的。设计教师务必在建筑设计教学中把此理念讲深讲透。

当然，"为人而设计"在建筑设计全过程的不同阶段，其考虑的侧重点是不一样的。对于各年级建筑设计教学，都是以方案设计为训练手段。因此，要着重强调"为人而设计"在平面设计中的体现。至于"为人而设计"要在提高人的生活质量和体现文化性上下功夫，更多的是需要在施工图设计阶段，做更深入的设计研究。这也说明"为人而设计"的指导思想一定要让学生在建筑设计的学习中逐渐扎下根来，并认识到这一指导思想是贯穿建筑设计的始终。只有这样，才能指望学生毕业后走到执业岗位上能将这一理念坚守一生。

### 3、强化学生环境设计的理念

建筑设计的关注点在其历史发展过程中随着社会的进步、科技的日新月异而不断推动设计理念的飞跃。早在西方古典建筑时期的建筑设计是把建筑作为艺术品加以雕刻的，因此精心推敲立面的至臻完善。20世纪初，随着工业化的实现与技术的进步，现代主义建筑时期的建筑设计其关注点从"面"转向了"体"，十分强调并痴迷空间的塑造，从而产生了建筑设计的革命。但是，在科技高速发展的过程中，由于人类过于强势，为我独尊，导致各行各业自行其是，疯狂向大自然索取、掠夺，而西方建筑一味偏重于自身的魅力表现也忽略了与环境的和谐。所有这些引起了一系列连锁反应，使环境恶化的问题日益显露出来：城市拥挤、文化丧失、道路堵塞、噪声严重、空气污染、生态失衡、植被侵蚀、气温上升、疾病肆虐、能源枯竭、水土流失等等，导致人类的正常生活日趋受到瓦解。因而，人们不得不开始关注环境，并成为世界各国共同面对的难题。甚至把人类与环境友好，走可持续发展道路的方针上升为国策，可见人类再也不能藐视环境了。

那么，作为建筑设计的理念，也必须跳出现代主义沉醉于单体建筑设计的传统观念，学生不但要继续关注人的物质功能和精神功能的需要，而且要深入了解环境的作用与潜力，以便让人的行为心理获得环境的支持。

看来，在建筑设计教学中，不断强化学生环境设计的理念就显得十分重要了。这要从以下几方面讲清道理：

**环境条件是建筑设计的依据**

任何一幢建筑物只能存在于一定的环境条件下，并融入其环境之中，才是建筑设计成功的前提条件。前者说明建筑设计必须受环境条件的制约，后者说明建筑设计的目标必须成为环境的有机组成部分。显然，任何违背这两条设计宗旨的建筑设计都将是错误的。

所谓建筑设计受制于环境条件，从微观来说，它要受到基地内外的一切环境要素，包括地形、地貌、地质、保留物、城市道路、城市建筑、城市设施，甚至阳光、空气等的制约。这些显性环境条件多数有着不可改变性。即使尚可改变的环境因素，比如地貌，也需采取谨慎的态度，不可大动干戈。因此，学生只有尊重环境的责任与义务，而无破坏环境的权力与行为。比如，基地内的古树、古迹，学生必须保护，并融入设计目标的考虑之中；场地有暗河或有高压线穿过的范围必须让建筑物避开，只能作为绿化、广场，或停车场；基地毗邻的城市道路就决定了场地主次出入口的方位；基地周边的城市建筑，依日照间距、防火间距的规范要求就规定了设计目标退让边界的距离；基地外围的景观条件注定了设计目标与之的视觉关系；指北针对于某些建筑物（医疗建筑、教育建筑、办公建筑、居住建筑等）南北向布局有着严格的限定等等。可以说，这些显性环境条件时刻在左右着设计的走向。

从中观来说，建筑物要和它所处的城市环境保持有机关系，因为它就是城市中的一员。这种有机关系体现在建筑设计要服从城市规划的要求；要减少对城市生活的干扰；在形体塑造上，除非是标志性建筑，都应与城市整体环境融为一体，共同创造城市风貌，而不是处处标榜自身、显赫鹤立鸡群的地位，使城市肌理杂乱无章、毫无特色可言。

从宏观来说，建筑设计还要考虑更大范围的自然环境与人文环境对建筑设计的直接或间接影响。学生倘若充分挖掘这些隐性环境条件，可以大大突出设计目标的个性特色和文化内涵，让人身临其境品味到大自然的魅力或历史文脉的深厚。

总之，建筑设计不是随心所欲的，更不是为所欲为的。在整个建筑设计过程中始终要受到各种条件的制约。其中，前述的环境条件，无论微观、中观、宏观各种层次的环境条件都会在不同程度上对建筑设计产生影响。既然如此，设计教师在辅导学生进行建筑设计时务必以环境条件作为主线，始终把学生建筑设计的各个阶段性成果放入任务书设定的环境条件中进行考察、评判，而不是孤立地就建筑方案本身进行脱离环境条件的指导。也只有这样，学生才能逐渐强化环境设计意识，才能明白做建筑设计始终不能忘了环境条件的制约。

其次，做建筑设计又不能被动于环境条件的制约，建筑设计还有完善与创造环境的任务。具体说，就是如何对待设计目标中总图的设计。这是以往建筑设计教学的薄弱环节，也可以说学生对总平面环境设计不屑一顾，既无设计意识又无设计能力，设计教学对总平面设计的辅导也成为教学盲区。久而久之，总平面环境设计成为学生建筑设计的软肋。要么总平面寥寥几笔随意添加路径、树冠的图示应付设计差事；要么看似笔墨繁杂，却是图案表现之类，毫无设计之意。其实，总平面设计若没有环境设计意识，其设计内容都没法下笔表达出来。比如入口广场到底范围多大合适；它的尺寸与建筑平面应有什么对位关系；临水建筑在建筑与水体之间以什么方式衔接；庭院小径两端点应与建筑物什么部位对接；休息绿地的座凳怎么配置才能符合人的心理需求；总平面需要设计哪些环境内容；如何完善环境设计并创造与建筑设计目标个性相一致的环境特色等等，诸如此类确实需要学生认真思考并加以设计到位的。它的重要性并不亚于建筑的单体设计，倘若总平面环境设计草草了事，只能使建筑设计质量在整体上受到影响。

综上所述，设计教师要谆谆告诫学生，建筑设计在设计意识与行为中都不能自顾自地陷于单体建筑设计之中，它要与周边的各环境因素始终保持紧密关系。因此，要让学生明白，充分考虑环境对设计的影响是我们展开建筑设计的出发点，也是实现建筑设计目标的重要内容之一。

**环境因素是建筑创作构思的源泉之一**

在建筑设计教学中，常常会有这样的现象：一提到设计创新或构思，学生马上会在建筑造型上大作文章，误以为在建筑形式上标新立异就是一个好的构思。诚然，建筑造型最容易表达学生的"匠心"，以其新颖形式吸引大众的关注，故而成为学生设计构思的首选。殊不知由此产生了两种偏颇的设计倾向：一是把造型构思当成了唯一构思渠道，以此堵塞了依环境、平面、结构、材料、经济、哲理等更广阔的构思源泉。二是把手法当成了目的，故弄玄虚地玩解构、搞形式主义、贴符号、附表皮等手法，误入了建筑创作的歧途。这些问题出现在学习建筑设计的学生身上是正常的，毕竟这是入门建筑设计不可避免的过程。问题是设计教师对此要向学生积极引导，阐明构思的原理与方法。指明建筑设计在当今已融入环境学、生态学、社会学、行为学、心理学、美学以及技术科学等宽广领域，所有这些方面，既是对建筑设计起限制与约束的作用，又有可能成为建筑创作的构思源泉。因此，一个好的构思不应被束缚在单纯迷恋形式的圈子里，而应是对创作对象的环境、功能、形式、技术、经济、材料、文化等方面最深入的综合提炼结果，以此激发头脑中创作的灵感，设计出具有创新点的佳作。其中，环境因素有时往往可以成为建筑创作构思的重要源泉。

前述中，我们已提及环境条件包含着多种多样的因素，它们在作为设计条件的同时，有时也会对创作的构思给予某种启示。尤其是越苛刻的某些环境因素，看似对建筑设计徒增难度，但学生只要以敏锐的眼光捕捉到环境构思的灵感，就会使创作之路柳暗花明。在这方面，许多设计大师都为我们做出了经典的范例。

世界著名建筑设计师贝聿铭的三个设计杰作：波士顿约翰·汉考克大厦、华盛顿国家美术馆东馆和巴黎卢浮宫扩建，都是把基地环境中新老建筑的有机结合作为建筑创作构思的出发点，分别针对各自具体地段的苛刻环境条件，采取积极的设计对策，变不利环境条件为创作经典之作的催化剂。约翰·汉考克大厦是在狭小的地段内，以全反射镜面玻璃大楼虚幻自己，并融化在天空之中的立意，化解环境拥挤的矛盾，并以镜面玻璃反射近旁的古典教堂达到虚实相映、新老建筑兼容并存。华盛顿国家美术馆东馆，其地块怪异，但贝聿铭却天衣无缝地裁剪了这块令人难以下手的梯形基地，以极其简洁的三角形构图和与西馆轴线对位关系，使新老建筑合为一体。而卢浮宫扩建工程，贝聿铭更是别出心裁地将扩建部分全部设计在地下，仅在卢浮宫建筑群中心广场上建了一个巨型玻璃金字塔作为地下部分的主入口，不但解决了保护老建筑群的文脉环境，而且为原有的环境增添了光辉。

波士顿约翰·汉考克大厦

华盛顿国家美术馆东馆

巴黎卢浮宫

澳大利亚建筑师 H·赛德勒设计的澳大利亚驻法国大使馆，面对怪异的弹丸基地，又遭遇苛刻之极的城市规划管理条件，促成了建筑师基于城市环境构思的启示，在对巴黎城调研的基础上，创造性地借鉴了巴洛克的正反曲线图形，即两个正反布局的 90°扇面形组成一幢呈"S"形的建筑物，以此与塞纳河对岸的弧形建筑夏依塞宫遥相呼应，而凸凹两个弧形体的端墙又正好与通过埃菲尔铁塔的轴线相平行。从而不但满足了城市规划严格管理的要求，使大使馆既与古老的巴黎城市环境和谐统一，又在巴黎传统建筑风格的基础上进行了大胆创新。

在大自然环境中进行建筑创作似乎制约条件很宽松，其实，要想创作出与众不同的建筑精品仍然需要从宏观环境构思开始，把建筑物看成是大自然中的一员，并与其友好相处，而不是凌驾其上，才能把握好设计方向，处理好建筑物与大自然的融洽关系。伦佐·皮亚诺在新喀里多尼亚首府努美阿设计的特吉巴欧文化中心，是把基地所处的大自然有特征的环境因素，如湛蓝的太平洋海水、优美而挺拔的松树、清新而多姿的岛屿天际线、和谐的生态系统和当地文化的核心（神话）作为丰富的创作源泉，创作出令人耳目一新的棚屋建筑群。它们不但与身处的大自然和谐共生，而且展现出当地传统文化的魅力。

从上述案例中我们可以看出，任何事物总是一分为二的，环境因素往往制约了设计者的设计自由，但是又能对设计的构思有着某种暗示，就看设计者环境设计的意识是否强烈，能否抓住环境暗示所激发出来的设计灵感。因此，建筑设计教学在这一点上要加强对学生的引导，不但要遵循环境条件展开设计，也要主动地依特定的环境条件进行环境构思的训练。

**环境设计是建筑设计程序的第一步**

任何事物的发展都有其内在的客观规律。建筑设计从零起步，经历酝酿、生成、建构、修改、完善直至实现设计目标，同样有着一条建筑方案发展的规律可循。学生只有按设计程序展开设计，才能顺利到达设计目标的彼岸。否则要么造成设计路线曲折迂回多走弯路，要么钻进设计的死胡同不能自拔。

那么，什么是建筑设计程序的起始点呢？建筑设计教学通常教导学生从空间研究开始，或通过计算机建模，或用工作模型建构。有时也辅导学生从平面设计入手。两者虽然没有离开任务书指定的地段环境条件，但是，对于建筑设计起始阶段所面对环境中的建筑与基地这一对主要矛盾的矛盾主要方面和矛盾次要方面的关系却本末倒置了。导致过分强调建筑单体的重要性，急于从建筑单体的空间建构或平面功能研究入手，并作为建筑设计的起步。其实，按系统论的观点，建筑单体只是环境系统的组成部分，充其量也只是一个分系统。在此情况下，建筑设计的起步当然应该先考虑环境系统的问题，由此可以为下属分系统、子系统一系列连锁设计问题的解决奠定成功的基础。否则，忽视了环境系统问题的解决，必定造成设计程序的紊乱，甚至设计成果与预期设计目标相差甚远。

既然建筑设计起步应考虑环境系统的问题，而环境系统的矛盾此时又错综复杂，又该如何着手解决呢？答案只有一个，即抓主要矛盾。从把握建筑设计大方向而言，建筑设计一上手抓住解决"建筑"与"基地"这一对环境中的主要设计矛盾就成为关键。其主要任务一是解决人和车从基地周边哪条道路及其范围进入？二是解决建筑物与基地的"图""底"关系是什么？即考虑建筑物的"图"形是什么和在基地中放在什么位置？

由此看来，设计教师在每一课程设计第一轮辅导中讨论的方案问题不是建筑单体的平面功能布局或建筑的形体构成，而应是学生对基地环境分析的成果，即检查在基地主次出入口的方位选择与"图底"关系这两个关键问题上把握是否得当。这是强化学生环境设计的观念，引导学生按正确设计程序展开设计必须坚持的教学环节。

**环境心理行为研究有助于提高设计质量**

"为人而设计"这是我们已确立了的建筑设计观。问题是如何精心为人而设计，将所有问题设计到位，就不能仅仅停留在满足一般的使用要求上。还要进一步研究人、人际与空间的关系、人与环境的关系、环境与行为的关系、环境与心理的关系，以便在设计中更好地满足人的多样化行为心理、欲望、情感，以及在环境中个人空间圈、社会距离、亲近性、领域性等社交行为的需要，甚至对特殊人群（儿童、学生、老人、病人、残疾人等）给予更体贴入微的关怀。这是建筑设计在质量层面上的升华，设计只有做到如此程度，才是一种真正的为人而设计。

我们之所以强调环境心理行为在建筑设计中的研究，是基于人就是环境中的一部分，而且，强调人是在一定的建筑环境中活动的，并有着外显与内隐两方面积极活动的因素。这与我们过去在讨论方案时，只看到静止的建筑空间而忽略了在建筑空间中活动的人的行为与心理，更忽视了不同人各自的心理行为需要，这是两种不同的设计倾向。显然，将环境心理行为的研究作用于建筑设计应是建筑设计教学的关注点之一。

在建筑设计中，研究人、人际与空间的关系，有助于保证个人的私有空间范围得到满足，从而获得舒适性、私密性的功能需要，有助于在社交场合人与人之间的距离能根据不同社会关系（亲人、朋友、同事、陌生人）获得合适的交往领域而不被侵犯。这些研究对于建筑设计的空间范围与室内家具布置不无影响。例如，在公共场合（大厅、大堂、共享空间等）欲想布置一处供等候、休息（多为熟人）的地方，一定要避开主要人流（多为陌生人）穿越的领域，以获得在行为与心理上少受干扰的空间。

在建筑设计中研究人与环境的关系，是了解人与环境的互动影响，即人可以塑造环境，同时也被环境所塑造。例如，学生在建筑设计中可以利用积极的设计手段建立良好的环境场所，甚至环境氛围，以满足人的生理与心理需要。同时，人因具有潜意识受环境启示的本能，常被环境要素的暗示影响行为的发生。如进入热力四射的舞厅，人的兴奋与激情马上就会被调动起来；而步入鸦雀无声的阅览室，人的行为必定轻手轻脚，低声细语。设计者了解这些人与环境的辩证关系，就可以把建筑设计做得很有深度。

在建筑设计中研究环境与行为的关系，可以研究及预测人在建筑环境中的行为特点、活动方式，特别是预先估计到人使用时的行为反应，以便在建筑设计中事先采取有效对策，以防产生不利环境结果而影响人的正常行为开展。例如，中小学校教学楼多为南外廊，但是需要多宽呢？这与课间时间短，学生多以在教室门口附近活动为主有关。这种集体行为说明走廊宽度应适当加宽，并在教室门口要适度放大。而学生厕所因瞬时集中使用人数多，也应在厕所前放大缓冲空间范围。这些看似是设计中的小事，却反映学生高度的设计责任心和强烈的环境设计意识。只有那些不加思索地设计成等宽长外廊的学生，看来太缺乏环境与行为关系的了解。

在建筑设计中研究环境与心理的关系，对于设计一些特殊建筑，如纪念性建筑及为特殊人服务的建筑等有着重要的意义。例如，对于营造烘托不同环境氛围的纪念馆建筑，其建筑设计就要根据创造某种环境氛围的需要，运用形体组合、平面序列、空间抑扬、光线明暗、色彩冷暖、材质粗细等等设计手法加以渲染，以期在人的心理上产生敬仰、崇拜、怀念或压抑、悲愤、控诉等情感或情绪，从而使设计目标的环境氛围在人的心理情感上产生共鸣。又如，对精神病人的心理研究表明，医院枯燥无趣的长走廊对精神病人仿佛是阴森可怕没有尽头的隧道，若将走廊改为圆形大厅，病房绕厅布置，则可以减轻病人的孤独恐惧感，也方便了护士医生的护理。

论述至此，我们可以明白，环境设计已不仅仅是解决建筑与环境适应性的设计问题，更深层次的意义还在于，环境因素可以成为建筑创作构思的源泉之一，以帮助学生闯出一条能获得独具匠心成果的创新之路。同时，环境设计在设计程序链上始终成为首当其冲的第一环节，而欲要提高设计质量，加强环境心理行为的研究是有效的途径。环境设计的重要性既然如此，那么，设计教师在建筑设计教学中是不是应该加强这方面的引导，促使学生在建筑设计的学习中能把环境设计成为下意识的设计行为，则学生入门建筑设计就有了一个很好的开始。

## 二、严格学生基本功的训练

三百六十行，行行出状元。但是每一位状元在光鲜的背后都曾付出过艰辛的努力，都经历了千锤百炼的基本功训练。正如普通战士摸爬滚打练就了钢筋铁骨，无敌天下；体育健儿一个基本动作千万次重复苦练寒暑，方能站在奥运最高领奖台上；京剧名角一招一式练就台下十年功方有台上精彩一分钟；芭蕾演员足尖磨成老茧，才有身轻如燕、妙曼舞姿；武林高手夏练三伏、冬练数九，练得刀枪棍棒不离手，才能十八般武艺解数在身，就连白衣天使也是经历过无数次练就扎针技术，才能轻如蚊叮，一扎一个准等等。由此可知，一个人要想成就一番事业，只能是千里之行始于足下，即抛弃急功近利的浮躁心态，扎扎实实练好基本功。对于建筑设计教学而言，同样应严格对学生基本功的训练。

那么，什么是建筑设计的基本功呢？对于学生专业学习来说，这就是思维基本功、设计基本功和表现基本功。

### 1、思维基本功

全年级数十名乃至一百多名学生，面对同一个课程设计任务书，绝不会做出两个完全相同的方案，总会有优劣平庸之分。其原因是什么呢？在若干原因之中最主要的原因是每一位学生对待设计"想"的不一样。包括对命题的理解、对设计条件的分析、对设计矛盾的认识、对解决问题的思路、对设计因素的综合、对设计目标的决策，等等。几乎学生们各有各的招数，各有各的"想"法，由此而导致结果千差万别。但是，建筑设计教学又不可放任自流，总要将学生的"想"法向正确方向引导。因为，这比辅导学生具体的设计手法更加重要。

上述提及的"想"法是什么？"想"法就是一种思维活动。它是依赖思维器官（大脑）的大量信息储存和经验与知识的积累，按一定结构形式进行各种信息交流，从而对问题产生理性的认识，并引领着建筑设计朝着一定的方向发展，直至设计目标的实现。这种作用即使在现代科学发展的今天，在计算机技术日益优势的前景下，也没有别的手段能够替代。

在建筑设计中，思维活动主要依靠逻辑思维和形象思维两种手段，以及偶尔闪现的灵感思维。

逻辑思维是运用概念、分析、抽象、概括、比较、推理、判断等心理活动对客观事物进行间接的和概括的反映，属于理性认识过程，表现出抽象性和逻辑性两大基本特征。它可以帮助学生确定课程设计的目标，认识外部环境对设计的规定性，分析设计对象的内在要求与关系，表达设计意志与观念，进行技术手段的选择，以及对设计信息进行鉴定与反馈等。

形象思维是借助于具体形象来展开的思维活动，是建筑设计特有的思维手段。它包括具象思维与抽象思维两种形式。

上述逻辑思维与形象思维虽然思维手段不一样，但各自对建筑设计的作用是同样重要的。可以说，学生掌握这两种思维手段是进行建筑设计的前提条件。因为，学生只有具备很强的逻辑思维能力才能吃透设计任务书的意图，才能从各种内外设计条件制约中理出方案正确发展方向与路径的头绪，才能胸有成竹地化解一个一个设计矛盾，从而顺利达到设计目标的彼岸。而学生只有同时具备了很强的形象思维能力，才能有较强的空间理解力和丰富的空间想象力，才能以空间建构的意念控制平面设计图形的生成与发展，才能在建筑造型的塑造中让空间创造力发挥极致。

看来，学生在建筑设计中非但离不开逻辑思维和形象思维的活动，而且还要始终善于将两者紧密联系起来同步展开，才能有效地推进建筑设计稳步向前发展。这正是学生思维基本功的重要方面，这种思维基本功越扎实，越能反映学生建筑设计的能力趋于成熟。

灵感思维是学生思维发展到高级阶段的一种认识上的质的飞跃。它以逻辑思维和形象思维为基础，但又不同于此，而是一种短暂的顿悟性思维，虽然短暂、突发，对于建筑设计来说却又是极其重要的灵感火花。学生能否有这种灵感火花的闪现，并能及时抓住，从而获得一个创新的构思，这更是胜人一筹的思维基本功。

以上简述设计思维至此，其目的就是强调思维能力是建筑设计的基本功之一。为什么？道理很简单，没有思维就没有行为，而设计思维的强弱又支配着设计行为的能力。尤其对于建筑设计这样一个复杂而又难以驾驭的创造性设计行为，更需要思维的力量和智慧。学生要想在建筑设计的王国里自由驰骋，只能让思维插翅高飞，别无出路。

怎样做到呢？唯一途径就是在设计实践中提高思维能力。

勤于动脑这是进行思维的先决条件。正如前述，思维活动是依赖于大脑的信息储存和经验与知识的积累，并进行各种信息交流方能对事物产生理性认识。因此，人脑是否健康、健全、发达就直接关系到思维的能力。而人脑只有多用才能健全发育，否则由于头脑缺乏运动（思考），自然就会出现反映迟钝的现象。不仅如此，头脑不但要思考，而且也要勤思考，做到凡事都要自己动脑筋想问题、想主意、想办法，尽量使思维活跃起来，千万不可有依赖的思想，毕竟是自己在进行建筑创作。因此，学生只有养成勤于动脑的良好习惯，才是学习建筑设计成功的开始。

其次，要善于动脑。这更是训练思维基本功不可缺少的实践。因为思考设计不可盲目无效，既不能异想天开毫无道理地乱想空想，又不能受思维定势束缚而产生思维惰性，甚至思维滞停。这就要求学生善于思考，要用科学的头脑思考一切问题。针对建筑设计而言，就是在建筑设计的任何阶段都必须坚持以整体的观点来思考设计的局部问题，而不是就事论事钻牛角尖。因为，设计中各个要素及各个细节都是以整体的部分形式存在的。它们之间互相影响着，制约着，任何局部的变化都会对整体产生影响，可谓牵一发而动全身。因此，我们的思维一定要用整体的、联系的观点来看待设计要素和细节的取舍。有时，分析某一个设计问题，或者解决某一个设计矛盾，从局部看是有道理，也完全可以认可。但是当把它们放在设计的整体上看，却会带来得不偿失的后果，若如此，我们只能忍痛割爱，以保方案整体的合理性为重。因为，方案不可能十全十美，总会有得有失，就看学生得什么失什么。这种分析能力就是思维基本功的一种表现。类似的整体与局部所发生的矛盾充斥着设计的整个过程，就看学生有没有这种思维能力去处理它们。

不仅如此，我们已经知道，建筑设计的过程实质上是解决各种设计矛盾的过程。既然如此，我们的思维就有一个如何分析与解决这些矛盾的问题。无非两种情况：辩证法的两点论与唯心主义的一点论。前者的思维是把设计矛盾的运动看成是动态的过程，即矛盾存在于设计的全过程中。旧的矛盾解决了，新的矛盾又会产生，且矛盾的双方总是相互依存相互转换着。而矛盾的主要方面总是在矛盾的发展中起着支配作用，如同在诸多矛盾中必有一对主要矛盾一样，我们只要牢牢抓住主要矛盾或矛盾的主要方面并全力解决之，则设计的一切矛盾必将迎刃而解。正是这种辩证地思考各种设计矛盾，才使学生从错综复杂的设计矛盾中分析出头绪，才能在建筑设计途中一个一个地从容解决不断涌现的设计矛盾，这就是正确思维的智慧与力量。而后者总是从局部看问题，要么抓住一点不及其余，要么不顾设计条件制约先入为主，而在分析设计矛盾、解决设计问题时，总是深陷思维定势的漩涡中不能自拔等等。看来，两种思维方式得出两种截然相反的结果。显然，前者是学生应掌握的思维基本功，而后者决不能成为学生的一种不良设计习惯。

此外，看一位学生的思维基本功强不强，从他对设计问题反映的灵敏度也能考察一二。当一项设计任务摆在学生面前时，是磨磨蹭蹭始终设计上不了手，还是灵机一动，抓住关键迅速找准方案发展的方向，事半功倍地达到设计目标，这就看出两者思维反映速度差距之大。正如百米竞赛发令枪响时，各运动员起步反应总有零点几秒之差，这正是各运动员对指令的思维反映灵敏度不一所致。在建筑设计中正是需要发挥比一般思维基本功更强劲的思维敏捷作用。

同样，在建筑设计途中，我们总是遭遇不断涌现的设计矛盾，总要面对每一个设计矛盾，找到解决的办法。对此，学生是反映迟钝，束手无策，还是思绪迸发，当机立断，这也是学生对解决设计问题时思维反映速度的差异。

当然，思维基本功的表现还反映在对设计问题的思考深度上。因为，设计成果的表达是浮浅、粗糙，还是充分、精细，全在于学生思考的深浅上。只有头脑"想"到了，手上才能"画"到，"想"的越深，表达就越完善。学生倘若思考不到位，甚至思维偷懒，当然表达就没什么可画的了。因此，问题"想"的深不深，抑或能不能下意识把该"想"的都"想"周全，才是思维基本功是否真正掌握在手。学生若思维基本功过硬，也就不会在设计成果图中出现设计内容空洞无物，倒是图纸包装的东西太多的现象了。

综上所述，学生在建筑设计过程中只有善于动脑思考，而且要科学动脑，并养成下意识动脑的良好习惯，才能使思维在建筑设计中发挥主导作用。学生有了思维这个建筑设计基本功，解开任何设计难题都会成竹在胸。因此，建筑设计教学致力于加强学生的思维基本功训练是不可或缺的。

## 2、设计基本功

建筑设计是学生专业学习的主攻内容，而且，一生中也只有在大学五年里才能有机会受到有目的、有计划、有系统、有特殊方式的培养。但是，学生能否成为设计高手，并在今后执业生涯中成为业界耀眼明星，完全取决于在校期间设计基本功的训练是否持续与扎实。应该说，建筑设计教学对于零起步的学生，其教学重点不在于教出学生设计的方案有什么特别的新意，或者有什么所谓"创新"，即使学生能够被设计教师看好的方案，只不过是设计手法多一些而已，还称不上创造性设计成果。因为学生初学建筑设计，在知识、技能、经验、功力等方面不具备产生成熟创新方案的条件。他们在大学期间学习建筑设计的根本任务就是训练建筑设计的基本功，扎扎实实打下基础，以便今后走出校门，在执业岗位上经过社会实践，进一步接受专业再教育，方有可能脱颖而出。看看中国建筑教育几十年培养的几代出类拔萃人物，哪一位不是基本功过人才有后来的建树？这充分证明，建筑设计教学不能拔苗助长，更不可急功近利，不能丢掉对学生加强设计基本功训练这个建筑设计教学的正业，而应该沉下心来踏踏实实做好基础性教学工作，与学生今后的使用单位（主要是设计部门）共同培养国家需要的优秀建筑设计人才。

那么，什么是设计的基本功呢？

设计基本功的检验不像思维基本功那样较为抽象，它非常具体地反映在学生的方案之中。我们只要审视一下学生的方案全套图纸，就会对学生的设计基本功有所印象。究竟从哪些方面能看出学生的设计基本功深浅呢？

**平面设计布局要有章法**

平面是方案设计最重要的构成部分，也是设计基本功最集中、最突出展现的地方。所谓平面设计章法就是房间配置的组织结构，就是看学生能不能把所有房间组织得井井有条。其功力在于不但要反映功能分区的明确性、平面布局的合理性、流线组织的顺畅性、房间形状的完善性，而且也隐含着空间组合的秩序性、结构系统的逻辑性等。然而，要处理好这些对平面设计的要求并非易事。学生初学建筑设计时，往往对平面设计把握不住，常常会杂乱无章地堆砌房间，造成功能分区不清晰，平面布局较紊乱，房间比例也失调。有时为了挤放一个辅助小房间而任意侵占大房间一角，全然没有考虑到由此而破坏了大房间平面的使用与空间完整，甚至对有的房间形状明显怪异难以使用而毫无意识等等。学生在平面设计中出现的这些问题不足为怪，因为他们就是来学习的。问题是这些平面中的败笔若仍保留在最后的设计作业图中，只能说明设计教学不到位，对学生设计基本功缺乏认真指导和严谨要求，这对于提高学生的平面设计能力是不利的。

**空间设计三维想象力要强**

空间设计包括内部空间组织与外部空间造型，是学生学习建筑设计必须掌握的设计基本功，也是学习的难点。难就难在学生要具备二度空间与三度空间的转换力，也要具备空间的想象力与创造力，这正是学生学习建筑设计的软肋。建筑设计教学通过模型制作、建构设计、三维建模等手段对学生确实做了不少空间设计的基本功训练。但是，值得注意的是，空间设计的基本功训练宜由学生自己动脑动手完成，而不是由计算机自动生成，毕竟后者对于学生而言是不明其所以然的。对于提高学生空间"三力"（转换力、想象力、创造力）的能力也是无甚益处的。若学生过分依赖计算机生成空间，日久恐怕自己对空间的概念会越来越浮浅，看平面很难想象出空间的关系，或者很难根据空间的意图控制平面的设计。在空间设计的细节中，诸如平面中房间与房间的毗邻，在空间上如何衔接或者过渡，这些空间的研究是不会想到的。一个房间的空间尺度、比例推敲恐怕也很少顾及到空间的美学效果。门厅与报告厅对撞就是不知道其间宜插入一个过渡空间，以便减少门厅对报告厅的噪声干扰，并可产生丰富的空间变化。就连楼梯的设置也只从交通功能考虑，而未对楼梯从空间设计上如何推敲第一梯段与第二梯段前后位置的关系对楼梯造型的影响，以及楼梯起步方位、楼梯底部空间利用等这些细节空间设计几乎是毫无意识。对于外部形体的体量关系，如果不借助于建模或模型，恐怕在学生头脑中也很难建立一个造型的概念等等。上述这些空间设计的盲点与缺失，是学生学习建筑设计过程中必然的现象，怨不得学生空间设计能力薄弱。关键是建筑设计教学要找到一条有效的训练途径，不断加强学生自主的空间想象力和空间设计能力，这样才能真正锤炼学生设计的基本功。

**剖面设计概念要清楚**

剖面设计在设计教学中普遍是不太被重视的。殊不知这将大大削弱学生的设计基本功。因为,在剖面设计中反映了诸多设计概念,包括结构概念、空间概念、构造概念以及对平面、造型、立面设计可能产生的影响。然而,这些基础性的知识运用是否准确,在设计辅导中往往是一眼带过,导致学生到毕业时,在剖面图中仍然出现不少低级错误。例如结构关系中,主次梁与柱头交接处的线条表示与梁断面与柱径的尺寸关系显然是毫无概念地信手随意画,将剖切到的梁断面画成与柱径等宽,或柱顶梁而不是梁穿柱而过。又如大挑檐却没有挑梁支撑挑檐板,墙体立在楼板上而其下方无承墙梁等。再如构造关系中,平屋顶外沿不向上翻边是排水构造概念不清,多层坡屋顶檐部不画天沟就失去成为立面设计的依据,阁楼吊顶画成楼板剖线误为结构层等。而在空间关系中,直跑楼梯在休息平台处与上层楼面边梁净空不够,夹层楼面下层高上层低,或覆盖深度大、开口小造成空间比例失调。有时在高大空间内套进多个低矮小房间,其小房间顶部暴露于高大空间内难以处理等。上述这些剖面中的细节表示不清或错误并不是笔误,而是设计概念不清楚,甚至无意识,反映出学生在剖面设计中基本功较为薄弱。而设计辅导也常不到位,这是设计教学今后必须加强的。

**立面设计美学眼光要高**

立面设计是基于平面、造型、剖面设计为依据,从美学要求出发,对立面这个附着于形式的表皮进行更深入的设计研究。包括研究立面形式的变化、配置立面材料的肌理、把握立面色彩的布局、确定立面门窗洞口的构成、推敲立面各部分的比例与尺度,以及整合立面各设计要素以表达立面的个性等。当然,这并不意味着立面设计总是受制于平面、造型、剖面的条件,在某些处理上,立面设计从自身要求出发,仍可以对后者起反作用,以期从整体上获得方案的完善。

上述立面设计的内容都涉及到建筑美学的法则、形式美的构图规律。这就要求学生善于运用这些形式美的手法,竭力去体现立面设计的意图与效果。然而,建筑立面形式的创作是有限定的,它要受到平面功能、结构形式、构造做法、材质肌理、色彩因素、施工技术等的制约,同时还要受限于学生本人的美学素养、文化熏陶的程度。

由于学生初学建筑设计,还不能把立面设计的美学要求与诸多其他条件制约作为一个整体考虑,又困于美学素养不足,因此,往往陷入形式主义之中,孤立地沉溺在建筑形式中玩弄所谓新、奇、怪的设计手法,堆砌诸多毫无美学价值的符号。或者对立面除了机械地开窗挖洞之外,没有任何立面设计的处理，使立面表现苍白无力。相反，在立面线条表达中却出现不少与剖面外墙洞口与构造不符之处。这些都说明学生立面设计的基本功欠缺。欠缺之处一是缺少美学修养；二是误认为立面上的线条是画出来的，而不是做出来的，因此可以随心所欲；三是立面美学知识积累与设计手法运用欠缺。

因此，加强学生在立面设计中的美学基本功训练就显得十分重要。这是学生学习建筑设计的一道坎。当然，要迈过去需靠多渠道的艺术训练。就建筑设计教学而言，还是要坚守传统的美的法则、构图规律。如对比律、同一律、节韵律、均衡律、数比律等仍然是学生初学建筑设计的美学基础，不可误以为这些都是过时的老一套手法，而以所谓时尚的、超前的、抽象的美学现象，让本来对建筑艺术甚感玄妙的学生平添了更加迷惑不解。当然，当今社会与艺术的发展会引起审美取向的嬗变，建筑美学范畴也将由一元转向多元。但是，我们不能忘了学生先天缺少艺术修养的前提，正因如此，才要从基本功训练起。学生只有在此基础上，将对美的认识与对美的表达提升到一定的建筑美学高度，才能在实现对传统文化的超越中求得立面形式的创新，从而摆脱初学建筑设计那种立面设计的肤浅化、符号化、随意化。

### 细部设计交待要到位

学生设计基本功扎实与否，有时在一些细节设计之中也能见功力。如平面图中入口平台的台阶两侧端是生硬一刀切断毫无任何结束处理，还是台阶端部以花台，或花池，或垂带作为整体的形象结束，甚至考虑到第一步台阶与端部花台呈咬接状态，使两者体块关系更为紧密。这两种入口台阶的细部设计处理与否，分明反映出不同学生设计基本功的差距。又如位于门厅一侧的主要楼梯在一层有不同表示方法：有做封闭楼梯间形式的；有做敞开楼梯的；有做梯段正对门厅的；有做梯段侧面敞向门厅的；有做梯段下无任何表示的；有做梯段下为景观空间的等等。这些做法并不只是画图表示手法不同，还是在于细部设计的深度差距较大。因为，只有想到的才能画出，想不到的只能留空白，从中可看出设计基本功的深浅了。其实，类似于这些细节设计对于建筑设计教学而言并非不值一提，人从小看大，做事从小处看成败。众多细节设计马虎，至少说明设计功力不够，亦或设计不认真不严谨，更担忧的是若养成这种不良设计习惯，今后在设计单位做施工图设计时，因图纸粗糙，设计深度浮浅会给施工带来许多麻烦，而学生也很难再有发展潜力。只有那种把细节设计的训练当成一回事，并成为下意识的设计常态，才是设计基本功过硬的人。

### 3、表现基本功

应该说，所有的表现手段都是以手绘表现为基础的，只可惜当今的建筑设计教学已把这个有效的设计教学手段给遗弃了。其理由是传统的手绘表现在高科技发展的今天已过时了，并理直气壮地称道：有先进的计算机还用什么手绘？既浪费时间又没计算机画得又快又好。确实，计算机有强大的优势，这是毋庸讳言。但是，我们不能忘记两点：一是我们面对的是学生而不是建筑师（建筑师也不能丢掉手绘的基本功），学生是来学习建筑设计的，不是来学用计算机制图的（他们完全可以无师自通）；二是学生学习建筑设计要从基本功训练开始，基本功的训练有自身的规律和要求，这才是建筑设计教学不能遗弃的。

看来，对什么是表现的基本功还有认识上的差距，如果把表现看成是一种单纯绘图，就没有认识到表现基本功的实质。用手绘图（特别是渲染）当然慢，简直是磨洋工。但，正是这种把手绘基本功训练作为启蒙教育的手段，才培养出如梁思成、杨廷宝为代表的我国第一代建筑宗师，以及二十世纪五十年代至七十年代培养出的我国当今许多院士、大师和一大批建筑界的骨干精英。然而，手绘表现也并不是传统建筑设计教学的全部，甚至也不是重点。它仅是培养建筑设计人才的启蒙教学手段，而更为主要的是建筑设计的培养方式。传统建筑设计教学正是加强了手绘表现基本功的训练，才奠定了学生学习建筑设计的素养和良好基础。因此，现在的学生手绘表现能力之弱，正是建筑设计教学误解了手绘表现的作用，导致放弃手绘表现基本功训练所致。更令人担忧的是，这种现象及其后果并没有引以为戒，甚至仍成为集体无意识。

那么，究竟怎样看待表现基本功的训练呢？

**表现基本功训练是培养学生严谨踏实学风的有效手段**

手绘表现最典型的方式就是渲染图表现。这里暂不讨论渲染表现在当今有无存在必要，就它在中外建筑教育发展历史中的作用便可看出，它对初学建筑设计的学生其要求之严谨是有作用的。它要求学生在渲染过程的每一个环节，从工具、水墨（彩墨）、裱纸准备到打稿、渲染表现都不能有一点疏忽大意，要耐心、细心、严谨、踏实、一丝不苟地走好每一步。

传统水墨渲染可以端正学生严谨的学习态度——朱时英（一年级）

严格的渲染训练是对学生性格的磨炼——王玮（一年级）

这与其说是在表现一幅渲染画，不如说是在培养学生做学问、做事的良好学风，这一点才是最重要的。这关系到学生五年的大学学习以及今后一生采取什么样的态度对待学习，对待做人做事。这方面前辈为我们做出了典范，他们手绘表现的功底是当代学子无法企及的：一个局部可以不厌其烦地渲染几十遍，没有耐心毅力是做不到的，柱式的每个细节交待精准、形体质感表现逼真，透视渲染空间感十分强烈，光影、色彩表现非常自然，艳阳天蔚蓝清澈，甚至把空气似乎都可以渲出来，画面气氛令人赏心悦目。这些功底完全是渲染者深厚文化底蕴、高雅艺术修养和出众表现技巧集中的外显。欣赏这样的渲染图可谓是一种美的享受。要说这样的训练太花时间，记住！哪一项基本功训练不花时间、不花功夫？只要功夫深，铁柱都能磨成针。在基本功训练上不能有急功近利思想。何况他们也有渲染失败的时候，此时，只好另起炉灶重新再来，这也是一种磨炼意志严谨学风的体现。正是这种严格的手绘基本功训练，才培养出学生良好的品格和百折不挠的毅力。

当代的建筑设计教学也曾蜻蜓点水式搞过，但远不是那么严谨教学，有点浮躁有点急于求成；天空只渲三五遍结果变成"黑云压城"，边界沉淀墨迹斑斑致使图形毛躁走样，大片墙面退晕衔接痕迹明显等等。渲染技法不足是次要的，关键是设计教学没有把手绘表现训练当回事，乃至在计算机强势的冲击下便退出了建筑设计教学的舞台。

这样的对比并不是要让渲染表现重新回来，即使能回来也不一定是古典建筑渲染，教学手段可另行研究。问题是抛弃了传统建筑设计教学的手绘表现基本功训练，我们还能有什么更好的手段培养学生严谨、求实这个大家公认的优良建筑教育传统呢？

**表现基本功训练可以加强学生对基本概念的了解**

其实渲染表现仅仅是一种教学手段而已，目的是让学生通过自己的动手实践，真正从理性和感性两方面懂得什么是素描关系、色彩关系、光影关系的基本概念。在渲染表现过程中通过表现技法融会贯通地把这些关系表现出来，强调出来，从而潜移默化地提高艺术修养。这是加强表现基本功重要的目的。

素描关系是所有表现手段的基础，怎样在二度空间的画面上，表现出建筑与环境的三度空间纵深感，只能通过素描关系对此加以强调：通俗讲这就是深的往前跑，浅的往后退；清楚的往前跑，模糊的往后退，这是最通俗的素描概念。因此，近景要表现清楚一点，深一点；远景要表现省略一点，淡一点，其间过渡要自然天衣无缝。这样的画面才有空间感，才能把距离拉得深远。

色彩关系同样要遵循素描关系的原则，通过色彩冷暖、深浅的变化，加强画面空间感与环境氛围的表现力。例如暖色往前跑，冷色往后退；深色往前跑，浅色往后退。当渲染大片墙面时，根据空间距离的关系和光照射的原理，应该做出色彩冷暖与深浅的退晕变化，尽管现实中肉眼观察不到这种细微变化，但懂得了原理可以把这种色彩的变化夸张出来，这就是色彩表现基本功的体现。

光影关系是通过建筑物阴影的形状与深浅冷暖变化加强建筑物造型的表现手段，它同时要运用素描关系与色彩关系的原理，加上光影自身的表现力给观赏者以真实的场景。这其中有许多基本概念在光影表现过程中可以获得。如阴影实际上是两种光效果：阴面即是背光面，但有漫射光的影响，色调在阴影整体冷色调中宜稍偏暖，而影子是形体挡住光线后映在建筑物其他界面或地面上的形象，但也有漫射光对其产生影响，并不是漆黑一团。若影子面积较大，其边缘与大面也有冷暖与深浅上的变化。再说，影子落在实体与虚体（如玻璃）上的光影效果也是不同的，能否在表现中区分开来，以及影子的轮廓线随着墙面线角的凹凸、形体的转折，其变化能否概念十分清楚地正确表达出来，这些都是光影表现的基本功。

上述素描、色彩、光影三大关系是共同作用在表现画面上的。其表现基本功的训练完全是为着提高学生对表现基本概念的认识、熏陶审美素养、提高表现技巧之目的，并为今后的建筑设计学习打下基础。正是在这一点上，设计教学放松了表现基本功的训练，导致学生只能依赖计算机画表现效果图。结果画面虽然看似热闹、逼真，却十分匠气。表现在画面没有空间感，所有表现要素包括远山，到处一样清楚细致，大片墙面似乳胶漆平涂，没有任何深浅冷暖变化；大面积阴影黑乎乎一片，没有任何光感；各色人物熙熙攘攘，却各自东张西望缺少凝聚向心；小汽车是随手拼贴，其位置要么尺度失真，要么透视与建筑物不一致等等。这种表现图看似画面热闹但称不上是艺术作品，只能投领导、开发商所好。业内人士一看就知表现者的艺术修养不高，功力不足。更有表现失真失实弄虚做假，这就另当别论了。

**表现基本功训练是作为设计思考的必要前提**

上述渲染图表现仅仅是作为设计入门的基础训练手段，所占教学比例有限。真正对学生学习建筑设计给力的是另一种表现手段，即徒手线条功夫，也就是下一节要阐述的图示思维方法。这是学生从二年级真正进入建筑设计学习领域，直至一生的执业过程必须掌握的表现基本功。

严格说来这种表现是一种手上的思考，是用徒手线条来表达设计思考的一些概念、意志、构想。其线条的粗细、运笔、表现程度都与设计过程中思考问题的速度与深浅有关。可以线条奔放不羁，似乱麻一团；也可信手涂鸦看似随心所欲，实则设计意图清晰可见；更有寥寥几笔，写意出造型构思的雏形；有时徒手就能勾画出局部透视的推敲结果，或凭感觉就能运用徒手线条准确地将方案的透视效果跃然纸上等等。这些徒手表现功夫已经不是为表现而表现了，完全是作为设计思考的有效手段，以促进思维的快速流动，使设计想法不断涌现。但是，徒手线条功夫欲达到如此娴熟地步，真可谓冰冻三尺非一日之寒。即使如此，也只有在设计教学中坚守这种手上思考的基本功训练，才是提高建筑设计教学质量，促进学生设计能力提高的正确途径。在这个问题上不要指望计算机能帮什么忙（至少现在是

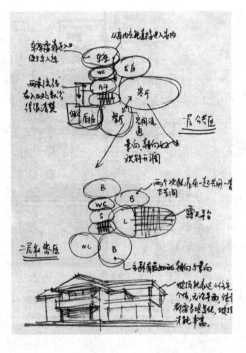

图示分析是一种手上的思考方式

这样)。因为，计算机画图与学生的手上思考是两回事，而且徒手表现在设计创作初期，在速度、表现程度以及促进设计思维发展方面的优势要胜于计算机的工作。尽管手的思考没有像手握鼠标那样轻松悠闲，但学习就是一种付出，一份耕耘才能有一份收获。因此，建筑设计教学不能放松徒手线条表现基本功的训练，否则，将贻误学生一生！

**表现基本功训练是促进学生设计素养的媒介**

学生学习建筑设计是需要一定的设计素养的，包括艺术素养、心理素养、专业素养等，而加强表现基本功的训练可以促进这些素养的逐渐形成与发展。上述的表现基本功训练正说明它不仅是学习建筑设计的手段，也是在不断地熏陶学生的审美情趣、美学修养。由此懂得什么是美，怎样表现美，并在表现过程中能心静如水、专心致志、个性意志得到修炼。同时，也从中学到若干专业知识，诸如建筑制图知识、素描色彩知识，以及建筑基础知识。正如我国第一代建筑师在留学期间苦练表现基本功，不但表现技法超群、情操高雅，而且对西方古典柱式掌握得娴熟自如。这些基本功的具备，才促成他们在后来的建筑创作中大显身手。更为重要的是，他们是最具有深厚的中西双重文化修养，因此，他们得以在学贯中西的基础上形成后人难以比肩的设计功力和人格素养。倘若我们的建筑设计教学也能加强基本功的训练，在所谓欧陆风肆虐中国大地的那几年，也不至于会出现那么多不伦不类的山寨西方古典建筑式样，可以说，这些建筑垃圾与糟粕是对西方古典建筑艺术的一种亵渎和歪曲。也就更不要说设计者的美学修养、心理素质还需急待提高。因此，我们的建筑设计教学不能因为表现基本功训练的缺失，而使学生学习建筑设计能力的提高受到制约。

# 三、注重设计方法的教学

建筑设计教学主要方式是课堂个别辅导或集体讨论。由于每位学生的方案各不相同，因此，设计辅导多为因材施教。常见的设计辅导内容是讨论设计手法问题。比如平面方案分区尚不明确，或者有些房间布局有问题，于是教师就这些具体的设计问题如何调整、修改给予学生一些辅导。再如，遇到立面处理入口不突出，或者墙面太平淡缺少变化，抑或设计手法过了头造成繁琐的装饰符号过多，于是就这些设计处理，教师又是一番有针对性的辅导等等。对于初学建筑设计的学生而言，从教师的设计辅导中学会各种设计手法不断完善方案确实很有必要。这种学习积累多了，学生也能从设计经验中慢慢掌握多样的设计手法，甚至能从中悟出一些道理。但是许多设计手法是此一时彼一时，在这里处理恰到好处，换一个设计条件也许就不怎么行了。实际上设计手法是非常灵活的，没有一成不变的套路。更重要的是学生若一旦离开教师的亲临辅导，自己还能独立思考吗？学生这种被动的学习能不能变成主动去学习，这就涉及到教师在设计辅导中究竟关键要教什么？毫无疑问，对于学生学习建筑设计来说，方法的学习应是最重要的学习。那么，教师教学的重点就应放在方法的教学上，教师一旦将设计方法这把钥匙交给了学生，学生就能打开通向建筑设计自由王国的大门，可谓"授人以鱼，不如授人以渔"。可见，注重设计方法的教学正如第一章所论述的，它是建筑设计教学的目的之一。这种设计方法的教学包含设计思维方法和设计操作方法两部分内容。

## 1、设计思维方法教学

对于学生初学建筑设计来说，老师要重点教会学生如下四种基本思维方法：系统思维方法、综合思维方法、创造性思维方法和图示思维方法。

**系统思维方法教学**

教师要阐明系统思维方法，先要让学生知道什么是系统。系统就像一棵树，它由主干、支干、细枝、枝稍、树叶按生长秩序构成，这就是一棵树的整体系统。从宏观的宇宙到微观的细胞、原子，从万物的自然界到缤纷的人工界，这种系统现象无处不在、无时不有。尽管它们各自自成一体，但都有严密的系统结构，即每个系统又包含了若干子系统、分系统与单元体。而各系统又归结到上面更大的系统，直至宇宙系统。同理，建筑也亦然。它由环境、功能、形式、技术、材料、构造、建造、经济、生态等各子系统构成自身的整体系统，但它又从属于城市系统。

由此，我们可以把"系统"解释为："特定功能的，相互有机联系又相互制约的一种有序性整体"。

既然建筑是一个完整系统，那么，学生在进行建筑设计的思考过程中，就能够把建筑设计项目的整体分解为若干部分，即子系统，并根据各个部分的设计要求，分别进行有目的、有步骤的设计探索与分析。但在这一过程中，每一部分的思考都不要忘记整体的要求，并考虑各部分组成之间，以及这些部分与整体之间的系统联系。这就是系统分析的方法，它构成了系统思维方法的主要特征。虽然系统分析的工作仅仅是处理信息，而不是设计本身，但这一系统分析却是整个建筑设计的基础，也是设计进程不断推进的关键。

值得注意的是，在进行具体的系统分析时，教师要提醒学生注意四个方面：

一是分析要周全。我们已经知道建筑这个大系统包含了环境、功能、形式、技术、材料、构造、建造、经济、生态等若干子系统。每一子系统又包括各自的分系统。如环境子系统包含了外部环境、内部环境、硬质环境、软质环境等分系统。而每个分系统又可再往下分，这里无须再赘述。系统思维的方法教学就是要让学生明白这些子系统、分系统以及下面更多的系统构成部分，彼此之间在建筑这个大系统之下是紧密联系着的，只要触及其中任意一部分都会产生连锁反应。因此，在系统分析中学生要考虑周全，不可漏项，否则，就会导致设计成果或解决问题的缺憾。

二是层次要清晰。由于系统的各个组成部分是严格按一定秩序构成的，那么，教师就要引导学生在建筑设计过程中，先干什么、后干什么都应该有个秩序。正如树的生长要先长主干，再长支干、再长细枝、再长枝稍，最后才长出树叶一样。因此，系统思维方法就规定了学生的思路应清晰一点。否则，分析层次一旦颠三倒四，说明条理不清，就会乱了系统，导致设计过程中思维紊乱；或者在考虑某一子系统抑或分系统时，就会忘了整体系统而陷入就事论事地进行孤立地分析。这是学生学习建筑设计经常犯的毛病。

三是重点要突出。由于系统中各个子系统、分系统对于设计来说都是作为系统构成部分的不确定因素而存在。因此，抓住其中任一子系统或分系统展开设计路线都可以到达一个设计目标。但是，这个设计目标之外还有没有更好的目标等待学生去探索呢？系统论告诉我们，构成系统的各个组成部分是不对等的，而在设计的不同阶段，设计的不确定因素也是不对等的，它们总是有主有次。因此，教师要教会学生在系统分析中，关键是要抓住系统整体或不同设计阶段的重点设计因素，而不是平均对待设计问题，不能为分析而分析，而是以求得解决关键问题的最优方案为重点。这样，方案设计才会有突破性进展，或形成更好的方案而具有特色。

四是分析要始终。我们早已知道，设计的过程充满了不断变化的矛盾，而且许多设计的不确定因素随着设计的进程也不断涌现。因此，教师要让学生明白系统分析不仅在建筑设计起始阶段显得特别必要，而且在设计的每一步进程中都要坚持系统分析方法，才能不断深化设计的内容。

然而，系统分析仅仅是手段，学生要的是通过对分析结果的评价，找到解决设计问题的办法。但是，办法总是多种多样的，而且，学生从不同的子系统出发，都有可能获得各自较为中意的设计目标。这些解决设计问题的办法或探索到的不同设计目标，不可能十全十美，总会有利有弊，让学生难以从中取舍。这就需要学生从总体上对各子系统所取得的目标值，或各解决设计问题的办法中进行综合评价，由此奠定方案决策或办法选优的基础。但是，教师要告诫学生这种综合评价要保证评价的客观性，避免感情用事，主观臆断；要保证评价的可比性，避免大同小异，个性雷同；要突出解决设计问题的独到之处，或方案个性的特点，避免求稳平庸，而

教师运用思维方法辅导学生课程设计

要创新独特；要善于从比较中取长补短，避免简单移植而要消化吸收。这就是系统综合的方法，它是系统思维方法的决策环节。

简言之，系统思维方法教学是让学生不仅明白，而且能够运用系统分析方法与系统综合方法自始至终地考虑所有的设计问题。其思维核心要点是：思考设计问题的整体性、分析设计矛盾的辩证性和寻求问题解决与设计目标的择优性。

**综合思维方法教学**

所谓综合思维方法教学，就是教会学生将缜密的逻辑思维与丰富的形象思维结合起来思考。这正是建筑设计所特有，而学生必须掌握的一种思维方法。因为，建筑设计既具有科学的一面，需要通过运用逻辑思维的概念、分析、比较、抽象、推理、判断、决策等心理活动，以便理清所有设计要素的相互关系，处理设计过程中所有的设计矛盾，判断解决设计问题的优化方法等。其次，建筑设计又具有艺术创作的一面，需要运用形象思维的知觉、想象、联想、灵感等心理活动，对建筑的外部造型与内部空间形态，甚至包括细部节点形式进行想象、创造。

综合思维方法中的逻辑思维就是前述我们已初步阐述的系统思维方

法。问题是对于学生而言形象思维方法的掌握相对要困难些。这是因为，学生在建筑设计中所要创造的形象事先是不存在的，学生要把它想象出来暂时还比较困难，即使学生能够有个朦胧形象构想，在设计过程中要控制它的实现也会感到力不从心。有时，这个形象的构想也许设计出来了，由于建筑设计的最后成果没有唯一，那么，有没有更好的形象？学生也很难回答，或者无从去探索更好的建筑形象。这就说明，建筑设计教学在加强综合思维方法的训练中急待提高学生掌握形象思维的方法。

那么，建筑设计教学在形象思维方法中重点教什么呢？

一是加强学生对形的理解力。因为学生只有高中那点立体几何知识，而建筑设计的图形都隐含着三度空间的内容和关系，以及学生在观察建筑物实体时，如何感知、想象内部平面的图形。对于这些空间与形体的概念学生就会感到十分迷惑，可这又是学习建筑设计的基础。因此，建筑设计教学针对学生对形的理解力，必须加强二度空间与三度空间相互转换的训练。虽然在一年级建筑设计基础教学中通过模型手段对学生做过一些类似的训练，但进入设计领域还需训练学生通过自己头脑中的思维活动达到这种训练的目的，以不断增加对形的理解力。

二是提高对形的想象力。建筑设计是一个形的创作过程，大自建筑造型，小至细部形态，都具有三度向量的特征。但是，欲想创造这些形，学生首先要把它们想象出来。怎么想象形？不妨训练学生运用联想的方法，以过去自己曾有过的类似见识与经验，触类旁通地产生接近、类似的形象想象。如依托环境诱发形象联想（伍重设计的悉尼歌剧院在海湾环境中形似贝壳、风帆），或依托仿生诱发形象联想（埃罗·沙里宁设计的美国耶鲁大学冰球馆形似海龟），或依托寓意诱发形象联想（P·安德鲁设计的巴黎德方斯大拱门象征"通向世界窗口"的寓意）等等。

三是增加对形的记忆与经验的积累。对形的想象力不是凭空而生，它一定是建立在对形的记忆与经验的积累之上。因此，设计教师要教会学生如何从书本杂志、现实生活中，通过观察、分析、理解、收集、记录、记忆各种建筑造型、内部空间形态以及细部节点式样。这些形象日积月累，必然使形的信息储存量越大，密集程度越高，也就意味着学生对形象思维的激活程度就越容易，形象联想就来得越灵活、越丰富。

四是要熟练运用想象的能力。学生不仅要有对形的想象力，更重要的是要有熟练运用想象的能力。因为形的创作不是转移已有的形象符号，若如此，那是变相抄袭,这是学生常发生的事。当然,作为学生学习形的创作手法可以借鉴、模仿,但是,最终还是要自己学会形的创造。因此,学生在建筑设计过程中从记忆库中提取可借鉴参考的相似形象,再与建筑设计具体目标联系起来灵活运用,独立地去构成一个新的形象,这才是创作想象。

上述综合思维方法所包含的逻辑思维与形象思维方式,在设计的不同阶段各自侧重地发挥自身的作用。但这并不是说,两者是如此界限分明地分别进行活动,而是互动的、相辅相成的。至于设计起步时,谁先谁后并不是问题的关键,重要的是两者始终应同步运行。

**创造性思维方法教学**

创造性思维是一种能产生前所未有的思维新结果、达到新的认识水平的思维。它表明创造性思维着重强调思维结果,而且核心是"新"。学生因是初学建筑设计,其设计作业还称不上是创造性思维新成果。但是,努力学习创造性思维方法却十分重要。因为,建筑设计本身就是一种创造性活动,既然如此,学生对待建筑设计的思考就不是一般的思维活动,学生的设计成果就不能满足于一般的要求。就要运用创造性思维,使设计目标具有新颖性、非重复性和超越性。学生现在做不到,一旦掌握了创造性思维方法,有朝一日就能脱颖而出,设计出惊人之作。

那么,设计教师在引导学生学习创造性思维方法中教什么呢?

一是要鼓励学生创造性思维的独立性。教师在设计辅导中要积极引导学生以新视角、新观点去认识建筑设计中的设计条件、设计问题,以此获得独到见解。要鼓励学生敢于对人们"司空见惯"或认为"完满无缺"的设计提出疑问。要力破陈规、锐意进取,勇于向常规手法、习惯设计提出挑战。也要告诫学生能够主动否定自己,打破思维定势。这样,学生才能慢慢克服思维因循守旧、言听计从,而学会在建筑设计中闯出新的思路来。

二是要调动学生创造性思维的灵活性。教师在设计辅导中还要启发学生从不同角度看待设计问题,在方案设计初始要尽量提出多种想法,进行多方案比较,以扩大优选余地。能够灵活变换诸多设计要素中的一个,从而产生新的思路。即使思维在一个方向受阻时,也能立即转向另一个方向去探索。这种创造性思维的多回路、多渠道、四通八达的思维方式,使建筑创作能够左右逢源,摆脱困境。学生在建筑创作中才不会钻牛角尖,避免思维刻板、僵化或者呆滞。

三是要促进学生创造性思维的流畅性。建筑创作是人的心智处在高度紧张状态下的一种活动，它可以使学生在短时间内迅速产生大量设想，或使思维速度既敏捷又畅通无阻。要做到这一点，设计教学就要训练学生发散性思维，不要受常规思路约束，不要方案从一而终。要寻求变异，从多方向、多渠道、多层次试探大量设想，才能从若干试误性探索方案中寻求一个相对合理的选择。其次，还要训练学生跨越式思维，即若干问题要联系起来同步思考，表现为可省略思维步骤，加大思维的"前进跨度"，从而提升思维速度。

四是要激发学生创造性思维的敏感性。建筑设计的过程充满着错综复杂的矛盾，况且又处在动态的变化之中。学生如何在构思阶段，从不同的设计条件中敏锐地抓住关键的触动点，打开能通往具有方案特色新成果的构思渠道，或者从解决设计矛盾的若干办法中，敏锐地抓住最有效的一着棋而一通百通，这些都要依靠创造性思维的敏感性。学生在这一方面由于对建筑设计还较为生疏，因此，思维较为迟钝。但设计教学的任务之一就是通过不断地课程设计训练，激发学生创造性思维的敏感性，做到设计想法能妙思泉涌。

五是要训练学生创造性思维的统摄性。教师在设计辅导中，要教会学生善于把多个零星意念想法，或善于学习前人设计作品中的精华，通过巧妙结合，以便形成自己创作的新成果，而不是简单拼贴、抄袭。还要善于从大量阅读、调研、观察的相关设计资料、信息中，通过概括整理、辩证分析、统摄综合，从中启发自己以形成新的创作思路。一般来说，学生都具有一定的分析能力，但思维统摄能力较弱，这是建筑设计教学应加强的教学内容。

在创造性思维方法训练的教学中，要防止学生因重复性建筑设计实践而在脑中产生习惯性的思维方式，进而形成思维定势，成为创造性思维的桎梏。这种思维僵化反映在两个方面：其一是因设计经验而对分析设计条件、解决设计矛盾的认识形成固定化，常常会产生"先入为主"的思维定势。比如学生从某一杂志上看到一个造型，就不加分析地用作自己方案的建筑形式，然后，所有其他设计要素只能凑合着这个形式而考虑。这就成为束缚自己发挥创造性思维的消极因素。其二是解决设计问题的途径单一化，认为要解决某个设计问题只有一种方法，即现成的方法。如无论做什么题目的建筑设计，不区分设计条件、设计内容都采用理性的空间建构手法做设计，这就陷入到思维定势中去了。诚然，空间建构是一种建筑设计的训练手段，但不能作为唯一一种手法，这对于训练学生创造性思维是不利的。正确的创造性思维方法训练应是，根据具体设计条件促进学生上述创造性思维若干特征的释放。

**图示思维方法教学**

图示思维方法对于建筑设计是如此重要，是因为在错综复杂的设计矛盾面前，当学生还处在思绪如麻不知所措时，可以借助于徒手草图形式把头脑中的思维活动通过图示描述出来，并在视觉对图示的观察、判断、验证中，在手与脑之间不断传递信息。一方面刺激思维活动的发展，另一方面引导手的操作，使图示逐渐由混沌模糊变为清晰起来，直至方案轮廓显现。这与前述系统思维方法、综合思维方法与创造性思维方法有较大不同，它更带有专业思维方式的特征，并成为学生、建筑师从事建筑设计必需具备的基本功。也是中国建筑教育数十年来在建筑设计教学中经几代人共同孕育的优良教学传统。正因如此，当代的建筑设计教学应坚守、并强化这种图示思维方法的教学手段，真正为学生掌握娴熟的专业技能打下扎实的基础。

那么，图示思维方法的教学重点是什么呢？

一是培养学生要善于思考。学生学习建筑设计要独自思考这是毫无疑问的。在此基础上还要启发学生善于思考，这是专业学习特点所决定的。所谓善于思考就是督促学生在以下三方面多下功夫。

其一，要积极思考。建筑设计是一个创作过程，学生一定要有创作激情，才能全身心投入其中，思维活动才能被极大调动起来，从而迸发出一定量的设想。这些设想可能较粗糙，可能难以实现，也可能与众不同，或许有点标新立异，这些不受条条框框限制的设想可行性如何暂且不管。因为，产生大量设想是积极思考的主要目的，只有大量设想的涌现，才有可能包含着某些带有创造性的设想，这正是学生所要寻找的。倘若学生思考懒惰，抑或惯于操作计算机，产生大量设想只能是空谈，也就别指望能有什么创造性设想出现。因此，设计教学在这一点上要严格要求学生能够积极思考，要有多样的构想，多样的解决设计问题办法。

其二，要巧于思考。由积极思考所产生的大量设想，学生只能择优其一，而多数要被放弃。那么，学生在追求思考量的基础上，能不能提高这些设想的有效性，让有价值的设想多一些，这样，我们就可以使择优几率高一些，少做些明显无用功的设想呢？要做到这一点，就要发挥巧于思考的作用，即提出的设想一定要紧紧围绕命题或设计问题展开思考，而且多样的设想尽可能不要雷同，要有差距或不同特点，这样才有利于从中择优。

其三,要加速思考。要想使设想呈涌泉喷发状态,学生只能加快思考速度。先不要计较思考的质量,哪怕这些思考的设想比较粗糙比较模糊,甚至仅仅是一个概念也要把它图示出来,以免一闪而失。只有那种不间断的流畅的思考过程所产生的大量设想,才有可能闪烁一点不期而至的灵感。这对于解决设计问题或者打开思路,抑或寻找到设计目标新成果都是大有裨益的。

二是要督促学生勤于动手。这种动手不是握鼠标,而是用笔将头脑中所有思考的设想通过符号、图示及时记录与表达出来。这种表达应该是概念性的、粗线条的、奔放不羁的。只有这样,才能使手的操作跟上思考的速度,或者防止手的动作由于怠慢迟缓而使思考速度受限、受阻,甚至中断。这种工作状态计算机是无法替代的,即使它运行速度再快,绘图如何精准,对于图示思维来说都是无用武之地。毕竟计算机还只是一种工具,而图示是一种思维手段,两者不是一码事。设计教学应该把这两者关系搞清楚,更不能重计算机绘图而轻图示思维训练。否则,对于年轻学生来说,因计算机更具吸引力而不愿意在基本功上下功夫,那将会遗憾终生。

为了使动手图示更好地发挥作用,合理使用图示工具是重要的。应根据建筑设计各阶段对设计问题思考的深浅程度不同,选择粗或细铅笔进行操作,还可根据图幅大小,选择徒手或工具图示的手段快速而恰如其分地表达思考成果。这不但是建筑创作的必要手段,也会使学生在图示思维中,因陶醉于建筑创作的愉悦,沉浸于手感的灵动,而把建筑创作当成了一种享受。只有这样,当学生熟练掌握了图示思维方法的基本功,并从中提高个人的设计素养,再去操纵鼠标,将会如虎添翼,设计能力定会迅速提高。

三是提高学生眼力。在图示思维中,眼是脑与手的中介,它在两者之间传递信息。其眼力的敏锐程度、视觉洞察力及捕捉信息的能力,对于脑的思维活动、对手的操作方式都会有直接影响。因此,脑与手若没有眼的参与,就不会有图示思维。

那么,提高学生眼力,设计教学要侧重哪些方面的指导呢?

第一要训练学生眼路要宽。建筑设计伊始会有许多想法,每个想法都图示出来,就会有若干图示。那么,学生就要将视域覆盖所有图示,以便从中进行评价,或者在设计中途研究平、立、剖面草图时,也要将各图摊开,以便让视觉能扫描所有图,才有利于一目了然。这样,很容易从中找到它们的对应关系,或发现它们之间不符之处。

第二要训练学生眼力要准。图示的线条表面看犹如一团乱麻,而多个图示常常有用无用混在一起。如何从中发现有用的信息和有价值的想法，就需要学生的眼力很准。能够从图示分析中抓住解决设计问题的关键，或者从多个图示中通过评价、择优找到方案发展的方向。

第三要训练学生眼光要远。图示的东西都是明摆着的，尽管比较模糊、游移不定，但毕竟暂时已定格在纸面上，学生可以直观对此进行分析、评价、决策。但是，学生的眼光不能只看到图示表面的信息记录，还要看到这种图示对下一步方案的发展是有利还是有弊，是利大于弊还是弊大于利。正如下棋要走一步看三步一样，要把眼光放远一点，只有能为以后的设计进程创造有利条件的图示才是可取的。一旦学生做设计的眼光能结合长远考虑问题，就有可能提高对图示的洞察能力。

第四是训练学生脑、眼、手协调同步的能力。上述图示思维反映在脑、眼、手三种活动的状态并不是各自孤立展开的，而一定是边思考，边勾画，而眼睛不停息地在两者之间传递信息，三者完全无缝对接，同步运行，没有时间差，可以说是一条协同操作的互动链。正是这种高强度、高效率的工作状态，可以激起创作的热情、扬起想象的风帆、成就设计的目标。倘若三者有一方存在缺陷，如头脑迟钝，或者 两眼呆滞，或动手僵硬，则脑、眼、手的互动链因此而断裂。甚至图示思维方法被计算机制图取代，造成复制、拷贝、粘贴代替头脑思维，理性规矩的制图线条代替奔放不羁的徒手勾画，视域宽阔的覆盖面也被固定的屏幕所限。其后果将是学生的设计基本功始终不能具备。这种现象在当今的建筑设计教学中较为普遍，应足以引起教学的认真反思。

## 2、设计操作方法教学

设计的操作方法是控制方案设计复杂系统运行规律的一种科学操纵程序。由于方案设计问题的模糊性和解决设计矛盾的动态过程，以及人的大脑这个"黑箱"对方案设计信息控制的复杂性，使学生对展开设计总是面临环节多多，困难重重。对此，学生当然希望设计过程避免路线迂回曲折，希望设计目标尽可能称心如意。但如何实现这一愿望呢？按设计规律控制设计过程，即掌握设计操作方法进行方案设计是唯一正确的出路。

在方案设计中，遵循设计的运行规律是十分重要的。因为，任何事物的发展都有其客观规律。从自然的变化、社会的发展、科技的进步、城市的生长直至生命体的繁衍无一例外。而客观规律是不以人的意志为转移的，我们只要按规律办事就会成功，而违背规律一定会受到惩罚，这也是被无数事实所证明了的。

方案设计也一样，它的发展过程同样存在着一定的规律。因此，设计教学要引导学生必须按设计规律展开方案设计，否则，一定会问题百出，甚至对设计过程掌握失控，直至设计目标不尽如人意。为此，建筑设计教学的主要任务之一就是让学生明白方案设计的规律是什么，并在设计实践中教会学生如何按设计规律一步一步展开设计，直至成为娴熟掌握正确设计操作方法的高手。

那么，什么是方案设计的规律呢？要摸清方案设计的规律就要了解方案设计的程序是什么。这种程序中的各环节是怎样一环扣一环向前发展的，每一环节重点要思考什么问题，解决什么主要矛盾，还要知道各个环节是怎样相互制约又相互关联的，设计程序这些运行的过程对学生的思维有什么要求，抑或设计的思维对设计程序的运行又会产生怎样的利弊影响等等。这些都是按设计规律展开设计必须面对的问题，也是学生五年的专业学习从理论到实践应该掌握的设计方法与技能。

为了便于教师叙述和便于学生记忆，我们可以把设计程序简述为如下设计步骤：

**第1步进行场地设计**

主要任务一是解决场地的主次出入口；二是解决"图底"关系，其重点考虑"图"的形和"图"在基地中的定位。

**第2步进行功能分区**

对第一步场地设计的成果之一"图"的思考，包括重点分析"图"的竖向功能分区和各层的平面功能分区。

**第3步进行房间布局**

主要任务是对各功能区进行所有房间的有序配置与布局。

**第4步进行交通分析**

主要任务一是进行各层水平交通分析；二是对垂直交通进行分析，包括对垂直交通手段的选择与配置。

**第5步进行公共卫生间的配置分析**

主要任务一是确定卫生间配置的数量，二是对卫生间进行定位分析。

**第6步建立结构系统**

主要任务一是选择结构形式；二是确定开间、跨度尺寸。

### 第 7 步房间定位

将各层房间配置分析图按既定功能秩序分别纳入结构系统。

### 第 8 步进行剖面设计

主要任务是研究建筑竖向上的空间关系、结构系统、节点构造的要求。

### 第 9 步进行造型与立面设计

主要任务是研究造型和立面各构成要素的设计推敲。

### 第 10 步进行方案完善设计

主要任务是整合平、立、剖的协调关系和深化细部设计。

### 第 11 步进行总平面设计

主要任务是对场地所有构成要素进行整合设计。

应该说，设计程序如此走下来基本上符合方案发展的规律。只要教师引导正确，学生掌握方法熟练，方案设计较能达到预期的设计目标。当然，上述仅从设计程序角度阐述了学生做方案设计的过程。实际上，设计程序并非如此分明和线型直进，其运行路线也是因题而灵活的。关于这一点将在第三章中进一步阐述。所要强调的是，上述设计方法具有普适性，是学生贯穿五年建筑设计学习的基本功。因此，教师要坚持不懈贯彻到设计教学中去。

## 四、培养学生的综合能力

大学生在大学里比学知识更重要的是综合能力得到提升。且设计知识最终只有转化为设计实践中的技能，以形成解决设计实际问题的能力，才是真正有用的知识。而这种促进学生知识转化为能力的路径与过程，是整个人才培养计划的系统工程，只不过建筑设计教学要担当重要的角色罢了。

由于建筑设计知识的综合性，诸如社会学、经济学、地理学、生理学、心理学、生态学、行为科学、环境科学等各学科的知识渗透到建筑学领域中来，使知识转化为能力的要求更高。更由于学生一旦走向社会，服务社会，面临能力发挥的机遇与挑战并不完全取决于在校学习知识的厚度，学习成绩的高度，而真正考验的是综合能力具备的程度。

因此，设计教学在向学生传授设计知识与技能的同时，更要将教学重心向提升学生综合能力上倾斜。一旦成效显现，学生将会在今后任何能适合于潜能发展的平台上各自大显身手。

那么，什么是建筑设计教学对学生所要培养的综合能力呢？这与人才培养方向有关。在第一章概论阐述有关建筑设计的教学大纲中，提及我国建筑教育已明确把"合格的职业建筑师"作为培养方向，即是说，我们培养的职业建筑师是专才。他们应业务基础好、理论联系实际、职业技巧熟练。但是，他们也会有不足，在当前社会对人才的更高要求上，开拓性欠缺，适应能力较弱。因此，建筑设计教学注重培养业务精深、知识广博、能力全面、富于创新的专才基础上的通才，势在必行。

为此，结合设计教学的能力培养，应该像雨露滋润般地浸透到学生的心灵与行为中。而学生作为国家未来的建设领导者、设计者、管理者，虽然具体能力要求各有侧重，但是，为了使学生毕业后能适应个人与社会的双向选择，并使潜能在合适的岗位与时机释放出来，直至专长能力脱颖而出，设计教学就要在学生能力的培养上注重综合性。这种综合能力的培养有些要达到奠定基础，有些是教会学生能力自我培养的方法，有些是启蒙性的提醒。因为学生综合能力的培养不单是教学的责任，也是社会的任务。作为学生而言，具备综合能力是需要在走出校门后一辈子在实践中磨炼而成的。建筑设计教学既然担当了培养学生综合能力的重任，就要在下列若干行为能力中结合设计教学活动，展开培养工作。

### 1、建筑设计能力

毫无疑问，建筑设计能力是学生具备综合能力的最重要构成部分，是学生走上社会以后的立身之本。它反映了学生在整个建筑学专业领域的设计知识结构、设计技能施展、设计创造力发挥等的状况。设计能力主要包含建筑方案设计能力、施工图设计能力、快速建筑方案设计能力。

**建筑方案设计能力**

建筑方案设计能力是设计能力的入门基础。它要求学生具有正确的设计观和设计的指导思想；能调查研究进行设计前期工作；能够学会协调建筑与环境的有机关系；学会有秩序地组织平面功能；学会创造愉悦的空间与形体的构成；学会运用技术手段完善方案的内涵；学会掌握正确的设计思维与设计操作方法展开上述所有设计的整合工作。这些方案设计能力的种种表现，作为学生今后执政、执教、执业的学识和能力基础，都是建筑设计教学着力要加强的。简言之，建筑设计教学的最基本目标就是第一步教学生会做设计。第二步在此基础上还要进一步教会学生擅长设计。所谓"擅长"

就是方案从总体到局部让人感觉设计脉络清晰而不紊乱，平面布局章法井然而非随意拼凑，空间造型新颖而不怪异，设计表现养眼而非缺乏修养，学生达到这样的设计水平才是建筑设计教学追求的更高层次的目标。

### 施工图设计能力

施工图设计能力是设计能力的全面提升。虽然在设计教学中对此涉足较少较浅，但这是学生必须经历的训练环节。其目的是锻炼学生在方案设计深化阶段解决实际问题的能力。只不过施工图设计是要解决建筑方案设计目标变为现实的所有设计实际问题，而设计教学只是在课程设计中途要求学生对自己的方案做些充实设计内容的工作，两者的目的、方法相近。不过设计教学的设计深化工作大多停留在教授设计手法层面。当然，对初学建筑设计的学生而言很有必要，只是从学生今后从业大部分时间和精力要花在施工图设计上而言，更需要教会学生如何深化方案设计的方法。要在方案深化设计阶段，让学生明白建筑方案设计不是天马行空地玩建筑，而是要用方案的诚实性保证方案创意的可行。此外，还要训练学生如何满足人的生活舒适性而细致推敲平面功能的完善，如何从美学角度推敲外部形体、内部空间的形态完美、材料交接、节点处理，如何使建筑方案与结构、给排水等技术条件相吻合。更要强调的是教会学生如何运用系统思维方法分析各要素在设计深化阶段所发生的矛盾，并能运用辩证法的原理有效地处理这些实际问题。上述这些设计深化工作的要求都是施工图设计能力在建筑设计教学中的体现。如果建筑设计教学能在中班、高班的各课程设计题中加入适量的节点设计，甚至在毕业设计中做些局部施工图设计的训练，都会有利于提高学生解决设计实际问题的能力，并有助于学生毕业后能很快适应新的工作要求，也为学生尽快成为执业建筑师打下良好的基础。

### 快速建筑方案设计能力

快速建筑方案设计能力是建筑设计能力的极致发挥。它集中展示了学生的聪明才智，表现在思维敏锐流畅、创意丰富超群、设计功力不凡、表现奔放不羁。这些快速建筑方案设计能力的展现使学生的职业素质走向成熟，设计修养得到提升。这就是我们所要培养的优秀建筑设计人才。为此，建筑设计教学要有计划、有措施地把提高学生快速建筑方案设计的能力作为重要的教学环节来抓。既然是教学环节，就应加强课堂指导，也许是比一般课程设计教学更为紧张、更为繁重的教学工作，而不应把它当作设计考试手段流于形式。学生只有在建筑方案设计入门的基础上，通过快速建筑方案设计能力的强化训练，才能检验五年学习建筑设计的成效，也为今后设计潜力的发挥和在设计竞标中脱颖而出，以及个人建筑设计能力的可持续提升奠定基础。

### 2、思维能力

毋庸置疑，思维能力是学生具备综合能力的中枢，它在综合能力的各个行为能力中起着灵魂的作用。因为，人的一切行为能力都是靠思维主宰的。思维能力强，则行为能力就发挥充分；反之，则行为能力就会受制约。尤其建筑设计能力若没有思维能力的激发，学生就很难有所作为。因此，设计教师在辅导学生具体方案时，更应注重学生思维能力的训练，而思维能力的训练体现在下述多方面：

**引导学生对建筑设计创作要勤于思考**

在本章"严格学生基本功的训练"和"注重设计方法的教学"有关阐述思维方法中，已提及其教学重点是要启发学生善于思考，包括积极思考、巧于思考、加速思考。这仅仅是思维能力在建筑方案设计中发挥作用的基本条件。要想提高学生思维能力，在勤于思考这一点上，还要努力使学生对许多设计问题的思考，不仅是苦苦去思索，而且能够达到下意识的反映。所谓"下意识"是一种不知不觉的心理活动，而"反映"则是学生对设计问题的感性、理性的全部认识在一瞬间得到的积极而又能动的应答。这种能力是学生经过长期勤于思考，在思维能力上达到的娴熟本能。

**引导学生对设计矛盾要辩证思考**

我们已明白，在建筑方案设计过程中，各设计要素、设计程序中的各设计环节自始至终充满了矛盾，它们交织在一起，相互作用、相互牵制。因此，一般的思维还难以应对错综复杂的设计矛盾，甚至出现"按下葫芦浮起瓢"的尴尬局面。比如就事论事分析和处理设计中的某一矛盾，尽管暂时解决了局部问题，却由此招致全局的更多连锁麻烦。这是学生在建筑设计中经常发生的现象。因此，建筑设计教学教会学生辩证看待设计矛盾、看待解决设计问题的得与失，是提高思维能力的一个重要方面。

**引导学生对设计问题要同步思考**

设计程序虽然有它的规律性，但也不能完全按部就班地一步一步走。倘若遇阻或钻进设计的死胡同怎么办？再回头重新迂回？显然孤立看待设计问题不可取，只能提高学生同步思维的能力。即按设计程序每走一步都要瞻前顾后，要用联系起来看问题的方法，做到既受前一步结果的制约，又要为下一步创造有利条件。只有这样，才能使设计进程稳步前进。不仅可保证设计方向的正确，也能提高设计的效率。因此，建筑设计教学注重训练学生同步思维的能力是不可缺少的。

### 引导学生对设计内容要深度思考

评价一位学生的设计水平不但要看方案大局是否出众，也要看细节设计推敲是否出采。因此，学生做方案设计不能停留在天马行空的所谓创意上，而方案深度却是一个苍白的空壳。应该多学点扎实的深度设计本领，让方案内容更加充实、丰富些。为此，建筑设计教学要提高学生有深度思考的意识和能力。这对于学生今后成为注册建筑师从事实际工作实在是不可缺少的。

### 引导学生对方案进行多向思考

由于方案的思路是多向的，其设计目标也是各异的，因此建筑设计教学要鼓励学生放开思维，引导学生从多个渠道试探能达到相对满意设计目标的思路。即便在解决具体设计问题时，也应有多种设想，以便在多方案比较中择优其一。这种多向思考可以避免学生在做方案时先入为主，或从一而终。否则长此下去，学生就会因思维拘谨、僵化而失去做方案的探索精神，于设计潜力的发挥是不利的。

## 3、表达能力

学生的设计意念、想法、成果是要拿出来，并与他人交流或展示的，这就需要学生针对不同的场合、不同的对象，以不同的方式对设计方案进行充分的表达。而且这种表达能力的强弱，关系到他人是否能真正理解学生的设计意图，或者在学生之间能否充分展开交流，或者通过设计成果的充分表达能否给公众以直观的了解，等等。看来，学生不但要有较强的建筑方案设计能力，而且也应有较强的表达能力，这样才能充分展示自己的设计意图。

那么，在建筑设计教学中应对学生加强哪些表达能力的训练呢？

### 图示表达能力

前述中多次提到图示表达是学生乃至建筑师的基本功和看家本领。因为，对于学生本人而言，在方案设计初期，它既能概括，又能迅速地将抽象的设计意念转换为视觉可感知的符号，而且可随着思维的快速流动同步变幻着符号的图形。对于与他人交流而言，它就是彼此之间的图示语言，双方对图示因心领神会而沟通无需累赘的口语表述，比起计算机语言来说，它有不可替代的优势。因此，建筑设计教学不可忽略加强学生的图示表达能力，力求让学生做到运笔奔放不羁，符号控制自如，线条轻重适度，表达得心应手。倘若学生经过五年训练能做到如此，应该说图示能力相当娴熟了，这对于学生今后的执业生涯将发挥重要的作用。

**语言表达能力**

有时，图纸并不能完全体现学生的全部设计意图，这就需要学生向非专业人士口述设计方案，或者学生在介绍方案时，需要补充说明设计情况等等。这些场合都需要学生以口头语言介绍方案的内容，其语言表达能力的强弱，对于听众能否正确理解设计意图十分重要。那种口述语无伦次，或者"肚里有货倒不出"的憋境都可能有损于好方案的价值。因此，语言的表达也是学生不可或缺的综合能力之一。

**文字表达能力**

一套正式的设计文本，开篇就需要文字叙述方案设计的依据、构思、各分项设计说明，以及经济技术指标等等。这些设计内容的描述应条理清楚、文字简练、表达充分。同时，学生有可能涉及到要撰写调研材料、可行性研究报告，或者提交学术论文，这就更需要学生具有一定的文学功底和文字表达能力，使撰写逻辑清晰、章节承启自然、文字描述流畅。应该说，建筑设计教学是不可遗忘对学生加强文字表达能力的训练。对学生文字表达那种逻辑混乱、词不达意，甚至错别字连篇都要给予纠正。因为，提高学生文学修养，也会间接提高学生设计的素养。

**成果表达能力**

成果表达包括图纸表达与模型表达，其目的是作为课程设计成果考核的依据，或者作为交流展示之用。为此，成果表达要求真实而不失真。对于图纸表达而言，应能全面表达设计意图和内容，符合建筑方案设计或施工图设计所要达到的深度及其制图规定。对于模型表达而言，应按一定比例准确体现建筑造型及其环境的场景。此外，这些设计成果的表达还体现了学生在版面制作、模型制作中的艺术修养与动手能力。因此，建筑设计教学对于学生最后的设计成果表达既不能放松严格要求，又要给予悉心指导。

## 4、创造能力

建筑设计本身就是一项从无到有的创造性工作。但是，学生要具备创造能力却是另外一回事。因为，创造能力是学生在设计过程中，在认识上与实践中表现出产生新的成果的思维与行为能力的总和，它的核心或本质属性是"新"。如新颖的设计理念、新颖的设计成果。这种"新"对于初学建筑设计的学生而言，只能是相对于他超越自己原有对设计的认识水平，或者获得他前所未有、首次获取的设计成果。这只能是相对的创造能力，还谈不上超越前人，如大师级人物在设计领域最先进的设计理论认识，或最杰出的设计成果的绝对创造能力。但是，只要不断开发学生的相对创造能力，学生才有可能在适宜的内外条件促进下发挥出绝对的创造能力。

因此，建筑设计教学在一般常规的设计辅导基础上，要运用创造教育的手段，即通过传授创造学知识或运用创造学原理与方法，致力于开发学生的创造能力，促使他们逐步成长为创造型人才。为此，建筑设计教学要在培养学生与创造有关的品质方面多下功夫。这就是：

**让学生树立能够创造的信心**

对于刚入建筑设计之门的学生来说，由于进入一个陌生的学习领域，又在诸如绘画、空间概念、形象思维等设计基本条件方面甚感薄弱，因而对自己能不能创造缺乏信心。建筑设计教学首先要使学生破除创造的神秘观。因为，创造力的普遍性告诉我们，人人都有创造力，只是开发的程度不同而已。学生既然进入学习建筑设计的创造领域，就要树立创造的信念，只要在这片建筑创作的处女地努力耕耘，就一定会有所收获。

**要强化学生创造的意识**

学生学习建筑设计，模仿大师设计手法仅仅是入门学习建筑设计的启蒙方式，而移植、抄袭他人设计内容并不是学习的正道。建筑设计教学一定要倡导学生自己进行原创性学习，哪怕困难重重问题百出，毕竟是自己的创造成果，这种创造经验积累多了，自然在建筑创作领域会越来越自如。当然，这并不排斥学生学习他人的创造成果，但一定要有自己的评品与主见，甚至对设计任务书的缺陷、对教师的辅导不到位、对先例的不足之处等都可以持疑问态度。因为事物总是在发展进步的，永远不会停留在一个水平上。建筑设计教学要鼓励学生这种凡事都要动脑筋自己想一想，而不是人云亦云的创造意识，这就为增强学生创造能力准备条件，一旦抓住机遇，学生的创造能力就会随时发挥出来。

**要教会学生学习创造的方法**

建筑设计不是闭门造车，更不是胡思乱想，而是有规律可循的。而建筑设计教学所倡导的创造教育是一种启发研究型教育，即要鼓励学生研究知识、挖掘并"发现"知识、超越原有知识的范畴而获取建筑设计更为宽广的学识。为此，建筑设计教学要培养学生自学能力、发现问题并提出问题的能力、分析能力、归纳能力、标新立异的能力等等。由于每个学生的基础、先天条件不同，适合每个学生的学习方法也有所别。因此，建筑设计教学应根据每个学生的情况，帮助他们创造自己的学习方法。

更重要的是，建筑设计十分强调设计实践，为此，建筑设计教学要引导学生在设计实践中学习方法，切忌空有不着边际的所谓理论，而手上功夫却不得力。只有这样，方法在实践中运用多了，才能不断开发学生的创造能力。

## 5、交往能力

建筑设计不是一个人的工作，而是集体的创作，只不过建筑师要在其中起着主导作用。为了发挥集体的创造性，建筑师就要与各个工种、各个部门打交道，协调并处理在设计与施工过程中发生的各类矛盾。而建筑师只有积极与各相关人员沟通，在设计与建造的团队中密切相互配合，并发挥组织者的作用，才能圆满完成一项建筑设计或工程建造的任务。因此，为了使学生适应未来工作的环境与要求，建筑设计教学就要有意识地培养学生交往的能力，体现在：

**帮助学生打破自我封闭的学习惯性**

鉴于学生在中学学习阶段受到高考指挥棒导向的影响，多数学生陷入个人狭小封闭的苦读奋斗圈内。而学生一旦如愿以偿进入开放式教学的建筑设计领域，要想适应新的学习环境，必须尽快转换学习角色。即冲破自我封闭学习的桎梏，而参与到建筑设计教学设定的多样化的开放教学形式中去。为此，建筑设计教学要为学生提供经常性的交流学习机会，让学生明白，学习建筑设计不可以仅靠独自的努力，一定是在相互学习中集思广益、取长补短，共同获得进步成长。因此，破除中学的封闭学习方式是培养学生交往能力的前提条件。

### 促进学生善于交流

相互交流是建筑设计特有的教学方式，其目的是开拓学生的思路，使学生在频繁交流的过程中逐渐跳出死读书、读死书的僵化怪圈，让学习开放活跃起来，进而锻炼交往中的语言表达能力及对话的思辩能力。而建筑设计教学所开展的有限教学交流活动仅仅是引导并教会学生交流的方法，以便督促学生能够寻找更多的机会，大胆地、主动地接触更多的不同人群。一方面提高学生的交往能力；另一方面在交往中更好地知己知彼，并不断互相学习。这种交往能力的提高对于学生今后开拓事业无疑是重要的。

### 培养学生在交往中的合作能力

建筑设计既然是集体的创作，那么集体中的每一成员都应在交往中具有精诚合作的态度，为着共同优质完成设计任务而需要相互支持，相互协商。这种合作精神既是学生在交往中的品质，其合作能力又是工作艺术的体现。为使学生具备这样的合作精神与能力，建筑设计教学要通过一定教学方式，让学生在合作设计中，逐渐培养起融入团队进行集体创作的交往能力，以此为将来胜任专业工作方式而做好充分准备。

### 锻炼学生在交往中的组织能力

建筑师由于在一个项目设计中起着龙头作用，这就要求建筑师不但要做好本专业的设计工作，还要有效地组织其他工种的配合设计，甚至对建设方与施工方还要负有指导、督察、协调等的责任。因此，建筑师在与这些有关方交往中还应具有组织能力。这种组织能力的强弱，关系到工程设计和施工的质量与进度是否能有效得到保证。我们培养的学生，今后只要从事于建筑设计这一行业，基本上都要担当项目负责人这一角色。为此，建筑设计教学在教会学生自己如何做好专业设计工作的同时，还要培养学生如何担当领导一项设计的组织工作，这就涉及到学生具备交往能力在其中发挥的作用。

### 6、观察能力

观察能力对于学生来说是如此重要，以至于缺乏观察能力就无法积累丰富的第一手资料，就无法分辨案例的优劣，从而无法从正反两方面学到东西。更因缺乏观察能力而抓不住创造的良机，那又何谈做好设计呢？因此，建筑设计教学要训练学生具有敏锐的观察能力就显得十分重要。

### 教会学生如何"观"

"观"是观察的视觉感知,虽然人看(即"观")事物的能力与生俱来,但能看出门道却是一种学问。殊不知,人们那种在日常生活中对事物熟视无睹的现象比比皆是,其实这是一种无意识地看,对于增长知识是毫无作用的。只有那种用心去看,专注去看,才能获取第一手素材,进而为设计做好准备条件。对于学生而言,看方案、看先例、看实景一时还不知看什么,以及怎样看。建筑设计教学就要教会学生看事物的角度和方法。这种教学引导变成常态以后,学生就会学着用专业的视角和眼力去观看周围的事物,慢慢养成处处留心看的习惯,从而将看到的一切变成学识并积累起来。

### 教会学生善于"察"

"察"表示仔细看过之后的认真分辨。这种分辨事物的能力却不是先天的本能,而是靠后天在实践中逐渐培养起来的。建筑设计教学明白了这一点,就要指导学生学会看先例的精华所在;学会看城市建筑实录的设计优劣之处;学会在方案交流中取他之长补己之短;甚至学会分辨日常生活细节中各种有关人的行为与尺度对设计产生的影响等等。学生一旦在实践中将察觉训练到敏锐程度,那么他从生活中势必要比从书本上获得更多更为扎实的知识积累。这对于学生施展娴熟的设计技能以及创造力的开发将产生很好的推动作用。

### 启发学生在观察中学会用脑

观察是离不开用脑的,特别是有些需要了解的事物真相却被表象所掩盖,此时,就要透过观察到的现象用脑分析,并想象出隐藏着却希望知道的内容。比如,学生观察到城市中的一座建筑外观,能否感知它的大体平面布局关系?可能学生一时无法得知。又如,学生从图集中看到一则案例,从平、立、剖面图形的观察中能否想象出它的内部空间形态或者外部造型特征?也许学生的识图能力、空间转换能力较弱而无法做到这一点。所有这些在观察中用脑都有一个方法的问题,建筑设计教学就要教会学生用脑观察的方法,促使学生在不断的实践中逐步提高观察的能力。这对于学生在学习建筑设计的过程中,用这种观察能力经常品评自己或他人的方案,以提高设计能力是有很大作用的。因为,倘若学生观察能力较弱,连自己方案的短处也发现不了,就难以提高设计水平了。

### 7、研究能力

大学的学习不像中学教育那样一切都由学校安排妥当且为考试而学习，而是十分强调学生自主学习、研究型学习，为增长才干而学习。尤其建筑设计的教学处在一个开放的环境中，又是一种个性化的教学方式，学生学习的自由度又如此之大，没有统一模式制约，也没有标准答案对照，知识的获取除去课堂传授，更多的渠道要靠学生自己去探索。为此，研究便成了学生自主学习的重要方式之一。然而这又是学生刚入大学适应新的学习环境所面临的困难之处。难就难在自主学习时间多了如何支配；在知识的海洋里如何独自去寻求；着手一项课程设计如何通过调研掌握第一手资料；各类课堂传授内容如何融会贯通学以致用；在学习建筑设计的过程中如何创新，逐渐形成自己的设计个性等等。对于这些难题，建筑设计教学有责任引导学生转变学习方式，运用教学手段培养学生学习的研究能力。教师可以从以下几点着手：

**指导学生博览群书**

从浩瀚的书海中获取设计"营养"是学生学习建筑设计的"强身之路"。除去设计任务书有针对性地罗列一些该课程设计参考书目外，大量的阅读要靠学生自主去选择。这就涉及到选择什么书看；怎样检索所需的书目；以及如何阅读。此外，大量参阅中外各类建筑图集、实录也是十分必要的。对于这些图书如何分析实例，如何看出精华所在，都有一个方法的问题，需要设计教师为学生引领一段路，告诉他们怎样看书，怎样看懂，怎样摘要，怎样积少成多。这是学生畅游建筑设计自由王国的必备条件之一。

**指导学生参观调研**

这是学生在实践中进行学习研究的重要方式。学生通过亲身体验、现场感受，可以学到更丰富更扎实的设计知识。但是，参观调研得法与否，关系到学习研究的成效。初始，设计教师要帮助学生进行参观调研的一些策划工作。比如，如何拟定参观调研提纲；如何设计调查问卷；如何走访社会民众；如何收集分析素材；如何整理研究成果；如何撰写调研报告等等。整个参观调研的过程不但是各种能力的锻炼，也是学生独自研究方法的学习。一旦学生的独立研究能力大大提高，对于今后独当一面开创专业工作的新局面是大有裨益的。

**指导学生课题研究**

学生建筑设计水平的提高，一方面在于加强实践的训练，另一方面要不断提高理论水平。后者就需要学生结合个人感兴趣的课题，或者设计工作中的专题进行研究。只有从设计实践中进行理论研究，进而上升到理性认识，再用于指导今后的设计实践，这种实践——理论——再实践的学习研究路线，是学生免于把建筑设计看成如同设计院把建筑设计变成完成产值一样，当成纯粹的专业技术性工作。而应该是为进行建筑创作设计出精品才要不断加强研究工作，以促使课程设计质量提高、个人设计水平提升。然而，课题研究这一新颖的学习方式对于学生而言还较为生疏。为此，建筑设计教学要循序渐进地训练学生这种研究能力。比如，如何开题，如何撰写开题报告，如何推敲写作大纲，如何搜索相关文献资料，如何选择调研对象，如何图文并茂，甚至对撰写学术论文格式等细节给予悉心指导。让学生通过学习课题研究的方式，树立起科学的精神，端正做学问的态度，以及使研究能力得以不断提高。

## 8、评论能力

建筑评论与建筑创作是建筑设计实践中相辅相成、互动促进的两翼。建筑创作是建筑评论的基础，建筑评论是建筑创作的推动力。对于学生来说，敢不敢评论、会不会评论、能不能评论到点子上都是设计能力强弱的反映。让学生通过经常性的参与建筑评论，不但可以提高设计水平，而且可以不断提高对作品的研究、分类、比较、论证与分析的能力，并在表达个人评论见解中增长见识。因此，建筑设计教学可以通过诸如小组交流，或教学评图等教学形式，为学生参与建筑评论提供机会，并给予正确的引导。

**引导学生端正评论的态度**

评论应是各抒己见，在平等的探讨中寻求共识，促进同学间的学术沟通与交流。在对事不对人的评论中，评论者应无所顾虑，敢于评论，胸怀胆识，锻炼自己的眼力与口才；被评论者要有气度，虚怀若谷，可以言听计从，也可听而不从。由于学生都是初学建筑设计，看问题不免带有主观性的片面与偏见，使建筑评论的客观性受到影响，这是正常现象。但评论经验多了，这种片面与偏见自然会减少，对此双方不必苛求。只要评论大体准确，就不必计较，抱着"闻过则喜"或善意表达、解释不同的意见，避免那种因评论态度不端正而产生的互相排斥、否定的不良评论气氛，这对于健康开展建筑评论是很重要的。因此，建筑设计教学要循循善诱，使学生慢慢习惯于建筑评论的教学活动，真正达到以建筑评论促进学生设计水平的提高。

### 指导学生掌握正确的评论方法

在评论现实建筑现象的学习中，看问题的立足点、角度、侧重面往往难以面面俱到。特别是由于条件的限制，比如难以掌握图纸资料，又不被允许参观，造成评论者难以有全面而深入的理解，这对于评论的准确性是有影响的。但是，我们总可以学会用正确的评论观点与方法，尽可能地对一件具体的建筑作品进行描述、分析、鉴赏和评价。这个正确的评论观点就是站在客观的立场上，实事求是而不是带有个人喜好色彩或个人先入为主的倾向加以评论。这个正确的评论方法就是先要对该建筑有所了解，包括建造背景、各种影响因素，建筑整体关系等，再运用系统思维方法与辩证法，在全面分析的基础上侧重阐述某方面的评价。这种评论的过程既是点评评论对象，又是个人学习的机遇。这对于学生在评论实践中学习建筑设计无疑是十分有益的。因此，建筑设计教学带学生到城市环境中去，在现场共同点评建筑，其教学效果比之在课堂看图片点评来得更生动、更能引起学生兴趣。

### 提高学生建筑评论的水平

建筑评论不仅需要通过语言进行阐述，而且在此基础上要训练学生通过文字撰写，系统地、有论点、有论据地独立全面阐述对一件设计作品的深入分析、认识与评价。这不但有利于学生根据评论对象有针对性的拓展外围研究、考证，而且对评论的描述如何力求做到观点鲜明、分析透彻、阐述清晰、文笔优美也是一种训练过程。对于逐步提高学生的理论水平，以此指导设计实践大有好处。这种专业性的建筑评论活动，应该作为建筑设计教学的辅助内容，以便使学生通过设计实践训练与理论认识提高能够得到同步进行，可以减少学生设计的盲目性。

## 五、熏陶学生的职业素养

素养是指一个人平日在道德、思想、知识、文化、艺术等方面的修养。它潜藏在人的内心中，表现出高尚品格、儒雅风度的举止。而我们培养的未来建筑师，无论从建筑设计对建筑师的要求，还是建筑师设计作品对社会的责任，都要求今天的学生在学习专业知识与技能的同时，要加强职业素养的熏陶。因为，建筑师具有的品格比他所创造的建筑风格更为重要。文学界有"文如其人"之说，建筑界同样如此。可以说，一件设计作品也反映了学生的价值取向和所追求的境界。在此之中，是为了实现自我价值，张扬个人的作品；还是对社会、人民负有责任，两者的建筑创作方向，作品品格是完全不同的。我们当然要培养后一种人才。这种培养是整个教育的系统工程。除去教育的手段，更在于它是一个潜移默化、熏陶感染的过程。需要适宜的社会环境、学校环境像雨露滋润幼苗一样对学生施以素养形成的影响力。而最直接最有效的方式就是通过建筑设计教学担当这一角色。因为，教师在建筑设计教学中能够经常在自然状态下与学生接触，通过与学生以专业语言对话，而不是政治说教的手段进行沟通，并且在设计辅导中可以有机揉进职业素养内容。这种把设计辅导与素养熏陶结合起来的方式是学生乐于接受的，是在不知不觉中受到影响，受到启迪的。只要建筑设计教学担当自己培养学生素养的责任，时时、处处从正面影响学生优秀品格的发展，那么学生五年学习下来，在素养方面定会有很大提高。这对于他们即将走上社会、担当责任、投身职业生涯就奠定了做人做事的基础。

那么，建筑设计教学在自己的职能范围内，对学生要做哪些职业素养的熏陶工作呢？归纳起来主要包括：道德素养、专业素养、人文素养、审美素养。

### 1、道德素养

在现代社会，一个人的行为是要受到公共道德约束的，尤其建筑师的设计行为更要受限于社会的、职业的道德规范。因为他设计的公共产品不是个人所有，而是为社会、为大众服务。如何服务好，不全在于他的设计水平，还取决于他的道德水准。因此，这种无形的教育内容应当引起建筑设计教学的关注，力求将对学生的道德素养熏陶注入建筑设计教学中，包括：

**执业道德素养的熏陶**

各行各业都有自己的行为规范和工作职责。学生现在在课堂做设计虽然涉及不到这些行业要求，但必须从在校学习建筑设计始，在树立职业行为规范上做好思想武装，并在设计行为上受到点滴熏陶。因为人的品行是日积月累养成的，是一个细水长流的过程，是无法通过突击教育灌输而成。

执业道德素养的熏陶包括，建立执业道德准则和树立执业道德观念两个方面。

建立执业道德准则就是要向学生阐明，我们做建筑设计应保证公众的安全、生活与健康。无论是现在做课程设计，还是将来从事工程设计都必须对此负有责任。虽然课程设计是一种假题假做，或真题假做的训练手段，但它不仅是训练设计手法，也在熏陶学生明确设计之目的的意识。不要只醉心于玩弄空间、形式，还要解决好人的舒适使用和安全保障。此外，还要培养学生负有综合处理好环境、技术、文化、艺术、经济以及可持续发展等诸多因素成为有机整体的责任感，不可自以为有设计权而忘乎所以。应该让学生清醒地认识到，为人类建立生产、生活环境是建筑设计的出发点和最终目标，坚固、适用、经济、美观是建筑设计的基本准则。建筑师只能在这些道德准则规范下尽可以发挥设计的优势，施展创作的才华，只有这样才能设计出公众认可的设计精品。

树立执业道德观念就是要向学生阐明，我们为完成自身职业使命所应具有的人生价值观。要使学生认识到我们做设计不是在炫耀自己的设计技巧，而是要通过自己的优质设计作品更好地为社会、为用户服务。因此，具有强烈的服务意识是学生应树立的道德观念之一。这种服务意识是从一个项目设计的开始就要体现出来的。从项目的可行性研究、任务书的科学制定，到设计过程中诸多实际问题的解决，都要为业主着想。诸如对土地利用的研究、设计内容的配置、形式创作的把握、结构选型的比较、材料使用的合理、经济效益的分析等等，无不逐一精心考虑。那种从个人设计图省事图方便着想而使服务质量打折扣的做法，或者不顾设计条件任性地盲目设计，应该说是一种缺乏服务意识的表现。不但道德观点不正确，而且设计行为需要纠偏。此外，强烈的服务意识还需让学生明白，要将设计服务从自始至终的设计工作延伸到施工过程，甚至达到对建筑物全寿命过程中的回访，这不仅是一种跟踪服务，也是一种终身责任。尽管学生在校期间学习建筑设计还涉及不到这些服务行为，但建筑设计教学向学生事先阐明树立这种道德观念的重要性是必要的。

### 社会道德素养的熏陶

建筑师所从事的建筑创作是一项社会性很强的工作。一方面，他的设计成果关乎国家、社会、公众的利益；另一方面，又因建筑、城市建设倍受上自领导、下至百姓的关注，会引起各方面人员的参与、介入甚至干预。特别是在社会转型、市场开放，以及城市化进程高速发展而又失衡的今天，一些非理性因素会给建筑师的正常创作带来难题和干扰，甚至左右建筑师的构思与设计。诸如权力强势改变设计方向，金钱诱惑使建筑师放弃设计原则。在利益纠葛如此复杂的社会面前，作为一名对国家、社会、公众负有责任的建筑师，应当坚守创作的独立和科学的良知。在建筑创作中，一方面要尽可能听取多方面的建设性意见；另一方面要坚守职业道德，认真执行国家有关设计规范，而不被权力所迫，不为利诱所惑。建筑师要像医生对人的自然生命负责、律师对人的政治生命负责一样，"要对国家和社会负责，负有提高整个人类生存质量，发展社会遗产，创造新的形式，保持文化发展的连续性的历史责任"（国际建协十四次大会《建筑师华沙宣言》）。这就是建筑设计教学今天要告诫学生们，为了明天能承担历史责任，必须修炼好自己的道德素养，才能成为称职的建筑师。

其次，建筑师设计作品的属性是社会产品，它不同于美术作品、工艺品、电影拷贝等，这些作品的创作可以表达、张扬、宣泄创作者的个人激情或者好恶，即使创作失败了，可以弃之不理、不看。但是，建筑创作作品无论成功与失败都要立于大地之上，哪怕外观丑陋、功能不合用的建筑也要强迫大众忍受，或者被迫拆除，这些都会造成国家财产、资金、人力的巨大浪费。我们所培养的人才应该是有强烈社会责任感的建筑师。为此，建筑设计教学要时刻教导学生，做建筑设计要权衡处理好环境、社会、经济三大效益的辩证关系，要使自己建筑创作的价值取向与国家、社会、公众的利益很好结合起来，努力使自己设计的产品为社会承认，为公众接受。

**设计品行素养的熏陶**

作为建筑师个人的设计品行是否端正，将直接关系到他在这一行业里的设计心态、执业品格、为人处事行为等是否经得起各种考验。诸如，对待一项设计任务不同人会有不同心态：是诚挚地对待这项设计所涉及的一切，包括设计条件、设计要求、设计内容、设计目标，甚至对笔下的每一条线、每一个空间都精心考虑，努力把业主的合理要求与想法变成创作和设计的基本点，并尽可能地融合进自己的建筑创作之中加以精心完成；还是出于急功近利、效益至上的心态，为了迎合业主的一些无原则要求而一味迁就，甚至沦为业主的应声绘图工具，使自己的设计作品一旦既成事实而损害了国家与公众的利益；抑或是为了张扬个性，以充满膨胀的心态轻浮地将建筑创作当成一种玩弄建筑的游戏；要么纸上谈兵将故弄玄虚的"理论"粉饰自己蹩脚的"时尚"作品；要么干脆生吞活剥、拾人牙慧，改头换面抄袭他人作品来忽悠业主。虽然上述现象在现实中不可避免地存在着，但一位品行端正的建筑师可以通过自律，不断提高自身修养，以正直做人、踏实做事的个人影响力去感染带动周围的同行，进而使整体素养得到提高，以此促进行业的健康发展。看来，建筑设计教学除去授予学生建筑设计的知识技能外，恐怕予细微之处注意端正学生设计品行也是不可忽视的。因此，要正确引导学生的设计心态向健康方向发展，对于学生学习建筑设计过程中出现的一些设计不端品行要晓之以理、动之以情地加以说服、纠正。这样，建筑设计教学只有把学生的设计心态引到一个高尚的境界，才能让他们充满活力地在创作天地里学习、成长。

**人格品德素养的熏陶**

学生进入大学深造有两大学习任务，即如何做人与做学问。而做人与做学问相比，不能不占首位。学生将来走上社会也有两件大事要考虑，即如何做人与做事。看来做人的问题伴随着我们的一生都应时时思考与把握住。青年学生正是人格发展、知识增长的关键时刻。因此，我们的教育包括建筑设计教学都不能忘记对青年学生人格品德素养的熏陶。所谓教书育人，不是空洞的口号，更不是花架子，而要真真切切地体现在提升对学生道德修养的关心上。前述论及的执业道德、社会道德、设计品行若干素养的熏陶、培育能否奏效，关键看学生人格品德素养修炼得如何。而这一教书育人的工作在一个社会环境还不十分健康、健全的背景下，更需要有坚守的信念和强烈的社会责任心的教师，去践履教育工作者责无旁贷的重任。倘若我们的教育、建筑设计教学忽略了这一点，甚至视为与教师职责无关，那么我们培养的人才能否胜任国家的未来、民族的希望对他们委以的重任呢？我们教会学生的知识、技能能真真施展在国家建设的事业上吗？因此，建筑设计教学与中国的整体教育共同为国家造就的一代又一代优秀人才，不但应具有渊博学识、聪慧才智、严谨理性的气质，又要有淡泊明志、宁静致远、情操高尚的人格。如此，中华民族的复兴便指日可待。

## 2、专业素养

建筑设计教学的任务就是先教会学生如何做建筑设计，然而，这仅仅是学生专业学习的起步。为了进一步提高学生的设计能力，并为今后的成长奠定潜力发挥的基础，建筑设计教学要像沃土为庄稼的茁壮生长提供充足养分一样，不断滋润学生的专业素养。非如此，学生难以在未来的执业中有所成就，而只能碌碌无为一生。

**引导学生学问要博大精深**

由于建筑设计的广泛关联性，学生欲想在建筑创作的天地里大展身手，没有博大精深的学问是难以有作为的。为此，建筑设计教学要引导学生在做学问上狠下功夫，包括充实专业理论知识，用于指导建筑创作；多懂点建筑历史知识，从建筑历史的文脉中取其精华弃之糟粕而古为今用，洋为中用；多学些建筑技术知识，懂得它们对建筑创作的支撑与开拓思路的作用；多了解一些建造知识，从中感悟图纸中每一根线条犹如生命一样应该能够被创造出来等等，直至建筑专业的知识都需广而吸收之。这些专业知识一旦日积月累地充实了学生的头脑，学生的专业素养自然会厚实起来，甚至言吐之中专业术语也会娓娓而谈。

**引导学生眼界要见多识广**

建筑是一种形象的符号，学生一是需要在外观察其形，二是需要入内体验其神，方可以对建筑有深刻领悟。同理，学生对建筑环境、城市印象、风景体察莫不如此。特别是对中外著名建筑、城市、景区的熟知，学生若能身临其境考察一番，对于专业素养的提升必将大有裨益。这样，学生的眼界拓宽了，亲身体验丰富了，设计的境界就会不一样，就会把建筑设计当成是一种创作的享受。也正如要学好外语必须贮备大量词汇一样，由于学生阅历多了，由此而更能触发构思的灵感、启发设计的思路、借鉴处理的手法。

**引导学生思考要敏锐睿智**

在信息化社会的今天，学生可以获得海量的信息，但不等于拥有了知识。即使拥有了大量知识，也不等于充满了智慧，其差别在于学生是否会思考。应该说，学会思考比检索信息、积累知识更重要。这也是衡量学生专业素养的重要方面。何况我们进行建筑创作的先决条件就是要用脑思考，只不过为了提高自己的专业素养，要让这种思考来得更自觉、更有效而已。即对设计问题的思维反映要迅速，能够一眼看准设计问题的关键所在，并能立即想出解决设计问题的出路与对策等等。这些连锁的思考若能一气呵成，则反映出学生的专业素养较为上乘。因此，建筑设计教学在必要的辅导同时，应积极鼓励学生独立思考，自主设计，防止学生过多借助外力，而养成设计中的思维惰性。

### 引导学生动手要娴熟自如

如果说思考是建筑创作的灵魂，那么，动手则是建筑创作的功夫。因为学生头脑中的奇思妙想都是要通过动手表达出来的。是出手不凡，还是下笔无所适从，两者的反差就看出专业素养的差异。我们培养的学生应该擅长用图示这种建筑师的共同语言进行方案探索和相互交流，能够凭感觉就勾画出建筑的形，能用奔放的线条清晰地表达设计的意图，可以把闪烁的思维流动看似不经意间信手跃然纸上，等等。学生欲练出如此娴熟的手上功夫，可以说是"冰冻三尺，非一日之寒"。因此，建筑设计教学的任务不仅在于课内对学生的辅导，也在于课外对学生加强专业素养的培育。两者结合起来，才能达到人才培养的理想目标。

## 3、人文素养

建筑是物质的产品，也是文化的载体，它记录了人类文化的发展历史，凝聚着人类文明的结晶。无论是西方古典建筑文化的璀璨，还是中国古典建筑意境的魅力；无论是现代建筑的日新月异，还是传统建筑的五彩缤纷，都蕴含着人类丰富的文化现象和哲理。建筑师欲想读懂建筑，并深刻理解中外建筑文化的博大精深，从中汲取文化滋养，以使自己的设计作品超越物质产品的属性与价值而增添文化品位，就必须提高自己的人文素养。这就给建筑设计教学的任务增添了新的内容，即要引导学生加强人文素养的滋润，以便学生能够有意识地、创造性地将文化之根植入自己的建筑创作中去。

### 引导学生从文学中滋润素养

文学是以语言文字为工具形象化地反映客观现实的艺术，包括戏剧、诗歌、小说、散文等。这些文学品种揭示了社会万象、人心世界，也与建筑结下不解之缘。纵观中国古代建筑史与古代文学史，我们不难发现，二者之间的关系可谓源远流长。无论厅堂斋轩、亭台楼阁、廊庑门窗等几乎都被唐宋诗词描述过。可见，古代建筑艺术为文学家的创作提供了丰富的素材和灵感。而大量建筑又凭借文人活动逸事背景的渲染烘托而造园生景、赋诗对偶。正如《西厢记》《牡丹亭》《红楼梦》等名著，演绎着芸芸众生与建筑有关的悲欢离合。读读这些文学作品，在了解故事情节的同时，不是也陶醉在文字语言对建筑及其意境入画、入神的描写之中吗？学生对这样美文绝句欣赏多了，修养气质也自然提升起来，并渐渐渗透到设计作品中去，使生硬固化的建筑物能多蕴含一点让人心灵感触的意境。

**引导学生从哲学中滋润素养**

哲学是认识世界的学说，是自然知识和社会知识的概括和总结，它的任务是回答思维与存在、精神与物质的关系问题。而对此的回答又有唯心主义哲学与唯物主义哲学两大对立派别之分。我们从事的建筑设计是要回答创意与建造的关系问题，同样要运用哲学原理，而且必须运用科学的哲学，即辩证的唯物主义。因为，从事建筑设计工作，不仅是在技术上解决从设计概念到设计目标实现过程的一切具体问题，更是运用辩证唯物主义分析、处理、解决从设计概念到设计目标实现过程的所有矛盾。这就要求学生懂点哲学，学会辩证法，善于在错综复杂的设计问题中迎刃而解各种矛盾。实际上，学生总是在自觉与不自觉中运用唯心主义哲学或唯物主义哲学指导自己的设计，但更多的时候是前者。诸如：先入为主、抓住一点不及其余、就事论事、钻牛角尖而忘了全局等等。这些现象作为初学建筑设计的学生是不可避免的。关键是作为建筑设计教学就应运用辩证唯物主义哲学去纠正学生在设计中反映出的唯心主义哲学倾向，不仅是就事论事在图面上进行辅导设计手法，更重要的是从哲学观上辅导学生的思维方法，只有通过哲学来滋润学生的素养，才能让他们自觉地、有意识地运用科学的思维方法进行当下的建筑设计学习，和今后一生的从事建筑设计工作。

**引导学生从历史学中滋润素养**

建筑是石头的史书，它铭刻着人类社会史的演变，展示着人类科技史的进步，闪烁着人类文明史的丰采，也反映了人类与自然界依存的辩证法。每一时代的建筑物都有它们存在、消亡的理由。我们若不了解建筑背后这些悠久历史而丰厚的底蕴，我们真的没有读懂建筑。作为一生将要与建筑打交道的学生来说，应该让他们懂得一些人类社会演变史、人类科技进步史、人类文明发展史等等。因为，这些历史都与建筑息息相关，有了这些历史素养的滋润，学生的设计方案才能更加彰显其与历史文脉的关联，才可让建筑更具文化品位。因此，建筑设计教学欲要培养优秀人才，让学生在今后的执业中有所建树，甚至在建筑创作的国内、国际舞台上成为建筑界的耀眼明星，就要从学生学习建筑设计起步始，在专业设计学习的同时，引导他们注意自身人文素养的熏陶。这才是建筑设计教学高水准的自我要求。

### 4、审美素养

建筑设计不仅是从无到有的物质创造过程，也是创造美的活动：美的建筑环境、美的建筑空间、美的建筑造型、美的建筑细部、美的建筑材色等等，这些建筑美的要素是要靠具有审美素养的审美主体去创造。而审美主体则是高校的受教育者，其审美教育即美育与德、智、体诸育都是教育的要素。德育培育一心向善的人；智育培育一心求真的人；体育培育体格健壮的人；美育培育审美追求的人。而美育育人既不能靠智育型的理论灌输和逻辑证明，也不能靠德育型的规范教育和强制要求，而是一方面较多地借助审美教育的重要组成部分，即艺术教育而促成。诸如通过音乐、美术、文学、舞蹈、戏剧、影视等艺术美使学生通过形象直觉、情感感染、怡情悦性，在忘情投入中潜移默化受到艺术修养的熏陶。另一方面还要借助于现实世界中的自然美、社会美来感化学生审美的心灵。这种感化有如春风化雨，"随风潜入夜，润物细无声"。当然，这些美育措施都是整个高等教育的重要环节，只是建筑设计所从事的专业学习与此有更为直接、更为紧密的关系罢了。这也意味着建筑设计教学在通过辅导学生创造美的建筑过程中，要有意识地加强学生的艺术修养，进而结合专业学习通过诸如审美教育、审美欣赏、审美创造的审美活动，使学生的艺术修养上升到审美素养，以使在情感和心灵上获得净化和升华，从而不仅能够成为具有健全人格、高雅性情的现代社会新人，而且更有助于在建筑设计中以蕴藏的审美素养进行更加有成效的创造建筑美的活动。因此，建筑设计教学要在以下几方面做出努力。

**激发学生审美的追求**

学生要创造建筑美，自身就要培养起对于美的爱好，并将美融于心灵之中，成为一个有艺术修养的人。因此，建筑设计教学无论从专业学习角度来讲，为了使学生能够创造美的建筑；还是从育人角度而言，为了使学生成为人格高尚的建筑师，都应首先激发并增强学生的审美需要，让学生在追求美的过程中，激起对美的情感、体味美的感受、学到美的知识、提高审美能力。然而美虽无处不在，丑也混杂其中。在建筑的世界里，美与丑的建筑充斥着我们的视野。因此，要引导学生善于分清建筑的美与丑，且对于追求建筑的美，应该有所为，对于追逐建筑的丑，应该有所不为。

这就需要引导学生在审美追求中要有正确的审美价值取向，这包含审美信息的选择能力和接受能力。学生只有在经常性的审美活动中，不断提高审美直觉洞察力、审美敏锐力，并经审美判断捕捉和接受有利于创造建筑美的信息，才能使审美素质培养建立和发达起来。因此，建筑设计教学要经常向学生介绍具有高度审美价值的作品作为审美对象，通过建筑美的具体形象感染、引导学生对美的追求。让学生在这种自我投入、积极感知、直接体验、长期熏陶中，潜移默化地增长艺术修养，进而逐步提高审美境界，成为有文化又有修养、有知识又有思想、有眼光又有见识、有智商又有智慧的人。一句话，成为求美向善的人。

### 提高学生审美的品位

学生对建筑美的追求是多层次的，也是无止境的，因而也就呈现出品位的高低。有的人会以形式与众不同为美；有的人会以标新立异为美；甚至有的人会以造型怪诞为美等等。造成这些低层次、低微，甚至媚俗的审美品位的原因，一方面在于学生过去较少受到审美教育，分不清真善美与假恶丑。正如有些少男少女曾经成为狂热追星族，对某些歌星顶礼膜拜到近乎宗教狂的程度，以至神魂颠倒、失去理智，这是一种社会美、时代美的异化现象。带着这种变异的审美情感对待建筑美，同样也容易走火入魔。另一方面在于学生刚入门建筑设计，对于审美对象的"形"容易吸引眼球、容易感知，但并不了解建筑的美更体现在建筑的环境、功能、形式、技术、材质、色彩等各要素的和谐统一之中，特别是蕴含在建筑所呈现的特定氛围与意境的高层次美的品位里。因此，建筑设计教学要积极引导学生超越追求感官性审美愉悦的低层次，将审美品位提升到高层次上。要让学生明白，建筑美不仅是外在形式的表露，更是建立在与环境友好、以人为本、以科学为据的基础上，建立在建筑内外和谐、形式与内容统一的整体美之中，更蕴含在建筑的特定氛围与意境里。

### 增强学生创造建筑美的能力

建筑设计是创造美的实践活动。学生对美的追求以及认识、鉴赏美的能力最终要落实到建筑美的创造上。而建筑美的创造虽然仁者见仁、智者见智，但必定要遵循建筑美创造的规律，而不能随心所欲。毕竟建筑美不同于一般艺术的美。因为，创造建筑美是有条件的，它要受到环境、技术、材料等物质因素的制约，因此，其创作的方法与手法有着与其他艺术门类不同的特色。而学生学习建筑设计重要的内容之一就是按照建筑美学原理与规律，通过审美创造在自我感化中培育和健全建筑美的创造活动。由于学生对于建筑美的创造较为陌生，其能力也弱，因此，建筑设计教学要特别有耐心诱导学生这方面的努力，从普适性创造建筑美的基础开始，在设计辅导中点点滴滴熏陶学生对建筑美创造的感悟，直至学生在对美的情感愉悦之中充分发挥自觉性、积极性、创造性去独立进行创造建筑美的设计工作。由此，在增强创造建筑美能力的同时，才能逐步提升审美素养。

# 第三章

## 教师怎么教

在建筑教育中，教师对学生起着培育人才、启迪思想、传授知识、训练技能的主导作用。尤其是建筑设计的任课教师在其中将担负着重要的职责。这种职责体现在建筑设计教学的一系列有组织、有计划、有措施、有目标的教学活动中，也融入在与学生的日常生活交往里。而教学活动的成效如何，全在于教师怎么去教学生。何况建筑设计教学的特殊性，更要注重教学法的研究。纵观建筑教育的发展史，可以发现尽管建筑设计教学的训练内容、手段、模式在不同历史时期、不同国度都有所不同，但教学形式以师徒相传为主，教学宗旨以传授设计知识与技能为重却基本是一致的。这些教学法在培养学生的建筑设计专业技能方面有着独到的作用，也可以说，建筑设计教学促成学生经过严格的训练都是以成为专才为目的的。

然而，我们今天所要培养的学生不仅能够成为建筑设计领域的专才，更要在复兴中华民族事业中成为德才兼备的人才。这就要求他们不仅能以行业的专业技能和职业技巧为社会服务，而且，作为职业建筑师有责任为社会的公正与公平承诺诚信，意识到自身的工作对社会和环境所产生的影响，并代表社会与公众作出公正和无偏见的判断。这就是我们所培养的人才要具备的两种素质，即建筑师的能力和诚信。这也是国际建筑师协会于1948年在瑞士洛桑成立时，对其成员提出的要求，并为国际建筑师协会于1999年在北京召开的第21届代表大会上通过形成的建筑师"职业精神原则"。

在上一章论述建筑设计教学"教师教什么"的问题中，正是遵循学生作为未来建筑师要恪守上述职业精神四项基本原则，即：

专业——通过教育、培训和经验取得系统的知识、才能和理论，保证作为一名建筑师被聘用于完成职业任务时，达到合格标准。

独立——建筑师向使用者提供专业服务，不受任务私利的支配，坚持以知识为基础的专业判断分析，对建筑艺术和科学追求优先于其他任何动机。

承诺——建筑师应具有高度的无私奉献精神，以才干和职业方式为社会和公众服务，承诺诚信。

责任——建筑师在为社会和使用者服务中，应承担职业责任、服务责任。

我们所培养的学生就是要成为上述具有职业精神的建筑师。那么，设计教师怎样教出这样的学生呢？一靠教学态度，二靠教学方法，三靠教学才干。这就意味着建筑设计在原有传统教学的基础上，应拓展教学新手段、探索教学新路子，丰富教学新内容，提升教学新境界。

# 一、怎样示范为人师表

建筑设计教师欲要为国家培育人才，必先端正自己的教学态度，要铸就自己的师德，做到为人师表，要意识到身教重于言教是实施所有教学活动的基础。因为，学生的成才在很大程度上是一个外部良好环境的影响过程。就教育环境而言，一个有优良"校风"传统的大学正是培育人才的摇篮，她除了促进学生知识与技能的增长，更蕴藏着巨大的教育力量。而"教风"与"学风"是构成"校风"的两大支柱。其中，一个好的"学风"是需要一个好的"教风"带动的。后者一方面依靠教育的手段；另一方面通过潜移默化、熏陶感染的无形影响力促成"学风"的建设，从而培育出一代又一代人才。由此看来，好的"教风"是成就教书育人事业的中流砥柱，而师德正是"教风"之魂。因此，教师在教育学生之时，首要的是以自己的言行举止作为表率，去形成良好的"教风"，以此去感染、感化学生，这比单向对学生进行说教更具影响力。因此，教师只有为人师表做到身教重于言教，才能谈得上在建筑设计教学中，有效发挥引领学生展开建筑设计各项教学活动的作用，这不仅是教师怎么教的教学态度体现，也是重要的教学方法。

教师的为人师表应体现在哪些方面呢？

## 1、热爱教学

我们常教导学生，既然圆梦进入建筑系，就要执着地热爱建筑学专业。并告之学生尽管建筑设计是一项艰苦的创造性劳动，但是只要你热爱她，全身心投入她，就一定能获得成功。然而，我们教师呢？是真心热爱这一职业呢，还是违心另有所求？教师的一言一行完全可以让学生看出其对教学是否热心，对学生是否热忱，这将影响到学生对建筑设计学习的信心与动力。只有那些热爱教学，且全身心地投入教学各项活动的设计教师，才能感染学生学习建筑设计的热情，才能引领学生走进建筑设计的自由王国。而那些对教学不上心，敷衍了事对待学生的教师，会让学生对学习建筑设计心灰意冷，甚至可以说是误人子弟不浅。

因此，设计教师热爱本职工作这是从事建筑设计教学的底线，而且可以从下述几个方面检验设计教师热爱本职工作的程度。

**把建筑设计教学当作事业来投入**

教师是神圣的职业，不是一般性的谋生工作，而是负有铸造学生灵魂的使命，在百年树人的伟业中可谓举足轻重。作为教师队伍中的一员，应深知自己所肩负的重任，这样才能把建筑设计教学当作为国家培养优秀人才的目标用心来做。

一位设计教师只有把本职工作当作一种事业来看待，才能把教学工作放在首位而全身心地投入其中。热爱教学的教师，就会忘我地把许多时间和主要精力投入到提高教学质量的课堂上，和关心学生全面发展的课外中。在教学活动份内与份外的许多场合都可以见到他忙于教学的身影：或者坚守在课堂教学中，或者辅导学生在课余时间里；可以在图书室里看见他在埋头专研教学资料，也能够在许多场合看到他随时应学生请求在互动交流；甚至他为了了解学生们的内心世界，尽可能花时间参与看似与教学无关，却对培养学生成才不可缺少的社会工作与活动；或者花精力帮助甚感困难的学生如何跨进设计入门这道坎而促膝谈心等等。他不是没有自己个人的私事要做，而是能够分清教学第一职业与其他私事的主次关系。他不会因忙于工程项目而分心教学，不会因沉迷市场诱惑而应付学生辅导，也不会因追求个人名利而漠视关心学生，更不会因私外出而随意调课。他总是热衷教学、关爱学生，低调做人。这样的教师在学生眼里是可敬可亲的，并受其耳濡目染的影响，学生就会受到人生启迪。即，要像老师那样，做一个有道德的人，一个热爱事业的人，一个不为名利诱惑的人，一个能为国家复兴而献身一切的人。同时，学生在建筑设计的学习中才会因有了这样的教师给力而信心满满。可见，教师的身教对于学生的成长和专业的学习将是一种榜样的力量。

**把建筑设计教学当作职责来担当**

一位设计教师既然热爱自己的教育事业，就一定会承诺教师的职责。如同企业家要承诺保证产品质量，要对生产全过程每一环节负责一样。而教师面对的是人才的培养，不但要承担教好学生专业学习的责任，同时也要意识到对学生还有培养专业素养的职责。为此，设计教师从事建筑设计教学就不是简简单单出勤上课而已。一位真正勇于担当职责的设计教师，就会在"认真"二字上下功夫。

比如备课，这是任何一门授课必须进行的教学环节。然而，设计教师上建筑设计辅导课只凭已有老本而无需备课在学界似乎已成为惯例，严格说这是一种不负责的心态和行为。诚然，任何一位设计教师，即使是新教师凭着那点设计水平，都可以轻松对

教师认真备课是提高教学质量的保证

付学生课程设计的辅导。但是，要想教好学生却比教任何其他课程都要难。因此，要搞好建筑设计教学，备课是必须的。

出题教师要试做方案进行备课，这是毫无疑问的。否则，若设计任务书随意设定建筑规模、房间内容、面积、环境条件等，或者挪用校外设计任务书，都是一种对教学的蔑视。而教学小组的其他教师也不能因出题非己所为而漠不关心，也是需要根据课程设计任务书认真试做方案，以备辅导学生时对于可预见的设计问题做到胸有成竹。

在课堂设计辅导中，要对每一位学生的设计方案认真辅导、充分对话，而不是三言两语走过场。一位热爱教学的设计教师，往往在课堂设计辅导中会沉浸在对学生辅导设计之中，而遗忘了时间的流逝。他不会计较按4小时课内时间平均分配到小组十多名学生身上进行"计件"辅导每一位学生，总是因与学生充分讨论而延时下课，可谓废寝忘食地教学。甚至因个别学生未来得及辅导而在课外时间另行补上。这种对教学的专注与热心已经成为负责任教师的行为习惯，而贯穿在每一课程设计辅导的全过程中。甚至在课程设计最后两周的学生正图绘制中，设计教师似乎无设计辅导可做，也是出于对教学的认真仍会在课堂跟踪学生进行绘图的指导。即使课程设计经评图结束阶段性学习，这样的设计教师还会帮助每一位组内学生进行个人学习总结。正是设计教师这种倾心认真的教学举止，激励着学生学习的热情，应该说这也是有效的教学方法。

**把建筑设计教学当作学问来研究**

建筑设计是一门博大精深的学问，而人才培养则是一项系统工程。欲要将两者结合在建筑设计教学中，设计教师就不能安于完成教学工作量，或者无所追求的应付对学生的设计辅导。一位真正热爱教学的设计教师，

**教师进行教学研究是推动教学改革的前提**

定会在设计教学的实践中不断研究施教如何遵循教学规律；教案如何更具可操作性；教学方法如何更有助于人才培养；教学质量如何能够得到提升；教学对象如何有效进行建筑设计的学习等等。只有这种锲而不舍地对教学钻研，才能从中发现问题，摸索经验，明确方向，才是教好建筑设计的前提。

然而，设计教师做学问不可有浮躁、浮华的心态，不但需要专心致志搞好教学，而且，需要耐着性子积累经验与成果。这种研究过程也许费时三年五载，甚至是整个执教生涯。只要这种研究不为名不为利，完全出于教师职责使然，就会功夫不负有心人，有朝一日教学成果必定水到渠成、厚积薄发，培养的学生在建筑设计领域就会胜人一筹。

要做好建筑设计教学的学问研究，还需要设计教师对外界的种种诱惑、干扰懂得适度的拒绝，而沉下心来做好学问。正如被封闭在橡木桶里的葡萄酒，沉静在隔绝外界的地窖中，经过漫长时光的酝酿和发酵所形成的内涵才具有陈年的滋味。也正如在大漠深处，两弹一星的功臣们远离喧嚣闹市，经历长年累月的孤独寂寞时光，一心一意埋头搞科研，才有今天我国航天事业的突飞猛进。

总之，是否展开建筑设计教学研究，在一定程度上是检验设计教师是否真心热衷于教学的试金石。也是回答"教什么"的必先具备的条件。

### 把建筑设计教学当作快乐来享受

一位设计教师之所以热爱教学，必定陶醉于把教学工作当作是一件快乐的过程来享受。因为，设计教师在教学过程中经常接触学生，他们是一群思想活跃、充满朝气、富于想象、快乐无忧的当代青年，较之复杂社会的人群要单纯得多。设计教师与他们接触多了自己也会无形受到感染，至少不再老气横秋而心存快乐。如若再经常参加学生的课外活动，一同参观游玩等更会忘掉年龄的差距和许多烦恼。久而久之，自己的心态也年轻了，带来的是身心更为健康。这笔人生财富是金钱买不来的，也是地位换不来的。设计教师有了这份快乐和职业境界会更加热爱教学，直至把她作为自己生活不可缺少的一部分。

设计教师因为热爱教学也必定会关爱学生，就如同爱自己的子女一样，耐心仁爱地培育学生成长。不但在学生专业学习上严格要求，又能在学生追求人生向上时给予关怀，还能在与学生生活交往中成为知心朋友。正是设计教师这种在教学中的大爱，一旦在学生心中发酵，不但使远离家乡和父母孤身求学的学子因教师的关爱而深感温暖，而且，他们也会以发奋学习、努力上进的行动感恩设计教师的雨露滋润。而设计教师从中也会油然而生一种被学生爱戴的幸福感和看到学生品学成长的欣慰感。就是这样，师生双方在教与学过程的相互关爱中，分享着快乐。

设计教师一旦全身心投入自己热爱的教育事业，最终将硕果累累。

尽管教育的成就总是滞后的，不像著书立说、科研创收那样相对较为短期见效，但望着自己培养的一届又一届毕业生，能够桃李满天下，在各自的岗位上实现自己培养人才的夙愿，并在业务能力与建筑创作水平上超越自己，而由衷感到一种成就感。也会因学生懂得今天被老师关爱着，明天，他们就会去关爱国家、关爱社会、关爱他人而感到欣慰。而学生不忘师恩，总是会以各种方式向辛勤培育自己的老师表达内心的感激与赞美。对于教师来说，金杯银杯不如学生的口碑。他可以淡定名誉、地位、金钱这些身外之物，唯独珍惜自己在学生心目中得到的信赖与认可。

设计教师在教学中付给学生以关爱而收获着快乐，这是在浮华社会环境中的一种职业境界，以这种心态去从事设计教学将是实施所有有效教学方法的有力保障。

### 2、职业奉献

建筑设计教学弹性时间的特点是到点应准时上课，而下课却不能准点结束。非但如此，有可能还要拖堂半小时、一小时……这是因为除去教学工作量负担过重或辅导时间难以控制外，还表现出一位设计教师一心为了学生而心甘情愿超时辅导学生设计的职业奉献精神。

然而，真正检验设计教师有没有职业的奉献精神却在课时之外。因为，大学教师不像中小学教师全日坐班并对学生全方位负责。大学教师除去课堂上授课外，似乎对学生的教育与管理因是由大学政工干部负责而可以不过问。但是，设计教师的教书育人职责不仅在课堂授课上，也应在参与学生日常生活中，而且，这些参与完全应是一种自觉的投入。由于设计教师较之政工干部对学生的教育有较多的共同语言，且相互接触较为自然融洽，因此对学生工作的效果会更为有效。只是设计教师为此要多牺牲点个人的时间与精力，但对于真心为培养人才而心甘情愿奉献的设计教师来说，这是值得的。因为，学生从中会深深感受到设计教师对自己帮助的良苦用心，必定会因此而化作学习的动力，在不懈的努力中不断提高自己的设计水平。

此外，能够在建筑设计教学中为教书育人积极做出奉献的设计教师，一定会吸引更多的学生，包括外校，甚至外地学生慕名而来，以求解惑疑难问题或获得学习建筑设计方法的秘诀。凡此，这样的设计教师都会认为不管是本组外组，还是本校外校的学生都可能是国家未来的栋梁，那么，教师就应该以宽阔的胸襟给他们以热忱的帮助。这就更需舍得付出时间与精力，尽义务地把教书育人的工作在广度与深度上做得更加有声有色。而设计教师从中更加体会到只有坚守奉献精神，其教学工作才具有真正的社会价值，也只有具备这种精神，制定并落实一套建筑设计教学方法才能获得动力。

### 3、身先士卒

教育工作者都有一个共识，即凡是要求学生做到的，教师必须自己先要做到，这种以身作则的榜样力量比之高谈阔论教育学生更为有效。尤其是建筑设计教师，由于其教学方式的灵活性，且自由度较大，更需要严于律己，并时时处处为人师表。对于教学而言，这实际上就是"怎么教"的一种行为示范。

比如，建筑设计教学的宗旨是教会学生如何学会并做好设计，并不断提高设计能力。那么，设计教师自己的设计功力又如何呢？是不是应该经得起实践检验，正如，打铁要靠榔头硬，设计教师就不能凭自己的那点业务老本去对付学生。应该多动手研究建筑设计，多实践以不断提高自己的设计水平，还要不断增长自己的理论水平和知识积累，不断进行教学法研究，而且在某个专长学术领域应有所建树。只有这样，设计教师以自己的博学多才和扎实的设计功力，在课堂设计辅导中才能侃侃而论，才能在学生面前敢于出手挥两笔示范。设计教师有了这样的教学业务实力，才能令学生"亲其师，信其道"。倘若，设计教师业务不精，又满足于现状混日子，那么，设计教师如何要求又怎么能教好学生建筑设计呢？

教学纪律是执行教学计划的有力保障。教师总是要求学生上课不迟到，不早退，不旷课，这是学生从小学就受到的教育并养成良好的习惯。但是，对于开放式的建筑设计教学往往教学纪律稍加放松就会造成学生违纪现象频现。甚至严重时，设计教室因学生稀稀落落使教学氛围冷冷清清，因而学生也得不到学习建筑设计应有学术氛围的长期熏陶。其根源之一就是设计教师对此毫无教学管理意识，或者设计教师自己也做的不好。这些虽然是些小事，但一旦成为经常发生的现象，或成为集体无意识，就涉及到师生对教与学的态度了。改变这种状况只能靠设计教师先要模范遵守校纪校规，不单是上课不迟到，也不能因私上课中途出走而把学生晾在教室，更不能因私随意调课而打乱建筑设计教学计划。严格说，这些现象都是教学纪律禁止的教学事故。设计教师只有身先士卒地遵守上课纪律，纠正学生违纪现象才能说话有底气。

设计教师身先士卒不仅表现在教学上、课堂里，更应体现在日常生活的细节中。因为设计教师要牢记自己培养学生素养的责任，这不仅要靠经常性的教导，更在于设计教师以自己的言行举止示范给学生成为无声的教育。诸如看见空教室白天亮着灯开着空调，举手之劳地把它们关上；楼道内随地扔的废纸，弯腰捡起丢进垃圾桶；教室里有图凳倒地伸手将它扶起；看见清洁工吃力地搬运重物，走上前帮一把，等等。这些生活琐事都是对人生素养的考题，设计教师下意识地做到了，学生看在眼里，心灵会受到拷问：教师能做的，学生为什么想不到要做？久而久之，在这种良性道德环境的感染下，又经教师在适当场合与机会的耐心说教，学生在做人的道理与实践上，自然会效仿而修炼自己的德行。

### 4、真诚待人

建筑设计教学不仅是设计教师对学生进行设计辅导的单向传道、授业、解惑，也是师生双向交流的互动过程。在师生这种人与人之间经常交往中，教师给予学生的真诚是很重要的。尤其是要真诚地对待组内每一位学生，哪怕他们对于学习建筑设计而言存在着先天性条件或后天性潜力的差距，都要一视同仁，并给予同等的教学投入。这将决定学生们对学习建筑设计的信心和热情。

设计教师对待学生的真诚，首先取决于是否诚心。学生考上大学进入建筑院系，就是冲着他们选择的志愿来学习的。由于种种原因，他们对建筑设计暂时一窍不通是正常的，甚至经过入门学习仍不得法，为此而深陷困惑之中。此时，设计教师不可对这些学生嫌弃，表现出不耐烦的情绪，甚至出言不逊而伤害了学生的自尊心。设计教师应以一片诚心消解学生对学习建筑设计的畏难心理。这从设计教师的和颜悦色、细声慢语中可以让学生感悟到教师帮助学生的诚心，从而减轻建筑设计这个陌生世界对学生的压力。尤其是对学习建筑设计感到十分困难，而每次辅导拿不出像样阶段性成果的后悟学生，更要帮助分析其原因，指出努力的方向。往往设计教师的耐心开导工作较之只进行具体设计辅导更能解开学生心中的疙瘩。因此，设计教师的诚心是打开学生增强学习建筑设计信心的心灵钥匙。

其次，设计教师对待学生真诚，还要体现在有诚意上。因为设计教师真诚关心学生，一定不会停留在单纯说教上，还会以实际行动为学生做许多具体的帮助。比如，辅导学生设计时不会三言两语走过场，总会坐下来与学生讨论设计问题、交流想法，千方百计激发学生的思维活动，不厌其

教师认真辅导学生设计是对事业的执着和对学生的真诚

烦地帮助学生分析设计矛盾，在问与答的启发式对话中，力求让学生自己明白设计症结所在，以及修改完善方案的努力方向。这种深层次、诚心诚意的帮助势必要多耗费时间，但设计教师并不计较自己的付出。只要学生每次经辅导有所进步，也不枉苦口婆心的耐心辅导。即便课外时间，设计教师也会因牵挂着学生而自愿走进设计教室巡视一番，或者给予学时以外的辅导。学生们在设计教师这种诚意的帮助下，学习建筑设计没有不进步的道理。可见，"没有教不好的学生，只有教不好学生的老师"这是千真万确的，其关键在于设计教师对待教学是否诚心诚意。

设计教师对待学生真诚，除去要诚心诚意外，还有一个诚信的问题要为学生做出表率。学生进入高班或毕业设计时，在分组上会采取双向选择，即学生可自选导师。这就是说，学生选择了你，是看中了你的教学水平和声誉。作为教师就要对教好学生在心中有一种承诺，要兑现自己在学生心中的信誉。即使在中低班设计分组是指令性的，设计教师也要有这种诚信的意识，要对全组学生课程设计的全程负责，以逐渐在学生中建立自己的教学信誉。

总之，在讨论教师怎么教的问题上，设计教师先要做到严于律己，端正教风，真正把为人师表自觉地体现在建筑设计教学的细微之处，才能谈得上进一步实施具体的教学方法。而教学方法因各建筑院校的教学条件、教学宗旨、培养目标等的不同，以及各设计教师由于教学观点的差异而有所区别。但，以下论述"怎么教"的若干教学方法当属衷肠之言。

## 二、怎样编制课程教案

一套科学的、系统的建筑设计教案是实施建筑设计教学的指导性教学文件，其课题编排不但要遵循教学大纲的教学目的，也要依据学生学习建筑设计循序渐进的规律。正如第一章概论中论述建筑设计的教学大纲一节时指出，建筑设计主干课除去一年级的设计基础和五年级的毕业设计实践外，其设计教学核心的二、三、四年级的教学宗旨分别是"设计入门"、"设计综合"、"学科交叉"三个主旨明确、关联紧密的教学阶段。为此，每一年级设计课题的命题指导思想，都要围绕教学大纲的要求。尽管设题的出发点各建筑院校、各建筑教育发展时期有所不同，但都力图按照执教者在教学改革探索中所持教学观点进行教案编制。那么，怎样较科学地、系统地编制建筑设计的教案呢？

在回答上述问题之前，先要明白几个有关编制教案的基准点。这就是：

基于学生对于建筑设计的学习是零起步，整个五年的学习都是若干基础设计的训练叠加和扩展，因此，教案的编制原则应循序渐进地为了打好学生扎实的设计基础。

基于课程设计的命题是为既定的教学目的，即树立正确的设计观和掌握正确的设计方法为指导思想，则各年级设计命题要保持相对稳定性，并力求逐年完善至成为经典课题。

基于建筑设计是各设计要素、各学科知识综合思考的过程，教案务必体现各专业课程的知识适时融入，并由此引导学生用系统论、辩证法进行方案的整合设计。

基于建筑设计教案非一成不变的固定模式，随着建筑教育的发展，需要适时修订、与时俱进。

遵循上述编制建筑设计教案的基准点，对于二至五年级的建筑设计教案应体现出各自的教学重点，并成为整体设计教学不可分割的一部分。

### 1、二年级建筑设计课程教案

二年级设计教学是在一年级设计基础教学成果的前提下，正式启动了完整意义上的设计入门阶段。其教学目标是，借助若干课程设计手段，促使学生在学习建筑设计启蒙阶段，就应了解建筑设计是为了什么？以及怎样展开建筑设计？说明白点，就是促使学生了解做建筑设计应先树立正确的设计观，和掌握正确的设计方法。鉴于二年级是让学生将一年级建筑设计分项训练的学习成果运用于二年级，进行方案设计完整过程的训练，故课程设计内容宜简明，建筑规模宜适当，以便突出教学的如下训练目的，即：

二年级第一学期，宜针对学生初入建筑设计领域就应端正"环境设计"与"生活设计"两个最基本的观点而设题。这就是规模控制在 $150m^2$ 左右的景观建筑设计，和规模控制在 $250m^2$ 以内的生活建筑设计。前者课题侧重环境条件的设置，如宜选址在一个真实的公园内，可让学生亲临现场体验环境感受，而回避城市复杂环境的矛盾。所给地段范围有一定自由度、有地貌特征、有近景远景条件，也可设定某个限定的环境因素，如一棵保留的树等。其设题目的是引导学生把设计重点放在拟建景观建筑的平面与形式如何紧密结合环境条件进行构思与设计，使其不但适于观景，自身也成为公园景点被游人所看。而景观建筑的具体功能内容可设定为小茶室(或冷饮店，或游船码头等)。后者课题地段亦可选址在景向与好朝向一致的宽松而简单的环境条件中，而设题重点则是强调使用功能的设计，从而突显建筑设计就是一种生活的切实安排。典型的课题就是小别墅设计，这是许多建筑院校，特别是老八校曾作为经典的保留课题。这一课题设计可以使学生真正明白"以人为本"才是建筑设计的出发点和终极目标。居住建筑设计尚且如此，今后各年级设计各类公共建筑亦要"以人为本"，并懂得要把公共生活作为公共建筑创作的源泉。

学生经过第一学期两个课题的设计后，初步体现与依稀感悟到一个完整的方案设计过程是怎么回事，既兴奋又茫然。兴奋的是学生在建筑设计的天地里毕竟迈出了创作的第一步，尽管还十分幼稚。茫然的是两个课程设计走的是两种思路，照此下去今后每一课程设计都要另搞一套？能不能有共性的设计规律可循？这就是二年级第二学期建筑设计教案所要解决的问题，即以普适性的正确设计方法作为教学重点而制定教案，由此引导学生从设计入门起，在设计方法上就要走上正路，并从一开始就养成良好的设计行为习惯。即，在思维方法上要运用系统论观点，综合考虑环境、功能、形式、技术的整合设计，而不是抓住一点不及其余；在操作方法上要有意识地按建筑设计方案的生成规律，展开有序的设计。为此，课题设置在环境条件、功能内容、空间组织、造型特征、结构构造等若干常规设计要素的设定上，较之第一学期课题要相应增加一些综合考虑因素。为了便于学生设计操作容易上手，命题以小型公共建筑为宜。这就是二年级第二学期两个课程设计分别是规模为 6 班幼儿园或规模为 12 班小学校，和规模为 3000m² 左右的小型图书馆。前者作为设计手法是典型的由内向外单元生长设计，学生可以综合考虑影响幼儿园建筑（或小学校建筑）设计的若干因素，和运用正确的设计思维分析设计过程中不断涌现的设计矛盾，以及运用辩证法的观点正确解决各种设计问题。同时，运用正确的设计方法同步地考虑环境、功能、形式等的互动关系。要让学生明白，寻求方案的结果是次要的，而过程的学习、方法的学习才是最重要的。

第二个课题图书馆设计，作为设计手法是典型的由外向内，在完整结构框架内按图书馆功能要求进行空间划分的设计。可以让学生明白功能与空间是相辅相成的矛盾双方，在设计过程中始终互相制约，又必须和谐共处于结构系统之内。任何功能主义或形式主义的设计操作都有违于方案的生成规律。

可见，二年级建筑设计教案应十分强调设计基本功的训练，包括训练学生正确设计观的确立和正确设计方法的掌握。应该说，这也是贯穿建筑设计整体教学的主线。

此外，二年级建筑设计教案应明确规定，学生设计操作应运用图示思维手段而拒绝计算机运用。因为，做方案的过程完全是思考设计问题与解决设计矛盾的过程，而画图仅是表象。针对建筑设计的专业特点，要将头脑中的思维活动转换为手上的图示表达。这种手上的思考可以促进思维活动，这也是设计基本功的一部分。而计算机是无法替代学生的思维活动的。相反，初学建筑设计的学生，若过度依赖计算机，将导致思维活动的惰性和思维反映的迟钝，这对于学生的建筑设计学习乃至今后的执业将是危险的。

## 2、三年级建筑设计课程教案

如果说二年级建筑设计教学的宗旨是基于设计启蒙阶段，首先要引导学生树立正确的设计观和掌握正确的设计方法，那么，三年级建筑设计教学的宗旨就是，除去继续加强二年级建筑设计教学的训练内容外，还要根据建筑学专业五年培养计划所制定的，在三年级的许多专业课程，如建筑历史、建筑结构、建筑构造、建筑物理、建筑材料等已相继开出或授课刚结束的进度，为了使这些专业知识学以致用，三年级的建筑设计教学势必要适时将各专业课程的知识点纳入其建筑设计教案中，形成三年级建筑设计教学自身的鲜明特征，即"设计综合"。这就是在二年级建筑设计整合建筑自身若干要素的基础上，上升到综合各专业知识于建筑设计的互动设计中。

这样，三年级建筑设计教案在强调设计综合的宗旨下，就要选择合适的命题作为对应的训练手段，这就是：

**结合运用建筑构造专业课知识可设置住宅建筑设计**

其训练目的除仍然强调"以人为本"的设计思想和注重生活设计外，还要侧重部分施工图，如外墙节点大样等设计方法的训练，以便把建筑构造、建筑材料综合进建筑设计中。使学生明白，方案图尤其是立面图上每一条线都要考虑它们是怎样通过构造做法建造起来的，这就涉及到学生要了解各种建筑材料的性能和适用原则，及如何进行构造设计。不但懂得设计方案要获得施工图设计的支持，而且懂得施工图设计也是再创作的过程。学生只有懂得两者的互动关系，在今后建筑创作中才能将方案的创造性与施工图设计的可操作性紧密结合起来，而避免设计方案可能成为空想的浮云。

**结合运用建筑物理光学知识可设置博物馆或纪念馆、美术馆等博览建筑设计**

其训练目的一方面仍然引导学生运用二年级接触到的正确设计方法来解决博览建筑的"三线"（流线、光线、视线）使用要求的基本问题；另一方面可引入对博览建筑文化性的要求，如何通过室内氛围营造以及外部造型各设计要素的手法，乃至与城市特定环境和历史文脉的融合而体现。而且，上述两方面的设计要求在学生方案设计的全程中怎样同步思考，互动运行，共同达到设计目标，也是制定教案所要关注的。

**结合运用建筑物理声学知识可设置影剧院或演出中心等观演建筑设计**

其训练目的是在观演建筑设计中综合进建筑声学要求后，对于建筑方案的平面设计、空间容积、剖面形式，乃至观众厅界面材质配置与面光、耳光、舞台设施等一系列技术问题如何满足"听得好、看得好"的功能要求，而进行建筑与声学的互动设计。此外，从建筑声学对建筑设计的特定制约中探索相适宜的内部空间形态与外部造型特色。

**结合运用大跨结构知识可设置体育馆或练习馆、游泳馆等体育建筑设计**

其训练目的是使学生明白结构形式在建筑创作的构思、功能覆盖、形式塑造等方面的互动作用，以及结构传力系统对建筑设计的制约。

以上是三年级几门主要专业课程的知识点在建筑设计中综合运用的途径。这种设计的综合训练不但使学生懂得建筑方案创作不是随心所欲，而是需要各种专业配合的，而且由于这种综合的训练才能真正提高学生的设计能力。

### 3、四年级建筑设计课程教案

按照教学计划，学生进入四年级时，许多为拓宽学生知识面、了解前沿学科动态的选修课已经陆续开出。作为整体教学的关联性，其相关知识点势必要反映到建筑设计教学的内容中。因此，四年级的建筑设计教学重点宜放在"学科交叉"的结合上。与二、三年级建筑设计教学目标不同的是，四年级的建筑设计教学除去继续巩固、发展之前的设计训练内容外，还宜提升到设计研究上，包括设计前期的可行性研究、设计专题研究等。根据四年级两个学期需安排四个课程设计的惯例，可以把命题分为四大类，即：

**技术类课题**

•高层建筑设计（高层宾馆、高层写字楼、高层综合楼、高层病房等）——此类课程设计涉及到高层结构、消防疏散、地下停车、规范规定、设备供应、幕墙表皮等一系列技术要求。

•大跨建筑设计（大、中型体育场馆、文化娱乐中心、演艺中心、会展中心等）——此类课程设计涉及到大跨结构选型与结构构思、屋盖新材料应用等诸多新技术、新材料、新工艺的设计研究。

•绿色建筑设计（太阳能建筑、乡土建筑、节能建筑、仿生建筑等）——此类课程设计涉及到有效利用资源、保护自然环境减少污染、创建健康无害舒适的环境、高效节能等技术研究，乃至对适宜技术、新材料、新产品等的应用。

**城市设计类课题**

由于城市设计是城市系统中的一个子系统，它虽是通过城市形体空间构成,不仅具有美学形态,但更包含着背后的深层结构。诸如社会文化结构、经济技术结构、建设环境结构、政治政策结构等。而作为城市设计体系结构,城市设计的对象可分为城市区域级、城市地段级、城市节点级三个不同的层次。作为课程设计研究,区域级城市设计因涉及到与区域土地利用、新城规划、旧城更新改造等相结合的物质形态规划,故设计规模与难度较大,不适于四年级学时只有 8 周的课题训练。可将地段级城市设计(城市中心区、文化中心、滨水带、商业步行街、重点景区、城市主轴等城市设计)和节点级城市设计(城市广场、购物中心、金融中心、轻轨站综合体等城市设计)作为主要的课题。对它们的设计研究可涉及到土地利用、建筑布局、功能联系、形体空间、交通组织、视觉推敲、环境要素等一系列相互关联的整体设计,使学生了解多学科的共同协作和多渠道的公众参与的工作方法。

### 可持续发展类课题

• 历史街区保护与利用设计

• 工业遗产建筑保护与再利用设计

• 历史保护建筑修复与改造设计

此类课题设计涉及到对历史街区(建筑)保护方法、手段的研究,以及再利用后面对功能置换、结构支持、构造衔接、设施增添、材料选择等一系列设计矛盾所要采取的对策和应对的措施。

### 其他学科类课题

• 住区规划设计

• 景园规划设计

• 室内设计

此类课程设计涉及到建筑学专业与城市规划专业、景园规划专业和室内设计专业的交融,作为建筑学专业本科生涉足这些交叉学科领域的学习可以拓宽知识领域,增长设计才干,融汇贯通正确的设计方法。

上述四年级建筑设计的四个类型课题,可根据学生学习、研究的兴趣与特长任选各类课题中的一个,组成个人设计训练的"套餐",以资尊重学生学习的自主权。

### 4、五年级毕业设计课程教案

五年级毕业设计不但是建筑设计整体教学的全面总结,也是学生即将毕业走上工作岗位从事实际工作前的演练。因此，将两者怎样很好衔接就成为编制五年级毕业设计课程教案的指导思想。为此，要明确两点：一是在学生前几年学习建筑设计方法的基础上，进一步全面提高学生方案设计的能力；二是训练学生解决设计方案实际问题的能力。这一点在教学计划中，从把毕业设计归类为教学实践环节就可看出，说明毕业设计要强调方案设计的工程性，这也是对在此教学环节之前，流于形式的、长达一学期的、所谓设计院实习的教学补救。此外，对于少数毕业生可按因材施教原则另行编制教案。这是出于大多数毕业生毕业时有两种出路：就业与研究生深造的考虑。因此，毕业设计课题可设定为两类，即：

一类是工程型课题，这是毕业设计教学主要的内容。其教学目的是全面训练毕业生从方案设计到施工图设计的完整过程，使毕业生了解今后就业实际工作的状况。特别是加强毕业生对施工图设计方法的学习，以便就业后能很快适应设计单位的工作要求。为了达到上述教学目的，课题以中、小型实际工程项目为宜，以避免较大工程因变数太多而影响教学要求和计划。这种实际工程项目以立项工程为佳，可使毕业生"真刀真枪"做毕业设计，有临战状态。在指导教师的引领下，可以从方案设计、调查研究、与建设单位和施工单位打交道、参与部分施工图设计、与各工种配合、下工地现场等各方面进行接触与学习。如若没有现成立项工程，也可选用设计单位（如本校设计院）正在进行的合适工程项目，或教师曾做过的实际工程，按毕业设计要求另行修订合适的设计任务书"假题真做"，同样可达到上述训练目的。

另一类是研究型课题，其教学目的是培养毕业生独立的科研能力，使毕业生在调查走访、文献检索、资料分析、专题研究、论文撰写、成果整理、文本编制等各环节的研究工作得到锻炼。为达到此教学目的，可让毕业生参与教师科研项目中能在毕业设计期间完成阶段性成果的子课题。毕业生在此期间，一方面在教师直接指导下学会做研究工作的方法，另一方面与课题组的研究生经常交流也能获得有益帮助。通过这种毕业设计教学环节，也为他们若能顺利进入攻读研究生学位的深造打下良好的能力基础。

我们培养的人才不应是一个模式，应发挥毕业生各自学习的特长，给予他们选择课题的自主权，使他们在毕业设计最后的建筑设计学习阶段，能够各尽所能并与毕业后的出路无缝对接。

# 三、怎样辅导学生设计

设计教师在课堂内辅导学生进行建筑设计是建筑设计课程主要的教学活动，其教学效果的好坏、教学质量的优劣，全在于设计教师个人教学水平的高低上。因为，学生是来求学的，教师教的好与坏，直接反映到学生学习建筑设计的状态。人们常说没有教不好的学生，只有教不好学生的老师。可见，怎样辅导好学生建筑设计，应该是执教的每一位设计教师值得深思的问题。

在概论中曾提及若应付学生学习建筑设计，凭教师现有才学可说轻而易举，然而要真正教好学生建筑设计却很难。个中原因前文已简述，且是众所周知。但在下述若干教学法中，设计教师只要认真实践，不失为一种教好学生建筑设计的途径。

## 1、强化思维方法辅导

进行建筑创作第一要素就是要动脑，即思维活动。但为什么同样一个课程设计命题学生会有五花八门的结果？其中有较优秀的方案，也有较差的方案，更有多数中庸的方案。这些不同方案的差距可能有各种主客观原因所致，但关键的原因在于，学生们做设计时思维方法的不同。包括对设计任务书的理解、对环境条件的分析、对设计构思的灵感、对设计矛盾的认识、对解决设计问题的办法，直至对方案的平、立、剖以及环境、造型、技术等各设计要素，在设计过程中用什么样的思维方法去统筹它们，都存在着认识上的差距。要想使学生进入建筑设计的自由王国，并在逐年的学习建筑设计中不断提高设计能力与水平，设计教师就要重点在思维方法上加强辅导。

**采用对话方式辅导，锻炼学生思维能力**

建筑设计教学首先要让学生明白，加强自身设计思维基本功训练的重要性。因为建筑设计是一个从零起步去寻找设计目标的创作过程，而且只能靠自己动脑去探索，不可依赖外力比如计算机的帮忙。否则，会导致学生对设计思维基本功训练的忽视。久而久之，就会使思维懒惰、反映迟钝、构想贫乏，这对于学生今后设计潜力的发挥将是危险的。而设计思维基本功与任何行业技能的具备一样，都是需要苦练而成就的。因此，建筑设计教学必须鞭策学生勤动脑。

首先，在设计辅导中教师与学生要多对话，让学生敞开思维，表述自己对设计方案是怎么思考的；对设计问题是怎么分析的；对设计矛盾为什么要这样解决；草图上画这条线是怎么想的；草图上还能发现存在什么问题等等。诸如此类

教师就学生设计方案
与学生进行对话

问题，教师多问才能促进学生张开嘴，要讲话就要先活动思维，在这过程中不断训练学生思维的反映、语言表达的逻辑。也只有这样问答式辅导，教师才能真正了解方案草图上没有表达而深藏在学生头脑中的思维活动，才能真正辅导到点子上。这种辅导方式要比教师自顾自滔滔不绝，而学生却木讷寡言更加有效。当然，在学生介绍方案思考过程中，教师要一边耐心听，一边在听的过程中发现学生表述有误或提出疑问时，暂不要打断学生的思路，倾听就是对学生的鼓励与尊重，只是在脑中记住有这些需指出或需回答的问题。一旦学生表述完成，教师针对方案草图和语言表述逐一进行问答式对话。这样，可以在辅导设计过程中，始终让学生的思维处于紧张而又活跃的状态中。

其次，在设计辅导中不要让学生处于被问地步，要鼓励他们大胆提问题。因为，学生欲要提问题，更需要动脑筋，而能提出一个问题比回答一个问题更重要。这些问题可能是学生在做方案时遇到而解决不了的问题，也可能是教师已解释而学生听不明白的问题。学生一旦养成了勤于提问的习惯，说明思维一定积极，学习一定主动，这样的学生做设计是有潜力的。反过来，学生大胆提问对于教师而言，也是一种考验和锻炼，考验教师学问怎么样；也锻炼教师思维反映速度和应答能力。其实，这种对话式的设计辅导才会使课堂教学氛围活跃起来，又反过来促进学生学习建筑设计的热情。

再则，当教师辅导学生方案草图具体设计细节时，也不是就事论事仅仅辅导图面中的设计手法，这些处理手法完全可以相信，学生随着他们知识与经验的积累，眼界的拓宽，今后会处理好的。何况设计手法是仁者见仁智者见智，不必纠结在学生设计手法处理的好坏上。而真正就图面要辅

导的应是一些方案性问题，这些问题的提出也是从训练学生思维能力出发，通过教师启发式提问而得到锻炼。比如一些明显的设计不当甚至错误，即使如此，教师也不要一语道破。要询问学生此处为什么要这样设计；是怎么想的；使用中会有什么问题；办公房间西晒夏天怎么办等等。提出图面这些问题让学生自己回答时，有些问题就会自行明白，有些问题并不是设计错误而提出（实际上是正确的），而是考验学生能否坚持自己正确的观点。这样，在教师的启发下，学生通过自己课堂一番思维活动自行就发现了课前方案设计中的问题，或者也明白了这些问题产生的根源在于思维方法出了偏差。总之，这比教师直白地告诉学生方案中的问题更令学生能从心里接受。

**阐明思维方法原理，引导学生学以致用**

关于思维方法在建筑设计领域中最主要的四种表现，即系统思维方法、综合思维方法、创造性思维方法和图示思维方法的原理已在第二章详述，在此不须赘述。问题是这些思维方法怎样让学生不但明白其道理，更能在自己的建筑设计实践中有意识地加以运用。这就需要设计教师先用正确的思维方法武装自己，进而在辅导设计中作为教学法加以施教。

• 系统思维方法训练

在辅导学生做设计时，常常会发现学生诸如先入为主、就事论事、纠缠细节、钻牛角尖、抓住一点不及其余等等一些设计偏向，这些现象的出现，对于初学建筑设计的学生而言毫不奇怪。对此，教师不能简单加以否定，而要从思维方法上讲明道理，其后学生才会自己纠偏。这个道理就是让学生明白做方案不能缺少系统思维，正如做任何事都要从大处着眼，小事着手；或者说从整体出发，从局部做起一样。如果结合专业学习阐明系统思维的道理，如画静物素描时先要把握轮廓，推敲各部分比例关系，然后才是刻画细部。如若本末倒置，尽管局部形象生动，终因整体比例尺度失调而归于失败则学生更容易理解。有时，学生对方案局部的处理或者想法并不错，但把它们放到整体中去考量却应忍痛割爱；或者因整体已失误，再好的细部推敲对于弥补方案大局的先天不足也会无济于事。比如学生可能很得意小别墅设计的客厅与餐厅的空间关系如何有变化、流通，手法确实值得称赞。可是在方案布局整体上两者不仅看不到环境条件中好的景向，而且西晒严重，对于这些方案性的缺陷再好的空间流通设计手法又有什么意义呢？这就是缺乏系统思维导致的结果。因此，辅导学生设计重要的不是孤立评价方案细节手法的好与坏，而是宜从方案整体布局，比如处理建筑与环境关系中场地及建筑各出入口是否正确；图底关系是否恰当；建筑布局的功能分区是否明确；建筑体量关系如何等。这些关乎方案全局性问题进行考察，再审视那些小的局部处理与之是否关系有机、紧密。教师若始终用这种高瞻的眼光，而不是仅仅就事论事辅导具体问题，就会使学生逐渐明白并开始学会要始终关注整体与局部相互关系的系统思维方法，由此就能举一反三地解决更复杂的设计矛盾。

其次，学生做方案设计也常会孤立地研究平面功能关系，或者热衷玩造型手法，而对于设计其他要素却漠然置之。这就没有把建筑物看成是一个系统，因而着手设计时就缺乏用"联系起来"的观点进行设计要素的分析，总是顾此失彼。教师遇学生此种设计偏向一定要及时纠正。讲明系统是客观存在的现象，从自然界的宇宙宏观系统到细胞微观系统；从人工界的社会系统到产品系统无处不在，无时不有。教师之所以提醒学生要建立"系统"的观念，是因为建筑设计本身也是一个大系统，它包含了环境、功能、形式、技术等各个子系统。而这些子系统又分别由更小的分系统构成。如环境系统包含硬质环境和软质环境两大类分系统。其中，硬质环境分系统又包含了地段外部硬质环境与地段内部硬质环境两个更小的小系统。而地段外部硬质环境又包含了城市道路、城市建筑、城市景观等等；地段内部硬质环境包含了地形、地貌、遗存物等。可见环境系统就如此复杂，还没谈到诸如文脉、文化等软质环境系统，何况再加上功能系统（使用功能、管理功能、后勤功能及其各自所包含的分系统）、形式系统（外部造型、内部空间、节点细部及其各自所包含的分系统）、技术系统（结构、构造、电气、给排水、设备等及各自所包含的分系统），甚至考虑与项目所涉及的交叉学科相关系统（节能、智能、信息等以及各自所含的分系统），这就构成了建筑设计必定要面对复杂系统碰撞所带来的各种问题。当然，作为建筑设计教学，不可能把如此复杂的系统问题都带到课题中来，只能循序渐进地增加系统条件的设置。但是，作为系统思维方法的训练，务必要让学生明白，建筑大系统中的各个分系统以及更小的组成部分并不是孤立存在的，它们相互之间紧密联系着制约着。那么，当学生在思考设计某一子系统或某一更小的分系统，甚至某一单个房间、某一局部造型处理、某一细节推敲时，势必要涉及到对整体系统乃至对分系统、子系统的影响。如同一株大树作为一个系统，当扯动一根枝条，甚或一片树叶时，都会使整株树的各处部分动起来一样，可谓牵一发而动全身。因此，我们进行建筑设计时，研究任何一个设计要素，直至处理任何一个设计细节时，都要从系统整体发出，同步处理好建筑与环境、功能与形式、功能与技术、形式与技术、细部与整体之间的整合关系。反映在学生的方案过程草图中要能同时出现平、立、剖、总图，甚至有工作模型或徒手局部推敲的研究草图，而不是只有平面草图或只有体块模型。讲授这种系统思维的方法与要求学生每一次讨论方案时要拿出全套过程草图，哪怕初始很概念，很粗糙，甚至很写意，直至设计后期各过程草图内容逐渐丰富起来，正是强调了系统思维方法的重要性与实践运用。毫无疑问，当学生养成这种设计习惯，设计能力自然会提升很快。这种运用系统思维进行设计训练的方法，要比单纯按类型建筑，或按设计某个问题归类进行设计训练的方法，更能促进学生对设计方法的完整认识。

•综合思维方法训练

针对建筑设计专业的特点，进行建筑创作时必定要涉及到逻辑思维的包括概念、分析、比较、推理、判断、综合等心理活动和形象思维的知觉、想象、联想、灵感等心理活动。因此，把两者紧密结合起来的综合思维就成了学生进行建筑设计必须掌握的思维方法，并且要达到像掌握手中表达工具一样熟练的程度。

对于学生而言，训练逻辑思维方法实际上就是前述系统思维在建筑设计中的运用。而学生对形象思维的掌握相对要困难些。因为，形象思维是借助于具体形象来展开的思维过程。它是一种多途径、多回路的思维，不同于逻辑思维属于"线型"思维而属于"面型"思维。而建筑设计的重要任务之一就是形的创造，包括建筑外部造型和内部空间形态，甚至包括细部节点的形状推敲。这些形象的把握有两个难点：一是这些形象在学生头脑中事先是不存在的，学生现有的知识贮存很难想象自己要创作的设计目标的形象是什么样？即使学生在形象构思中想象出一个朦胧的形象目标，但在设计途中要实现它也是比较难的。二是学生所构思和所获得的形象并不是唯一的结果，或者说不是更好的结果。那么，更好的形象结果会是怎样的呢？也很难回答。这就需要学生在形象的创造力上下功夫。

那么，教师怎样加强学生形象思维的训练呢？

一是促进学生对空间转换力的思维活动。当教师辅导学生的平面方案草图时，试着让学生回答他的平面"站"起来体量关系会是什么样，并让他徒手勾画出来，哪怕用轴侧图表示。在画的过程中，学生必定要进行从平面的二度空间向立体的三度空间转换的思维活动。或者，教师在观察学生的工作模型时，让学生勾画一下它的一层平面是什么样，这种互逆的空间转换能力训练有助于学生对形的理解力。训练

教师通过模型教学提高学生对形的理解力

多了，学生对更复杂的平面、立面就会习惯从空间的角度来审视二度空间的信息。比如学生在解读设计任务书时，面对地形图就不会把它看成是一个平面的信息，结合地形勘察所获得的环境认知，他会让地形图上的要素在脑中"站"起来进行研究拟设计的建筑与城市空间应该有怎样的关系。或者当学生研究立面时，就会避免把前后有层次的垂直面误看成在一个垂直面上进行诸如天际轮廓线起伏的推敲，而是从三维角度审视前后两个体量在透视关系上所呈现的各自外轮廓线重叠在一个垂直面上的真实立面效果。而对立面虚实关系的推敲也不会孤立在一个面上研究了，而是站在透视角度来比较相邻两个立面整体的虚实关系。

二是提高学生对形的想象力。在建筑设计中，形象不仅要真实反映平面，更要主动创造一个形象。然而，对于初学建筑设计的学生而言，形的想象力是弱的。这是因为在学生脑海中对建筑形象的信息贮存量过少，又对形的想象不得法所致。怎么办？前者要靠学生从各种渠道主动收集、贮存形的记忆于脑中，以便今后建筑创作时，能够从记忆库中提取相关信息而触类旁通，诱发出类似的形的想象。至于如何使学生对形的想象得法，要靠教师在辅导学生设计时，告诫学生形的创造不是任意玩弄形式，即使单纯从形式构成研究形的创造也并非是形的想象力的唯一途径，还有更宽广的渠道可以去拓展对形的想象。这就要引导学生认真分析各种设计条件，学会从中去抓住某一特殊设计条件，从而诱发出对形的联想。此时，教师可以结合一些大师的名作进行分析。比如，贝聿铭设计的苏州博物馆新馆，从苏州历史文化的整体环境考虑，以庭院式布局、与老民居屋顶相融的多样新颖小尺度屋顶，以及粉墙灰顶竹影等建筑形象，散发出苏州城的灵气。伊朗建筑师萨帕设计的印度新德里大同礼拜堂，以含苞欲放的莲花作为造

型的象征，寓意巴赫伊教徒们神圣美好的心灵和团结和睦的精神。卡拉特拉瓦设计的葡萄牙里期本东方车站，模仿棕榈树而进行建筑形的创造，给人以身临绿洲或森林之感。学生在大师作品的熏陶下，逐渐会理解形的创造不是凭空而生，一定要在拓宽见识、积累经验的基础上，通过联想的心理活动去挖掘形的创造源泉。

三是加强学生逻辑思维与形象思维互动运用的能力。

在建筑创作过程中，逻辑思维与形象思维虽有分工，但不可能割裂开来分别进行，总是互动运行着。教师务必在设计辅导中加强学生对逻辑思维与形象思维互动运用的引导。比如，学生在方案设计起步时，是先进行逻辑思维还是形象思维这不是问题的关键，重要的是两者要同时参与设计的构思。这就要求学生通过逻辑思维分析设计条件，综合得出方案展开设计的方向，同时，通过形象思维确定设计目标形的预设。倘若学生初始只有平面草图，就要询问他的形体目标是什么？有没有构思过？或者学生先有一个体块工作模型，就要了解他的这个体块怎样容纳功能内容是否粗略考虑过？不仅如此，在学生方案设计途中，教师要善于从学生方案图中发现问题。比如，多功能厅被"挖"去一小块作为辅助用房时，就要问学生这个多功能厅的内部空间形象好吗？显然，学生没有运用形象思维及时纠正逻辑思维只考虑安排房间而不顾及空间形态完整的偏差。或者学生为了追求立面效果，天际线冒出一块，但是平面上并无功能内容，就要问学生，这个冒出屋面的形有什么依据吗？显然，学生只从形象思维孤立地进行形的推敲，而忽略了运用逻辑思维对形象思维结果是否有依据而进行验证。诸如此类逻辑思维与形象思维在学生课程设计中相脱离的现象是常常发生的。说明学生还没有形成下意识地运用综合思维的良好设计习惯。因此，设计辅导不仅是指正学生具体的设计问题或设计手法。更重要的是帮助他们从思维方法上进行纠正。只有这样，才能使学生真正从掌握正确的设计思维方法上获得设计水平提高的保证。

• 创造性思维训练

创造性思维在建筑设计中发挥着重要作用是毋庸置疑的，也是建筑设计教学培养学生创造性必定要加强训练的思维能力。但是，教师怎样加强学生创造性思维的训练呢？

一是引导学生按创造性思维原理与方法进行建筑设计的学习。为此，教师先要向学生阐明什么是建筑方案的创新设计。即，创造性思维是产生前所未有的思维新结果、达到新的认识水平的思维，它的核心是新，其本质属性具备新颖性、非重复性和超越性。

所谓新颖性是指创造性思维的结果均属首次获取，符合前所未有的条件。如贝聿铭设计的卢浮宫博物馆扩建工程，为了保护原有地面老建筑群环境，一反常规将 5 万 m² 功能内容全部设计在地下，仅在地面建了一个宏大的玻璃金字塔作为主入口，成为堪与埃菲尔铁塔媲美的巴黎新象征，这件杰作充分体现了创造性思维的新颖性。

所谓非重复性是指创造性思维的结果符合不可检索的原则。如为庆祝法国大革命 100 周年和举办国际博览会而建的巴黎埃菲尔铁塔，桥梁工程师 A•G• 埃菲尔异想天开地采用史无前例钢构而不是西方传统的石构建筑，铁塔高度达到此前世界上没有任何建筑物能达到的 324m，不仅成为当时席卷欧美工业革命的象征，也成为巴黎的标志。

所谓超越性是指创造性思维的结果使思维者的认识超越以往的水平，达到一个崭新的高度。如荷兰建筑师哈布瑞根基于 SAR 理论，提出了将住宅设计分为"骨架"和"可拆开的构件"的概念，从而突破工业化住宅千篇一律的弊端，使这种工业化住宅的最终产品具有无穷的多样性和灵活性。同时，使住户可成为自己居住环境的创造者。

由上述可见，一座能在世界建筑发展史上产生深远影响的建筑物或一种能推动建筑创作实践的设计理论与方法无不是建筑师创造性思维的成果。教师在设计辅导中借鉴大师们创造性思维成果的案例，一方面要培养学生的创新意识，另一方面又要在学生学习建筑设计的过程中慎言创新。毕竟，对初学建筑设计的学生而言，打好设计基础更为重要。只有奠定扎实的设计基础，又积极展开创造性思维训练树立创新意识，学生才能在今后的创作实践中让创造性思维理性地发挥创新作用。

二是启发学生运用思维基本形式的有效展开或有效综合产生创造性思维成果。因为创造性思维没有特殊的思维形式，它是对思维内容的一种规定。只要是能产生崭新成果的思维都是创造性思维。因此，运用逻辑思维或形象思维这种思维基本形式，特别是综合运用它们都有可能产生创造性思维。然而，有时也能产生非创造性思维。那么，教师怎样引导学生将思维基本形式向创造性思维发展呢？

比如，学生设计一上手时，要求他们至少要提供两个以上方案设想进行比较。其目的是让学生此时的思维尽量扩散，凡是有一个想法都要勾画出草图，不求完美但要有特点。只有产生大量设想，其中就有可能包含着创造性的设想。这种发散性思维的释放，是产生创造性思维成果的前提。如若学生局限在一个方案设想里从一而终，很难说能创造出崭新的成果来。有了发散性思维产生的多方案结果，教师还要帮助学生通过收敛性思维进行分析、比较、综合，达到多方案结果优化的目的。然而，发散性思维与收敛性思维相辅相成的互动，对于创造性思维的激发不是一次性完成的，往往要经过发散——收敛——再发散——再收敛，循环往复，直到设计目标的实现。包括方案设计途中遇到的所有设计矛盾，为了寻求最优解决矛盾的办法，也是要通过逻辑思维在每遇一个设计矛盾时，运用发散性思维，提供多种解决矛盾的办法，再运用收敛性思维进行评价、判断，选择出方案发展的最佳方向，直至到达设计目标，这正是创造性思维解决问题的途径。因此，无论学生是起始的探讨方案思路，还是中途寻找解决设计问题的办法，教师都应要求学生做多方案比较，以便有机会获得一个有创造性的方案或有创造性地解决一个设计问题的办法。

另外，从思维技巧上，教师还可以启发学生运用求同思维与求异思维相结合的方法打开创作的思路，为创造性解决设计问题提供有效途径。或者启发学生运用正向思维与逆向思维相结合的方法，从一个新的视角去分析设计矛盾，从而有利于发现意想不到的解决设计问题的新办法。为此，教师辅导学生设计时，不要用一个思维模式去评价学生的方案。要根据学生具体的方案情况，从中发现产生设计问题的思维根源，有针对性地提出启示。如当学生的方案比较平庸时，显然是正向思维的产物，此时，可建议学生换一个思路，反过来思考会怎么样？如同皮亚诺与罗杰斯为了在蓬皮杜艺术与文化中心内部获得可灵活使用的庞大空间而一反常规做法，将琳琅满目的管道暴露在外，由此创造出与众不同的惊人之作一样，让学生不要墨守成规思考设计问题。或者当学生设计小茶室构思受阻时，启发学生能不能从自己设计的建筑与环境某个有特征的要素如湖中荷叶这两个完全不同事物中，运用求同思维方法，找一找拟设计的茶室在哪一方面可寻找到与此相似之处而得到构思启发呢？比如荷叶只需一根直立的茎就可以支撑偌大的叶面而覆盖较大的空间，既小巧又轻盈。受此启发，茶室设计就可一反传统建筑四面围合成房子而采用伞状结构，即轻盈通透又尺度宜人，这就创造性地解决了构思的难题。看来，诸如此类的设计辅导，并不是修改学生图面的处理，而是着重思维方法的辅导。

　　创造性思维训练还有一种途径就是引导学生发挥创造性想象。它不是一般的想象，更不是凭空瞎想，而是以学生过去感知过的形象为媒介，以在头脑中进行创造性加工为手段，进行创造性思维的结果。比如，对设计要素进行特殊加工的创造性想象就能让学生跳出常规设计的路子，创作出与众不同的形象。就像赖特设计的纽约古根海姆美术馆，利用一般美术馆的水平流线、展览空间、休息厅等常规要素进行创造性加工，重新编排它们的组合关系，从而以创造性的展览方式和大胆新颖的造型，以及流通迷人的内部空间闻名遐迩。此外，也可以引导学生借鉴身边事物的原型启发进行创造性想象，使自己创作的方案形似或神似原型，从而获得较新颖的成果。

　　三是防止学生出现创造性思维障碍。随着学生重复性的课程设计学习，特别是到高班后，容易产生习惯性思维方式，形成了思维定式，造成设计的路子固化，或者解决设计问题的办法单一化。这些思维定式就成了创造性思维的桎梏。比如，学生采用理性的空间建构手法进行设计，作为教学手段是可以加以训练的，但是如若每一次课程设计都是如此，而不是根据不同设计任务书的条件加以临场发挥，就陷入"千篇一律"的思维定式里去了。如果把空间建构方法作为唯一一种设计模式，对于训练创造性思维却是不利的。遇此，教师就要开导学生在方案设计中要增加一点感性的东西。比如人的行为心理、生活秩序、舒适要求在理性的空间建构中能否得到满足；怎样让感性的需要与理性的空间融合在一起；有没有更好的创作路子取代先验的方法等等，以此提醒学生让创造性思维更活跃些，避免因思维僵化而使设计潜力受限。

　　四是拓宽学生构思的渠道。构思是学生建筑创作伊始对设计思路和设计目标高度地发挥创造想象力所展开的开拓性思维活动，对于设计成果独创性的展现具有关键性作用。但是，不少学生误以为在建筑形式上标新立异、沉溺于故弄玄虚的设计手法，就是一个好的构思。诚然，建筑形式最容易吸引人的眼球，最能表达学生的"匠心"。但是，若每一次课程设计学生都把追求形式作为构思的首选，甚至陷入形式主义之中，就会因创造性思维狭窄，不但容易误入创作的歧途，而且还会堵塞更宽广的构思渠道。为此，教师一方面要充分了解学生构思的依据是什么；是从哪一设计条件而引发；为什么会选择这一构思的触发点而不是别的；要多听听学生的想法。可能学生谈不出什么道理，显得想法盲目。也可能学生侃侃而谈，却没有抓住最有特征的设计条件展开构思想象。或许有学生真的想到了点子上。就是这样，小组里不同的学生有不同的构思，说明各人的创造想象程度不同，教师就要针对每一位学生的思维活动差别进行引导。其目的是说明形式可以成为构思的一种渠道，但不是唯一渠道。由于建筑学已经集各学科之大成而全面反映社会、政治、经济、文化、科技等的变化，在学科上它已涉及环境学、生态学、社会学、行为学、心理学、美学以及技术科学等宽广领域。所有这些内容，既对建筑设计起着制约的作用，又有可能成为建筑创造的构思源泉。因此，教师要引导学生在构思的选项上不要单纯迷恋形式的狭窄思路，而应是对创作对象的环境、功能、形式、技术、经济、材料、文化等方面最深入的综合性提炼结果。比如从环境条件包括基地环境、城市环境、自然环境的某些特定条件，甚至苛刻条件中都可以引发出奇制胜的构思；从平面顺应生活方式的转变、突破平面模式的墨守成规、流线的独特处理、室内空间特定要求；甚至运用平面形式的几何母题去适应环境、结构、立意等的要求，这些构思方向都可以通向有特色方案的设计目标；还可以利用结构的形式如何结合使用要求、内部空间形态、有利自身的静力平衡系统、有利于抵抗外力，甚至展露结构美而去展开构思想象；从建筑表皮的材料选择意图中也可以表达特定的设计构思；甚至从经济角度去考虑建筑的规划布局、建筑标准、空间利用、节约能源、适宜技术、造价投资、长效管理等各方面如何以较少的投入取得环境、社会、经济的最大效益。即使以造型为构思手段也要跳出单纯考虑形式构成美学的框框，可以从文脉、隐喻、仿生、生态等角度启发更具特色方案的构思。当然，上述构思渠道作为创造性思维训练在各年级的课程设计辅导中是有区别的。这与学生在各年级知识的增长、见识面的拓宽、思维训练的成熟等各种条件的具备有关。教师要因设计条件、学生能力而因材施教，而且要看到，学生构思成果的好坏是次要的，重要的要训练学生凡做一项设计，必定要意在笔先。再进一步把学生的创造思维从一般的想象提高到创造想象，直至有目的创作构思。同时学生这种构思的训练不是教师具体改图方式所能奏效的，一定要靠师生的思想交流。

  • 图示思维训练

图示思维与前述三种思维的区别在于，它是借助于徒手草图形式把思维活动形象地描述出来，并通过视觉反馈信息进一步刺激思维活动，促成方案设计向前发展。这是建筑设计特有的思维方式，也是作为学生和今后成为建筑师的基本功和专业素养。为此，教师在整个五年的建筑设计教学中务必要对学生加强图示思维的训练。

一是在教学管理上必须督促学生自觉运用图示思维进行课程设计的学习，尤其是在中低班不可运用电脑操作。这并不是否定电脑在建筑设计中的作用，恰恰相反是为了保证学生打下扎实的图示思维基础，今后更好地运用电脑进行辅助设计。对于初学建筑设计的学生而言，难在设计基本功的掌握，而电脑的运用学生可以无师自通。让学生过早、过度地手握鼠标，对于创造性思维的训练是不利的。而学生到了高班，由于课题规模较大、设计问题较为复杂，方案设计前期更需要运用图示思维方法理清设计脉络、把握设计章法，只是在设计后期可适当介入电脑参与。那种所谓重复劳动、绘图工作量大等不能成为学生舍弃图示思维方法而热衷电脑的理由。因为电脑是一把双刃剑，它的优势会钝化学生本应敏捷的思维，使握笔的手感陌生起来，让眼界限于局部关注而忽略方案整体大局。更为担心的是学生一旦离开了电脑就不能很好地思考，就不会下笔做设计，这将是一个潜在的危险。

二是要让学生多动手画草图。徒手勾画草图就是一种纸上的思考，从草图中教师就可以看出学生的设计基本功在哪些方面不足，而提出改进或提高要求。比如讨论方案时学生拿出的是只有几根线条的电脑小图，教师对此能说些什么呢？因没有讨论价值，要让学生当堂重新思考，用图示表达思维活动结果后再行讨论。若学生拿出的草图很规矩，线条干净，交待清楚，说明思维拘谨，反映迟钝，动作缓慢。教师对该学生在思维能力上要多给予帮助。比如让他课外多阅读，增长各方面知识的积累，便于头脑中有大量信息触发设计灵感，或让他慢慢养成勤于思考的习惯，凡事要自己开动脑筋，要多动手画线条，变成随意识流动而凭感觉勾画草图。若学生的草图线条奔放，像信手涂鸦，再经过课堂辅导，语言对话也较流畅，想法能自圆其说，说明该学生图示思维能力强，预期设计能力也会较强些，教师辅导这样的学生一定会有一种知音感。因为，图示思维能力与设计能力是相辅相成的。而对于前述的学生恐怕在辅导对话中就较难以展开了。即使如此，教师重点辅导的不是方案具体的内容，更多的应是图示思维方法如何提高。

三是借助草图训练学生的眼力。每一次课堂辅导学生方案草图时，教师先不要开口，而让学生用语言表述思考的过程。学生表述完毕，教师仍不需开口，再让学生观察方案草图自我评价一下，哪些想法是自己得意的，哪些想法是表达不当的，哪些想法自己还不满意等，教师对学生的这些自我评价边听边记边想如何回答。若学生勾画草图过程确实动了脑筋，教师也就会对学生的方案草图娓娓而谈。如若学生表述只是三言两语就结束，又没有对方案草图说些什么，说明该学生课前功课做的不够，对方案草图的观察力欠缺，教师因不能代替学生的思维，只能就学生现在的思维结果，和方案草图上仅有的问题，提出深入思考的方向和图示表达应有的要求。同时，要向学生指出，之所以对方案草图眼力不够，一方面在于脑筋想问题不够，另一方面在于眼脑互动配合不够。改变这种状况一是靠学生引以重视多加训练，二靠教师多提问，督促学生多观察多动脑。要让学生明白，提出问题比回答问题更重要，而提出问题的前提就是针对方案草图能有所发现。

**倡导唯物辩证法，增强学生分析能力**

教师在辅导学生分析设计条件和设计矛盾时，要用唯物辩证法引导学生辩证看待设计中的一切问题，这是使方案设计得以正确起步、顺利展开、成功达到设计目标的思维武器。其实，每一位学生总是潜意识地在用某种思维看待自己的设计，不是唯物辩证法的两点论，就是唯心主义、形而上学的一点论。为什么学生做设计时经常会先入为主、就事论事、抓住一点不及其余，或者处理设计矛盾时不分主次，对待设计过程操作紊乱等等，就是因为学生看待设计问题的方法出现了偏差，没有把方案设计看成实质是在处理设计矛盾的过程。既然如此，我们只能按矛盾发展规律行事。教师就要帮助学生了解矛盾法则，引导学生用辩证法的思维有意识地指引设计行为的展开。那么，教师怎样做呢？

一是向学生阐明辩证法的原理，搞清复杂设计矛盾的真相，这就是事物的发展始终处于矛盾的对立统一之中，而且在事物发展的不同阶段，必定有一组矛盾为主要矛盾，其余为次要矛盾，只要抓住主要矛盾，一切问题就能迎刃而解。而主要矛盾总有一方为矛盾的主要方面，另一方为矛盾的次要方面，分析矛盾，解决问题都要遵循矛盾主要方面的规定性。但矛盾的次要方面有时又并不是处于被动服从地位，在一定条件下它可以起反作用。因此，矛盾的双方总是相互依存、相互转换着。当前一矛盾解决了，事物就会向前发展，在新的条件下又会产生新的矛盾。此时，解决前一矛盾所得的阶段性成果便转化为对后一矛盾的条件，解决后一矛盾得到的新成果便是前一成果的发展，事物的发展就是这样自始至终充满着矛盾，而事物发展的目标就是在矛盾一一被克服的过程中，使阶段性成果在逐渐完善之中而最终实现的。建筑方案的生成、完善直至目标实现，其矛盾发展过程莫不如此。教师一旦向学生讲清矛盾法则原理，就会使学生慢慢明白做设计时，画图只是表象，实质却是通过思维活动不断在发现矛盾，解决问题。而要把这种认识变为设计行为，还要靠教师在设计辅导中加以具体的指点。

二是帮助学生分析设计要素间的辩证关系。学生在方案设计整个过程中所面临的设计矛盾是如此复杂，以至于常常不知所措，或者被动应付，或者盲目瞎撞。如何让学生突破学习建筑设计的这个瓶颈，教师帮助学生学会用辩证法去分析设计矛盾是行之有效的途径。比如，学生在设计起步阶段，面对错综复杂的内外设计条件，究竟从何着手？只有通过思维活动，理清各种设计矛盾的头绪，从中紧紧抓住主要矛盾才能保证方案起步的正确。那么，此刻什么是设计的主要矛盾呢？不是功能如何合理，也不是造型怎样独特，更不是对其他细枝末节的纠缠，而是解决建筑作为整体在限定的环境条件制约下，如何与城市环境和地段环境友好相融，这是事关方案能否立足并向正确方向发展的首要问题。而建筑与环境在此刻作为一对主要矛盾并不是孤立存在的，它必然要与功能、形式等其他设计要素存在着内在的联系。因此，在解决建筑与环境这对主要矛盾时要同时考虑功能、形式等的要求。而就建筑与环境这对主要矛盾来说，环境又是矛盾的主要方面，它有不可改变性，而建筑处于次要矛盾地位，故建筑就要尊重环境的条件，适应环境的要求。学生若能按这种矛盾法则去分析矛盾、处理问题，就能在一团乱麻中理出头绪，就能在方案设计起步时迈出正确的第一步，从而为以后的设计路线奠定正确方向的基础。

当方案设计在起步阶段取得阶段性成果后，方案向前发展了一步，随之新的矛盾又会出现，矛盾的性质发生了转化。之前的成果对解决后一步设计的矛盾就转化为新的设计条件参与对后一步的设计问题产生影响，使设计矛盾变得更为错综复杂起来。学生为此就要从中再去分析、抓住新的主要矛盾全力解决之。比如，功能与形式此时将会上升为主要矛盾，其他因素则为次要矛盾。而功能与形式哪一个是矛盾的主要方面呢？根据学生的构思立意或建筑性质，若认为功能是矛盾主要方面，就要把功能设计作为方案设计的切入点，同时要考虑形式这个矛盾另一方对功能的制约与要求。若认为形式作为矛盾的主要方面，就要从造型研究入手，同时考虑功能与此的关系。方案的发展就是这样，在每一发展环节上都会在诸多矛盾中存在一对主要矛盾，只要解决了它，就能推动方案向前顺利发展。倘若不是如此，学生可能就会陷入在对次要矛盾的纠结之中不能自拔。此时教师辅导学生设计重点不是纠正方案中具体的设计手法不当，而是要帮助学生认识到对设计矛盾分析思维方法上的偏差。学生只有学会了用辩证的思维方法看待矛盾，分析问题，才能自主、自如地解决一切设计难题。

同样，当学生在方案设计各个阶段碰到局部设计处理与整体要求发生矛盾时，教师要帮助学生学会运用辩证法分析局部与整体的关系。因为，学生有时提出来的具体问题，从局部来看没什么不对，甚至想法独特。比如学生设计的门厅空间形态很有特色，厅中大楼梯的设计手法也有独到之处，但是，由于学生对外部环境的分析不当，判断失误，造成主入口本应放在东向，而他却放在南向，从而造成一系列的功能紊乱。那么，再优秀的门厅设计手法对于方案大方向错了，还有什么意义呢？如同学生画人体石膏像，尽管双眼刻画炯炯有神，可是人体尺度失衡、五官比例失调，画作只能以失败告终。因此，方案设计与绘画一样要从全局入手，全局对于局部有着掌控权，而局部要服从全局，要时刻牢记全局的宗旨，当局部与全局发生冲突时，只能"忍痛割爱"了。这种解决局部与全局关系的分析方法充满在方案设计的始终。教师辅导学生设计在这一点上将花费较大的精力与较多的时间。

**运用同步思维方法，提高学生思维效率**

教师欲想提高学生思维效率，还得在前述思维训练的基础上，教会学生运用同步思维的方法。之所以如此，是因为诸多设计矛盾彼此都是相互关联的，牵一发而动全身。虽然同步思维不是一种思维方式，但它可刺激学生的思维活动，提高思维的效率。它的主要特征就是用"联系起来看问题"的方法。这一思维特征对于学生学习建筑设计特别重要。

由前述我们已经知道，方案设计自始至终充满了矛盾，这些矛盾相互交织在一起，相互依存，互相转化。旧的矛盾解决了，新的矛盾又会涌现，我们总是在不断解决这些矛盾的过程中修改完善方案。为了提高设计效率并使设计进程少反复、走捷径，教师就要教会学生如何提高设计效率。这就是，方案每向前走一步，都要瞻前顾后，既要受制于前一步的结果，又要为下一步创造良好的条件，而不是埋下障碍。如同下棋要"走一步看三步"

一样，思维不能不"一心多用"。

同时，由于方案在发展过程中，各种设计矛盾不断在相互交融、相互转化，造成了不同设计阶段的模糊性。正因如此，教师在辅导学生某一设计阶段性成果时，先不点评它的对与错，而是要问学生这一阶段性成果对于前一步的前因后果考虑了哪些？是怎样考虑的？而对于下一步可能会产生的利弊影响做了哪些分析？学生可能对答如流，说明该学生用联系起来看问题的能力较强，方案阶段性成果自然可以肯定。学生也可能回答不周全，甚至回答不出，说明该学生缺乏用联系起来的方法分析设计问题。教师就要以提问的方式当即让学生动脑筋分析前因后果。在教师慢慢引导下，最终让学生学会运用同步思维的方法。这种方法训练多了，一是可以促使学生多动脑筋，二是教会学生会动脑筋。学生只有如此，才能锻炼自己独立设计的能力，才能在建筑设计的创作中尽情发挥才智。

对学生要求运用同步思维的方法不仅体现在方案设计过程中，而且学生在分别研究平面、剖面、立面时，教师也要注意学生是否运用了联系起来看问题的方法。因为平、立、剖面都不是孤立存在的，它们相互依存、相互制约。学生根据实际情况可以从平面设计入手，也可以从立面或者从剖面设计入手，谁先谁后并不重要，关键是三者要同时研究，彼此协调，共同推进。这只能靠同步思维的方法。表现在设计过程的每个阶段教师都要看到学生的平、立、剖面三个图。学生做到了，说明初步运用了同步思维的方法，倘若不是如此，只能认为学生做方案仍是抓住一点不及其余。为此，教师要及时纠正学生偏颇的设计思路。只有这样，学生才能自己把平、立、剖三者始终联系在一起进行思考、推敲，这样才会使设计进程少走弯路。

**拓展广阔思维空间，促进学生自我训练**

在课堂上通过教师引导，使学生在思维方法上得到有针对性的训练，仅仅是一种渠道。实际上学生在生活中无论是对人、对事都是在用某种思维方法潜意识地表达自己的看法，只不过这种看法经常缺乏用辩证的一分为二观点去看待而已。然而，这种对社会现象的认识与专业上对矛盾的分析方法是相通的。比如，你对社会现象若用辩证的两点论来观察社会，就会既看到改革开放以来所取得的巨大成就和繁荣昌盛的一面，也会看到社会还存在许多不公正现象，甚至腐败、造假、霸道等严重的社会负面问题，但社会的主流是进步的；若用唯心的一点论来观察社会，就会陶醉在经济发展突飞猛进之中沾沾自喜，或者看到社会到处是不顺眼的事而对社会的前景丧失信心。对社会的看法有如此反差，看待一个人也是一样。你对一个人有好感，"情人眼里出西施"就把她看成是一朵花，什么都好；若你对他有成见，从心里反感，就把他骂成是豆腐渣一无是处。上述对事对人的不同观点，可以说在我们身边无处不在。对此，教师能不能开导学生有意识地学着用辩证的观点看待一切：人生受到挫折、磨难这是不幸的，但学生若能把它当作对自己意志的磨炼，就可以把坏事变成好事；熟练运用计算机，能够帮助学生提高设计效率，获取海量信息，但学生如果过分依赖甚至沉溺于它，就会把设计基本功抛到九霄云外，造成思维迟钝、运笔生疏、能力下降，这样，好事就会变成坏事，等等。因此，为了有效地训练学生思维能力，把学生的思维方法引向正路，教师还要教导学生注意在生活中学会辩证看问题的方法，以便潜移默化地形成一种正确的、健康的思维习惯。学生一旦进入建筑设计的学习和今后从事建筑设计的专业工作，必然会在复杂的设计矛盾中游刃有余。

其次，正确的设计思维与人的生活行为也有密切关系。因为，两者是相互促进的。比如，做若干件事，是东一榔头西一棒子毫无计划地瞎干，还是运用运筹学原理穿插起来同步干。两种不同行为习惯是由于两种不同的思维路线所致。前者做事必定思维紊乱、行为盲目、效率低下；后者必定思维清晰、行为流畅、效率明显。倘若学生在日常生活中养成了良好的行为习惯，做事能分轻重缓急，生活安排井然有序，行动计划有条不紊，就充分反映他的行为逻辑性非常强，用在方案设计上一定是思维路线有条理、设计章法见功夫。可见，做设计与做事是一样的道理。既然如此，教师就要拓宽辅导面授的圈子，引导学生注意在日常行为中学习正确的思维方法，这不仅是专业学习的需要，也是做人的基本素质。

再比如，当每次讨论方案时，教师发现某学生草图空荡荡，这说明什么呢？只能说明该学生缺乏动脑，或者思考问题太浮浅。因为，只有想到的才能设计出来，才能表达到图面中。想得越多、越深入，方案设计才有深度，否则图纸只能苍白空洞。这也反映出该同学日常行为浮躁，思维惰性较重。所以"文如其人"，用在建筑设计中也是如此。对此，教师就要鞭策学生在生活中养成良好的行为习惯，以促进思维的正常发展，要以生活为舞台，加强思维方法的自我训练，才能为建筑设计的专业学习奠定良好的思维方法基础。

## 2、重在设计方法传授

在具体辅导学生设计的教学方法上，因各建筑院校的教学指导思想以及作法的不同，会有不同的教学法。比如，按不同建筑类型，由易而难循序渐进地训练学生设计能力；或者归类典型设计问题，诸如功能与空间、环境与文脉、材料与技术等进行设计本源问题的训练；或者还有其他的一些教学思路。这些训练手段的不同并没有本质的差别，都可以使学生从对建筑设计的无知到初步进入建筑设计的领域。然而，这些不同训练手段的共同点是侧重设计手法的教学，当然，对于初学建筑设计的学生而言是必要的，实践证明也是行之有效的。不过，基于学生在校学习建筑设计只有4至5年的学制来说，他们更需要的是设计方法的学习。因为以类型建筑作为训练手段只能挑选一些典型的课题训练，无法也没必要将所有类型建筑纳入教学训练课题。何况随着社会的发展，一些旧的类型建筑就会淡出社会生活，又会有一些适应新生活方式而出现的新类型建筑，学生不能因此而说大学没学过新类型建筑就不会设计。这种按建筑类型训练的教学思路只能解决建筑个体的问题，却难以教会学生面对建筑共性的问题如何展开设计。而按设计问题作为教学思路的训练，可以引起学生对设计本源问题的认识，初步学会处理它们的手法。但是，这些设计本源的问题并不是孤立存在的，若分别把它们抽取出来进行训练，就会割裂它们与本应紧密关联的其他设计本源问题，这有违系统论的观点。总之，建筑设计教学要找到一条"授人以鱼，不如授人以渔"的路子，这就是设计方法教学。怎样施教呢？

**教会学生按设计程序展开方案设计的教学法**

自然界与人工界任何事物都有自身发展的客观规律：社会的变更、四季的交替、生物的进化、科技的发展、经济的繁荣，乃至人的生息等等都遵循各自的客观规律运行。若有违反，只能受到客观规律的惩罚，这是被无数事实证明了的。方案设计同样如此，它的生成、完善直至目标实现也受自身发展规律支配着。教师的设计教学就是要善于研究这种设计的规律，并将此传授给学生按设计规律行事。那么，什么是方案设计的规律呢？规律即事物发展的程序。学生只有了解了设计程序，才能知道先干什么、后干什么，才能有秩序地一步一步推进方案设计向前发展。

在课程设计教学计划中，各建筑院校基本上是按从方案探索向设计深化的过程安排教学进度的。但是，教师在设计教学中还需落实到按设计程序进行具体的辅导。比如，学生在理解设计任务书、现场勘察、文献阅读、构思立意等一系列准备工作之后，具体下手做设计第一步干什么？不是做模型推敲形式，也不是画平面研究功能，而是要先行解决建筑与环境这对主要矛盾。因为，这是决定方案走向的全局性问题，而其他设计要素此刻都是次要矛盾。

因此，设计程序第一步是先做场地设计。学生第一次拿出来的草图应是场地设计所表达的图示信息。教师就应针对学生草图中建筑与环境的关系处理的程度而进行辅导，避免学生将设计程序后阶段的任务拿到前面来讨论。因为这样做就乱了正常的设计程序。但是，建筑与环境的关系又有若干矛盾需要解决，那么，此时又该抓什么关键的问题解决呢？因为拟设计的建筑是为人而用的，因此，就要先考虑人是从哪一条城市道路在什么范围内先进入场地，再进入建筑的；同时还要考虑内部人员和后勤车辆又是从哪一条城市道路在什么范围内先进入场地，再进入建筑的，两者应严格分开。因此场地的内外出入口应是学生在方案起步时首先要妥善解决的第一个方案性的问题。其次，作为整体的建筑——"图"怎样放到场地上？这是教师观察学生草图要关注的第二个关键问题，这个问题有两项任务需要学生解决：一是"图"形是什么样？是集中式？分散式？还是"L"形？"T"形？体量是高低错落？还是整块体型？等等。让学生阐述其理由，教师再行辅导。学生分析可能正确，"图"形就此得到认可；也可能学生分析有误，从而需要学生修改"图"形。二是"图"怎样放到场地上？是往场地中央放？还是向前放、往后面放？等等，总应该有个理由，也让学生阐明道理。最后，将外部人员和内部人员从城市道路分别进入场地后，再细分为不同外部人员（如图书馆建筑可再分为成人读者、听众、贵宾、少儿读者等）与内部人员（如办公人员和书籍），根据各自要求依次确定出他们最终进入建筑物的入口在什么方位。对于任何类型建筑的设计而言，方案起步阶段所要分析和解决的上述两个问题——场地出入口与"图底"关系都是共同的，也是决定方案设计以下程序成败的关键一步。教师教会学生方案设计正确起步，也意味着学生初步明确了设计程序第一步的任务。

随着设计程序完成第一步，其阶段性成果对于设计程序的下一步，将转化为设计条件。下一步干什么呢？就是对"图"的进一步思考，而"底"将留待总平面设计时另行考虑。

　　根据学生对设计课题的题意理解，可能从造型研究入手思考"图"的生成发展，也可能从平面设计入手推进方案的逐渐生成。从学生初学方案设计训练而言，多数以后者入手为宜。因为，平面不仅全面反映建筑设计即是生活设计的本质，学生为此应该给予特别的关注，同时平面也蕴含着对空间构成的约定，两者相辅相成，互动促进（待后续详述）。这是学生学习建筑设计技能的重要部分，教师务必给予重点辅导。

　　因此，设计程序第二步就是对"图"进行功能分区，要求学生将所有房间全部有秩序地纳入其中。困难的是如此之多的房间按怎样的程序一一就位？显然要运用系统思维方法优先考虑竖向功能分区，即按设计原理、功能要求、造型构思等把所有房间竖向分类。这是设计程序这一步先要确定的大方向问题，教师辅导时要与学生先讨论该问题。学生只有把握住了竖向功能分区，才能进入下一步对各层分别进行各自的平面功能分区。每一层的若干房间再按功能性质不同而同类项合并成若干功能区。比如一层可能分为使用、管理、后勤三个功能区，各自只要包含着自己的建筑入口并大致分清大、中、小关系就可大体定位。

　　当设计程序进入第三步时，就要考虑每一功能分区内的房间布局。虽然每一个平面功能区内房间为数不多了，仍然要运用不同房间同类项合并的分析方法尽可能每次分为两个可以简便操作的功能相近"房间"并粗略分清大小。比如管理功能区所有房间可同类项合并为对外管理和对内管理两个"房间"，它们在管理功能区的"图"形内无非左右放或上下放，问题解决起来十分明确而快捷。如此按"一分为二"的分析方法再若干次分析下去，直至管理功能区最后一个房间分析到位。其他功能区内各房间的分析定位也都是如此方法。这种分析方法优点在于，一是始终是在系统思维的控制下进行的，不会乱了系统。二是把原来较为复杂的设计问题，通过每一步的分解而简单化了。三是把难以解决的设计问题，变为简便而有可操作性。四是全部房间的配置关系完全符合方案发展规律而落实定位。

　　上述设计程序第三步设计的重心在于，此刻学生应关注所有房间的配置关系须合理，使今后方案成型要有章法。而对于诸如房间形状、面积大小等枝节问题并不是设计此程序所要解决的。这就抓住了当前的设计主要矛盾。

　　当所有房间大体分析就位后所得到的阶段性成果又转化为对下一步设计程序的设计条件。设计程序第四步干什么呢？教师要引导学生通过交通分析环节，一方面验证上两步所得分析图的功能分区是否明确？房间布局是否合理？流线是否顺畅？另一方面就此落实水平交通与垂直交通体系的布局。此刻，教师要仔细审图，看学生关于交通分析的概念是否清晰。一般来说，两大功能分区之间若有功能关系，其间必有一条水平交通流线将它们联系起来，若两大功能分区之间没有功能关系，其间需有一道墙隔死。然后，在每个功能区内若干房间若彼此有联系，还需再设置水平交通流线。最终，多数情况下，这些水平交通线应构成网络状。至于垂直交通分析，需要学生做两件事：一是选择主要交通手段，是楼梯？电梯？自动扶梯？二是确定它们的配置，即主要交通手段需在首层大厅或门厅处安排，且各功能区若竖向自成一体，也需各自有垂直交通手段。而疏散梯要从顶层考虑，其数量、位置须符合安全疏散要求。对于高班特别是毕业班学生，教师对这一设计要求尤其要强调。

随后的第五步设计程序，从功能完善考虑最后轮到对公共卫生间的配置进行分析。这是因为在此之前的各设计程序中公共卫生间并不是主要矛盾，也无法预留其位置。只有设计程序到这一步，公共卫生间的配置问题才上升到主要矛盾地位。在解决这一矛盾时，教师要教会学生掌握两条分析原则：一是各功能区应有各自的公共卫生间，各功能区使用各自的。二是公共卫生间的配置要在水平交通线上考虑，不但要方便使用，而且宜较为隐蔽。此时，分析它该在什么位置就把它"挤"进各功能区的房间布局中。

至此，设计程序走过了 5 个步骤，已经把所有功能房间一一分析到位，但它毕竟是一个分析图，还不能成为方案。此时，教师就要引导学生在第六步设计程序中通过建立结构系统，把分析图整理成符合结构逻辑，房间有形状、面积有大小的方案框图。此时，学生要做两件事：一是确定结构形式与尺寸，是砖混？框架？还是大跨等。二是根据结构系统将图示方案的所有房间有秩序、有章法地按前几步程序分析的最后成果分别纳入各层结构之中。

当方案分析图发展到方案框图后，方案大局基本已定，学生接下来所要做的设计工作就是对方案的剖面与立面分别进行设计，并与平面完成三者的深化、完善和整合设计。

一旦建筑方案研究工作完成，其成果对设计程序下一步"底"的设计便转换为条件，包括"图"的定型、建筑各方位若干出入口等都对总平面设计形成制约。此时，对总平面的设计内容，诸如道路、绿化、停车、小品等，以及有必要增加的对外车辆入口定位进行合理布局。

至此，课程设计程序告一段落。

综上所述，教师欲要教会学生做建筑设计，只有引导学生按设计程序有条不紊地展开，才易于使设计过程因遵循了方案生长规律而使设计工作进行得较为顺畅。当然，学生真正运用这一方法并不是如此简单，仍然会遇到许多具体的操作问题。这需要教师配合其他相关的教学方法，共同加深学生对按设计程序进行建筑设计的理解。关于这一点，将在以下的论述中对此做进一步的阐明。

**教会学生在设计程序中展开同步设计的教学法**

前述阐述的设计程序似乎是按线型直进方式展开，其实不然。因为设计程序各阶段的划分是模糊的，它们互相交融渗透着。同时，后一步虽然受前一步的制约，但后一步为了自身设计要求得到满足须提请前一步做出决策时要为后一步创造条件，否则，有可能为了不牺牲后一步的要求而使前一步进行必要的修正，这样就会使设计进程出现反复。因此，教师要启发学生在按设计程序展开设计时，要瞻前顾后，即同步研究前后步骤相牵制的设计问题。比如，当学生进行幼儿园课程设计第一步场地设计时，不但要考虑环境条件的限定，而且，还要考虑下一步研究平面功能时，能保证所有幼儿用房必须南北向，以满足日照、通风要求，同时，还要保证幼儿流线与厨房送餐流线能相对而行。由此，设计程序第一步确定场地主次出入口时，就宜尽量使两者拉开距离，而"图"形宜为"∟"形，且长边为南北向，短边在西侧，形成开口朝向东南向的"图"形定位，使幼儿园室外活动场地的"底"处于"图"的东南角。这样，可以预先保证"图"与"底"的功能要求做到两全其美。同样，当考虑一层平面图功能分区与房间布局时，教师也要引导学生同步研究二层乃至三层的平面布局状况，因为上下层功能是有关系的，垂直交通是对位的，防止学生只关注一层平面图设计的完善，而忽略以上各层平面的同步考虑，这样就会造成因孤立分别研究各层平面将导致一系列难以形成功能整体的被动局面。若为此而进行布局调整，必定要付出更多的代价。凡此种种，教师辅导学生设计时，要多关注学生是否用联系起来看问题的方法，促成设计程序的展开而不是僵化地一步接一步推进，而是每走一步不但要前思后想，而且要把相应图示成果同时表达出来及时进行比较。以便使各层平面图设计相互协调，共同生成、发展。

在方案设计发展过程中，中途发生局部修改是不可避免的，此时，教师要注意学生不能只顾眼前就事论事进行修改，而要考虑到由此对前一步设计程序的条件有否冲突，或者对后一步设计程序的结果会带来什么不利影响。教师可帮助学生分析这些同步思考及其后果预测的比较，是利大于弊还是弊大于利？由此判断是否值得局部修改。一般来说，凡是涉及到方案性的设计偏差，从顾全方案大局而言，只能改正过来，为此不得不对前后设计程序的阶段性成果做出进一步费时调整的努力。而凡是涉及到设计处理手法的问题，为了不对方案大动干戈，甚至否定按正常设计程序得出合理的阶段性成果，只能容忍局部处理问题的存在。因为任何方案不可能十全十美，不能因小失大。学生能做的只是将局部问题通过设计手法，使其对方案质量的不利影响减小至最低程度。这就是方案设计中对问题同步考虑的辩证法。

### 教会学生运用综合思维展开整合设计的教学法

毕竟方案设计不可能只关注推敲平面功能关系，重要的是还要将其他设计要素整合成有机的方案整体，这才是方案设计的全部内涵。其中，平面功能与空间形式这一对矛盾是方案设计最重要的整合对象，也是学生初学建筑设计过程中，教师应加强对学生辅导设计的训练内容。其教学方法是引导学生在方案设计过程中，不论平面功能与空间形式谁先起步，两者始终要紧紧"捆"在一起同步思考，同步展开。因为，两者任何一方都是有条件的设计，而不能独来独往。

例如，以前述平面功能设计为起步，那么，在设计程序第一步进行场地设计时，对"图"的考虑不仅要分析其"图"的形状，也要根据建筑性质、功能要求、造型构思、环境条件等内外设计条件，思考"图"形"站"起来的体量关系。此时，教师要调动学生的逻辑思维和形象思维即综合思维对"图"进行平面与空间的整合思考。尽管这种思考是概念性的，但却是关键性的起步。教师辅导时，务必把好学生设计程序的第一关。

在学生方案设计的全程中，时时处处都会遇到平面与空间需同步开展设计的环节。比如，当进行竖向功能分区时，各层平面该容纳多少功能内容？是各层面积一样大，还是有多有少？不仅取决于竖向功能分区合理，也取决于建筑体量整体关系的构想，只有两者结合起来相互调整关系，才能把握方案发展的方向。此时，教师辅导学生方案时，看到各层平面草图，要询问学生，这种平面图形的结果有否考虑体量关系？有时，教师从学生毫无章法的平面方案，其至"张牙舞爪"的"图"形中，就可知该方案缺乏预设体量关系的制约。那么，教师先不要评价平面方案的具体细节，而是让学生把当前这种平面方案"站"起来看看形体关系是否满意。一方面让学生明白，平面的研究是受其形体构想制约的有条件设计，不能孤立独行。另一方面也让学生明白，平面方案的发展时时要以形体构想的完善进行验证。两者始终要同步思考并进展开，才能使方案设计走得顺一点。

在学生进行方案深化设计阶段，平面的精细设计与空间的形态推敲更是密不可分。比如，学生对某个重要房间如候车大厅研究平面关系时，除了考虑功能要求、流线组织等外，还要同时推敲候车大厅平面形状、净高尺寸，若有夹层候车，还要考虑夹层在大厅中的层高关系及覆盖面积的比例，这些都牵涉到空间美学的要求。即使对一些更细小的节点平面，如挑檐平面到底需要伸出外墙多少？檐口上翻多少？不仅要考虑屋面排水，也要推敲它的檐厚、挑出与墙身高度的比例关系，甚至还要考虑人仰望时的视觉矫正因素。从这些细节处理中，就可看出学生设计功力如何，这也是教师着力要加以耐心细致辅导的。

在某种条件下，比如对课题拟设计的建筑，学生认为造型非常重要，可试着让学生从造型研究入手开展方案设计，但教师辅导时，要与学生讨论所构想的造型依据是什么？只要学生能说出一定的理由，哪怕并不充分，都可以让学生试探。但不鼓励没有任何道理的随意玩弄形式。更重要的是，学生对造型的构想，于课题特定的功能内容是否有所考虑？这是教师辅导时要关心询问学生的。因为，造型这个"筐"不是什么功能内容都可以随意"塞"进去的，这不仅是形式与内容相脱离的不当设计方法，也是一种不良的设计态度，教师更要予以及时纠正。

学生除去学会善于进行平面功能与空间形式的整合设计外，教师还要引导学生对建筑与技术这两个紧密关联因素的认识，并加强对两者进行整合设计的方法辅导。对于课程设计而言，前者主要包含平面与空间，后者主要包括结构与构造。这就把上述方案设计整合内容扩大到技术范围，从而把技术课程的知识融入其中。比如，方案设计在平、立、剖的同步操作中已经整合了功能与形式相互有机的关系，进一步的整合是通过技术手段使方案得以有可操作性。因为平面的变化、立面的线条、剖面的节点及其三者整合成的形体构成都涉及到对结构的交代与构造的作法是否清楚。学生对此必须同步进行研究。然而，学生受知识与能力的局限对此并不熟悉。

一是概念淡薄，画立面线条时仅从形式美考虑，而忽视了线不是"画"出来的，而是"做"出来的，因而结构逻辑不清、构造做法不明。二是剖面设计中反映技术知识浮浅，因而错误表达频现。如梁柱搭接关系概念不清、立面挑檐厚度与剖面节点不符、直跑楼梯休息平台与上层楼板标高冲突导致碰头、二层悬挑的两层建筑立面，因未考虑楼面须以挑梁支撑以及屋面应有女儿墙的高度而画成上下两段立面成等高，等等。这些笔误或错误事虽小，但学生做方案时没有技术整合概念，技术知识运用又不熟却并非小事，反映出设计基本功欠缺。对此，教师不仅要从设计手法上纠正学生方案中的诸如此类设计不当之处，更重要的是要从设计方法上纠正学生产生这些设计问题的原因，即让学生明白做方案设计就是将不同设计因素整合成一个有机整体，而不是顾此失彼，甚至抓住一点不及其余。为此，教师要求学生把立面的线条在剖面上用构造节点画出来验证一下能否相符，或者把梁的断面与柱径比较一下就知道是梁穿柱而不是柱顶梁，因而立面的画法也就不一样，等等。教师只有让学生亲手画一遍，有了实践认识才会真正明白建筑与技术的整合是使方案更具可靠性的途径。今后学生再做方案就会时时想到结构、构造对方案设计的制约了。

**教会学生正确设计操作与表达手段的教学法**

上述教师辅导学生从零起步展开方案设计的过程是一个从建立设计概念到孕育方案逐渐成型的一系列生成过程。由于学生在方案起始的设计构想会如泉涌般迸发出来，但这些设计概念一般较为模糊、游移不定，甚至取舍难辨，却又需要紧紧抓住脑中的一闪念并及时"落地生根"，以免瞬即消失，对此就需要一种高效的表达手段给予帮助。针对这种敏捷的思维活动成果，怎样既能抓住，又不影响思维活动的亢奋与连续，只能选择操作方便、表达写意，又能与思维活动同步运行的手段。这就是唯有图示思维在方案起步阶段才能发挥的重要作用。因此，教师引导学生掌握正确的表达手段就显得十分重要了。从训练学生掌握正确的设计操作方法而言，一定要杜绝中、低班学生在计算机上做方案，即使对高班学生在方案起步阶段也应以图示思维方法训练设计能力为重。这并不是否定计算机作为辅助设计手段的作用，而是我们培养的对象是从零起步的学生，要对诊下药。防止学生过分迷恋、依赖计算机而导致设计基本功低下、设计素养欠缺、设计悟性空白所带来的终身遗憾。

在学生用图示思维方法起步方案设计时，教师要提醒学生用拷贝纸蒙在地形图的基地范围内，眼看着环境条件，用粗线条随着思维的流动快速地以图示符号表达头脑中随时冒出来的设计概念，这种看似涂鸦般线条的呈现与思维流动可以说是无缝对接。手脑互为连续促进的结果，必定会使线条如一团乱麻般的图面逐渐浮现方案的影子。学生这种设计基本功的积累将为他们今后设计能力的提高，乃至超群奠定了厚实的基础。有了这种设计基本功，再去运用计算机辅助设计将如鱼得水、如虎添翼。

在方案设计进展到中途，当学生开始研究平面与空间关系时，教师要引导学生利用小比尺工作模型研究两者的关系。其目的一是只重点研究大的体块关系，不拘细节与准确；二是制作简便易行，可随调整意图自由加减体块；三是可从三维方向任意审视体量的立体关系，对于刚设计入门的学生较能直观理解；四是学生经常动手研究工作模型，可以不断提高对空间的理解力、转换力与想象力。因为这一切都是靠学生自己动脑、动手完成的。然而，学生却非常热衷借助计算机建模，不但可自动生成模型，而且可任意转换角度观察，既快又方便。但是，学生到大学来是学习建筑设计的，若什么都想让计算机代劳，那么，学生还需做什么呢？若离开了计算机，学生还能干什么呢？何况屏幕上的建模毕竟是在二度空间中展示的，学生若没有空间的理解力，如何去评价它，即使可以操纵鼠标去任意调整体块也不如动手在工作模型上加减体块来得自由，手感来得真实。而动手做工作模型研究方案与画草图促进方案生成一样，都是一种非常睿智的思维活动。因此，教师从严要求学生自己动脑动手运用工作模型研究方案实在是人才培养的必须。而要求学生花费过多的时间与经费把成果模型做得那么精致实无必要，于提高学生设计能力无甚益处。只不过学生得到一些动手制作工艺品的锻炼而已。

在方案设计进行到深化阶段时，学生对某些室内空间或外部造型的细节需要做些仔细的推敲工作，这是方案设计达到一定深度的要求。为此，教师一方面要督促学生做出努力，避免方案内容空荡、深度浮浅；另一方面教会学生用徒手勾画局部小透视的研究手段完善方案的细节。包括对形体的起伏、材质的搭接、色彩的配置、线角的交圈、装饰的点缀等等的推敲研究。这种表达手段的训练不仅可以培养学生做设计惯于认真精心的态度，而且可以提升学生做设计的素养。

对于高班课程设计而言，只有到了方案性的问题经过思考、分析、研究使方案大局基本确定后，此时学生可将方案阶段性成果输入计算机，使设计以下的程序包括方案的进一步修改、完善、定案等若干后续设计与研究环节，可利用计算机的优势在电脑中展开，直至完成方案最终成果的表达。即使如此，教师仍需坚持课堂辅导到底。比如，学生操作计算机对方案进行深入的调整、完善，教师不是无事可干只等待学生打印的修改成果进行点评，而是要在学生修改方案过程中进行辅导。特别是屏幕上只能表达方案局部内容，而不能在一个屏面上同时展现若干相关联的方案内容，将造成学生又会陷入就事论事的修改方案之中，此时教师就要及时提醒学生不要忘了用联系起来看问题的方法，防止出现"按下葫芦浮起瓢"的被动局面，等等。包括学生在最后成果表现的制做中，更需要教师在课堂现场给予及时指导，而不能任由学生在宿舍等教室以外教师无法指导的地方，单纯为完成作业而绘图。因为，即使计算机绘图也应作为学生学习的过程需要教师指点。比如绘制透视（或鸟瞰）图时学生最易忽视素描、色彩、光影三大基本原理的表现概念，造成匠气十足的画面毫无空间感和缺乏艺术品味，也反映出学生设计素养的不足。对此，教师在课程设计的最后两周不能松懈教学的投入与管理。

## 四、怎样开展创造教育

创造教育是指运用创造学原理与方法，致力于开发受教育者创造力的教育思想、教育观念、教育原则和教育方法的总和。显然，对于建筑设计教学来说，为了激励学生树立创造志向、培养创造精神、激发创造思维、增长创造才干、开展创造性活动，一句话，为了培养创造型人才，教师一方面要在设计辅导中运用创造学的原理与方法开发学生的创造力，另一方面应引导学生创造性地进行建筑设计的学习。这些教学活动可以从以下几方面展开：

### 1、从强化创造性思维到倡导创造教育

创造性思维与创造教育是两个不同的概念。针对建筑设计教学而言，对学生强化创造性思维是毫无疑问的。但是，这种训练往往只局限在学生的建筑设计过程中，伴随着知识的传授而进行创造力的培养，这仅仅属于狭义的创造教育范畴。从培养创造型人才出发，我们更应从广义创造教育的高度开发学生的创造力。这种广义创造教育虽不是一个独立的教育层次

或教育类型，但它会渗透到社会、学校、家庭各个领域及其各个层次，特别是在建筑设计领域更为明显。这种综合性教育体系的特征是突出强调发展学习主体的个性、主动性和创造性的全面教育，是一种素质与能力的培养，它能培养学生对未来的适应性、创造性、灵活性、预见性、参与性，最终逐渐成为创造型人才。为此，建筑设计教学作为创造教育的一环，教师在激发学生创造性思维的基础上，要大力开展创造教育的教学工作。

**充分尊重学生的创造精神**

教师辅导学生进行课程设计希望学生能做出一个优秀的方案，这是教学的一种良好愿望，但这并不是最重要的目的。重要的是应在辅导设计过程中充分尊重、保护、激发学生的创造精神。特别是在学生课程设计刚起步时，全组同学会有五花八门的想法，教师辅导的任务，一定要沿着学生的创作思路，在设计程序的各个阶段去帮助他们逐渐修正、充实、完善方案设计的内容和深度，即使是每一位学生的方案到最后仍然存在若干问题，也属正常现象。何况任何设计方案从来没有十全十美的，毕竟学生自己动手经历了设计过程，且已经取得不小成果。对此，教师都要给予充分的肯定。哪怕个别学生的方案还是比较糟糕，也不要轻易推翻否定。教师要善于从中发现、挖掘可取之处给予鼓励，以保护学生做方案的自尊心和进一步改进的信心。教师只有在尊重每一位学生首创精神的辅导下，才能在全组形成多样化方案的局面。而那种以教师的想法代替学生的思维，或者以种种技术性理由简单否定学生设计方案的做法往往会挫伤学生处在萌芽状态的创造精神。何况，一位教师再有多大的设计功力也难于对付一个小组十四、五位学生做出各具个性且全然不同的方案。如果教师把自己的思维定势无意识强加于学生的方案中，将导致全组学生的方案本应各具个性却雷同如一个模式。即使方案都比较稳妥，但终因磨圆了学生方案的棱角，就难说是教学的成功了。

因此，教师不仅仅要教会学生怎样做建筑设计，还要在已有的教学经验基础上，掌握好创造教育法，使自己所教的学生组成一个有利于创造力开发的群体。教师在其中的作用是不断鼓励学生能动设计、引导学生沿着自己的想法自主探索。而学生在方案探索方向出现偏差，或解决设计矛盾出现困难时，教师则要及时给予掌舵把关。这种"放手"而又不"放羊"的辅导学生设计，对于教师不是轻松了，而是更能考验老师的教学水平。因为，教师要真正把学生的方案辅导到看不出教师施舍的痕迹，而是学生原汁原味方案发展的成果，且都具个性才是最难的。

**引导学生思维体验**

教师辅导学生进行课程设计应重视思想交流和语言对话，而不仅停留在图面上就事论事解决方案的具体问题。因为，只有师生在对话中才能发现学生在图面上设计不当之处的思维根源，或抓住学生思维活动中闪现的可取却未能在图面上表达出来的想法。这种师生对话不是教师滔滔不绝地讲解，不是"一言堂"，若如此，这只能让学生的思维被动地跟着教师思路跑，甚至难以跟上，也难以理解、消化教师的即兴灌输，也许学生心中另有想法却不能插话。因此，教师应该采用问答的方式，启发学生思维，让学生通过自己的积极思维体验去发现问题、认识问题。只有这样，学生才能对设计问题得到深刻的理解。至于师生对话之后，方案如何修改，教师也不能包办代替地"送"方案，而是提示学生方案发展方向的几种可能性，让学生自主地试着去探索，选择方案进一步的发展走向。即使方案修改之后仍存在某些问题，也是方案前进中的问题，毕竟学生是通过自己的努力，使方案成果一步一步向前推进。学生正是既在教师的引导下，又摆脱对教师的依赖，而养成积极进行思维体验的职业习惯。在此基础上，学生的创造性思维才能激发出来，才能进一步培养出创造精神。

**促进学生思维交流**

创造教育的一个基本原则就是"开放性原则"，即要为学生提供一个开放的受教育环境，不能让学生禁锢在个人冥思苦想的自我封闭系统中，

国际联合教学是对学生进行创造教育的有效形式

也不要局限在师生对话的单一小圈子里。要让学生融入到学生之间和学生与其他教师的思维交流之中，以便扩散学生的思维、启迪设计的思路、激发创造的灵感。为此，建筑设计教学活动必须集中在专用教室内展开，以形成开放的浓郁教学气氛。除教师个别辅导的学生外，其余组内学生或在独立思考、推敲方案；或在相互交流、切磋讨论；更可鼓励学生去旁听其他组教师的辅导。而刚被教师个别辅导完的学生，则嘱咐他们要趁热打铁立刻在座位上继续设计工作，将师生讨论的结果及时落实到方案的修改中。教师应该知道，学生要想学好建筑设计，一方面要靠个人的努力，另一方面还需要在一个开放的环境氛围中熏陶与潜移默化。教室应像茶馆一样热闹，而不能像医生看门诊一样，辅导完一位学生即掉头走人。这种冷冷清清的教学状况是不利于学生学习的。

上述学生的思维交流还处在自发程度上，为了更有效地发挥学生思维交流的作用，教师还可采取有组织的方式进行。比如，在课程设计中途，教师可就组内学生共同的问题展开讨论，可选择某几位学生的方案作为案例进行以点带面的交流。让方案设计者介绍自己方案方方面面的思考过程与自我评价，一方面训练其思维的逻辑性与敏捷性，另一方面训练其语言的表达能力。而对于其他学生来说，也是锻炼其对方案的观察力与评价能力。这样，通过对交流方案的提问、讨论，甚至争论，使学生们对讨论的问题得到共识，从而使创造力开发的群体产生合力效应和互补效应。

其次，创造教育还十分重视适时的检测环节对学生思维交流的促进和对学习成果的巩固。但是，对于检测却往往是学生最讨厌的手段。建筑设计教学为此应该针对专业学习的特点，改变检测是对付学生的手段而成为一种学习交流的机会。比如采用集体检测的方式，由教师设计一个有若干基本概念错误的方案，包括设计错误、结构错误、构造错误以及表达错误等，让学生集体指出平、立、剖面图中这些错误并回答纠正的方法与手法。这种抢答的检测方式，可以睁大学生的双眼积极寻找方案错误之处，并调动他们的思维活动积极思考问题、抢答问题。通过相互交流、集体更正，学生不但加深了对设计基本概念的理解，又尝到了学习建筑设计要积极展开思维交流的甜头。

## 2、重在培养学生的创造性学习方法

在建筑设计教学中，创造教育的目的是努力培养学生具备与创造有关的品质，其中，探究创造的科学方法的品质对于培养创造型人才来说至关重要。

从方法论上看，创造教育是一种启发研究型的教育，学生的学习方法应该体现在研究知识、掌握知识、发现知识，并超越原有知识范畴之中。因此，建筑设计教学应该努力培养学生独立思考的能力、分析矛盾的能力、提出问题的能力、综合解决设计要素的能力、创作有创新意识方案的能力，等等。学生只要掌握了创造性的学习方法，就等于掌握了打开创造殿堂大门的金钥匙。

因此，教师在设计辅导教学中，要增加对学生培养创造品质的关注。比如，课程设计任务书是培养人才很重要的一个学习指导文件，它一方面反映出一所建筑院校、一位教师的教学水平，另一方面也体现出教学导向的作用。按建筑设计教学通常作法，都是由教师制定出完整格式的设计任务书，包括教学目的、教学内容、教学要求、教学进度，甚至把所有房间名称、面积大小规定得一清二楚，学生只要按照设计任务书的规定去做就行。这种要求学生按正向思维行事，固然符合学生初学建筑设计的一般规律，也是教学适宜的手段。但是，任何事情总有两面性，学生受到每一课程设计任务书这种标准化模式的影响，容易形成思维定势，从不会对设计任务书产生疑问。

其实，课程设计任务书的出台若是没有经过教师认真试做方案，没有经过教学小组集讨论研究的话，或许在课程设计任务中存在着某些不当之处，而学生若不加思索地照此设计，就没有发挥学生在创造教育中的主体作用。就学生作为未来建筑师的职业工作来说，建筑师应该参与项目前期的可行性研究，帮助建设方完善或制定任务书，这些能力的培养应该纳入大学的专业学习任务之中。为此，教师可以在任务书的制定时留有让学生发挥创造的余地，给予学生更大的想象空间和创作自由，而不是以教师提供的设计任务书去规范学生的创作思维。比如，制定二年级"大学生活动中心设计"课程设计任务书时，教师据教学大纲只需规定总建筑面积规模，至于课程设计任务书设定什么活动内容、面积多大、房间数量等，则由学生通过校园调查、走访各系学生自行提交"大学生活动中心设计"的课程设计任务书，教师可把这项可行性研究作为培养学生创造性学习的环节和考核要求。由于这是一种主动学习方式，学生为了给自己提供展开设计的依据，只能深入实际调查研究，而且会以积极的态度把这项工作做得更符合实际，其活动内容会更切合大学生对开展课余活动所需功能内容。如学生会设定文学沙龙、音乐欣赏、动漫创作、电子游戏、瑜伽健身、绘画书法、斯洛克等等，而不是诸如乒乓球室、棋牌室、图书室之类传统功能内容。这不仅反映了课程设计内容的更新，也是与时俱进符合当代大学生的活动特点。看来，课程设计命题的方式在适当的时候采取上述改革，不失为一种有效的创造教育导向手段。

再如，每一课程设计前，教师都会带领学生参观与课程设计同类型的建筑实例，以增加学生的感性认识。但是，这种现场参观往往是集体走马观花形式，即使教师现场讲解，也因参观队伍阵线太长而收效甚微。而学生并未带着问题参观，到现场也就东张西望无所收获。因此，学生这种参观学习方式要改变。教师要放手让学生利用参观调研形式自主地创造性去学习。比如做图书馆课程设计时，教师可帮助学生拟定调研提纲，提示学生在现场重点看什么？向哪些人员咨询？等等，并要求学生参观完毕须撰写调研报告。这样，参观调研环节就转变为学生带着问题，独闯各个图书馆进行现场学习。学生这种分散式的调研学习一方面可锻炼学生的调研能力，发挥学生自主学习的积极性；另一方面也减少了大队人马集中参观带来许多事务性工作的麻烦和对参观单位的较大干扰。

总之，创造教育的宗旨不在于培养学生的被动接受能力，而在于开发其主动创造能力。因此，在建筑设计教学中，学生虽然是受教育者，处于被动地位，但从创造过程来看，学生又是创造者处于主动地位。既然如此，教师就要为学生创造机会，让他们在创造性学习中发挥潜能、增长才干。

### 3、努力开发学生的创造力潜能

高校为了培养创造型人才就必须在学生学习期间努力开发他们的创造力潜能，包括生理机能、智力因素和非智力因素。这些因素对于创造教育主体的学生而言，就成为创造力开发的内因。

**基于人的生理基础，开展有利于创造力开发的教学活动**

创造力开发的生理基础是人的大脑利用的程度，它既是思维的物质承担者，又是创造力的物质承担者。科学研究表明，人脑的功能几近无限，但人对大脑的利用却极为有限。说明人脑的巨大潜能有待科学地开发。

据科学家通过实验指出：人的大脑由左、右两个半球组成，两者结构相同而功能相异。它们交叉控制着人体相反半边的活动，即人脑的左半球主要进行抽象思维、控制语言、概念、数学计算、分析、推理和时间感觉；右半球主要进行形象思维、控制视觉形象、图形、记忆、综合、空间感觉以及想象、情感、和潜意识等。简言之，左半脑偏重于科学与逻辑，右半脑偏重于艺术和情感。

从左、右半脑功能的分工来看，它们对于产生创造性思维都起着重要作用。但是，学生从小学直至大学所受的教育都是偏重于用左脑思考和偏重于使用右半肢体活动，从而使左半脑的功能得到强化。而右半脑在长期的学校教育和日常生活中却较少得到训练与开发，使得右半脑分管的形象思维，特别是它分管的潜意识经常诱发灵感，本应充分发挥作用而受到抑制。由此可知，右脑功能的弱化是影响学生创造力发挥的重要因素。

那么，教师在学生的建筑设计学习中就要加强学生右半脑的功能，其方法一是多进行视觉练习。比如，在师生对话的辅导交流中，多运用图示这种建筑师共同的语言进行方案讨论；教师进行小组讲课时，多运用图片、PPT等实景作为形象教学手段；或者要求学生拓展专业学习的领域，多开展旅游、绘画、摄影等能受到美的熏陶活动。二是教师要鼓励学生多参与文化艺术活动，比如，聆听音乐、阅读名著、观看电影、欣赏美术等高雅艺术活动。三是学生作为在校的学习者，而不是设计单位的生产者，教师不宜主张学生在计算机中建模，而应提倡空间想象力的基本功训练。在课程设计初始时，教师要鼓励学生加强构思的想象力，而不是设计一上手就埋头运用设计手法展开具体的设计工作。

总之，教师懂得了右半脑对于发挥学生创造力的作用，就要在设计教学中通过学习各种途径致力于挖掘学生大脑的潜力，进而开发学生的创造力。

### 开发学生创造力的智力因素

智力是指人认识客观事物并运用知识和经验解决实际问题的能力。它与创造力虽是两个不同的概念，但智力组成的若干因素对创造力的开发有着重要影响。

与学生在建筑设计学习中开发创造力有关的智力因素主要包括观察力、记忆力、想象力。

•观察力——观察是人认识客观世界的重要途径，它包含"观"与"察"两种行为。前者是通过看获取信息，后者是对信息进行分辨。两者的结合就构成了一个人的观察能力。因此，观察是观察力的必要前提条件，而创造力的开发离不开观察力。

教师通过辅导学生设计以提高学生的观察力可以使学生积累丰富的设计知识，为创造力的开发打下坚实的基础。虽然人观察事物是先天的生理本能，但是，分辨事物的能力却要靠后天实践与培养。因此，教师不仅要在课堂辅导学生，而且要引领学生到实践中多观察社会现象、建筑现象、人的生活现象等等。对这些现象大自整体小至细节，都要有心观察、细心观察，切不可熟视无睹。只有这样，学生才能弥补书本知识的不足。

教师通过辅导学生设计以提高学生的观察力，还要帮助他们提高分辨事物的能力。使学生看到各种现象时，能分辨出好坏、优劣。这就涉及到学生不仅要调动视觉，而且要运转思维。比如，学生看到一座城市建筑，看什么？怎么看？又如何评价？从中能学到什么？哪些要引以为戒？这些"观"与"察"在实践中的专业训练都需要教师给学生以现场示范讲解，并帮助学生今后养成习惯：处处留心皆学问。

在课堂上师生讨论方案时，不是教师先给予一通点评。而是让学生针对自己的方案先自我进行评价，这可以锻炼学生的眼力先要能看并察觉出自己方案的优缺点，再进一步分析方案如何进行优化。教师只有在学生"观"与"察"的基础上，对于正确的观察给予肯定，对于观察偏颇的给予指正。这样，学生才能不断提高自己的观察力。

• 记忆力——记忆力对创造力是有促进作用的。因为，记忆是在人通过大脑对经验过事物的记住中提取储存信息的过程，若记忆力越强，则能提取的所需信息就越多，提取的速度就越快，也就越有利于创造。因此，教师培养学生增强记忆力就有助于提高学生的创造力。

根据记忆力的识记、保持、再认（或再现）三个心理过程，教师可以分阶段对学生进行记忆力培养。

怎样识记？就要求学生首先善于感知信息，并能抓住反映事物本质的主要信息来感知。比如，教师要让学生记住流水别墅的形象，就要提示学生记住有两个光洁且相互垂直的水平大挑台悬于瀑布之上，再有一个竖向粗毛石墙体耸立着。学生对流水别墅这些突出的体型特征要善于通过加强注意的心理活动而强化感知，至于流水别墅体型细小的次要信息，可以排除（忽略）不予关注。这样，学生懂得了识记的方法，以此类推，就可以记住许多随时观察到的信息。

怎样保持？保持是感知的信息需要神经联系以痕迹形式留存于大脑

中。因此，学生感知的信息，教师还要教会学生铭记信息的方法。可以通过由信息的内容、形式以及与其他信息的联系方式使感知的信息不易忘记。比如，对于素描关系的铭记，教师可以启发学生把这种概念与现实生活中的现象联系起来：远山灰蒙蒙、山的轮廓线也比较模糊，而近处的大树树形不但清晰，而且色深。概括起来铭记素描关系就是"深的往前跑，浅的向后退，清楚的往前进，模糊的向后隐"。其次，要想使铭记的信息长久不遗忘，就要对记住的信息多加复习。所谓复习，实际是重复进行从感知信息到铭记信息的识记过程，巩固识记的效果。这种复习教师可以帮助学生进行，一是反复提起、讲解某个应该铭记的信息，二是要求学生反复实践练习从而深深牢记。比如，对素描关系不仅要求学生从道理上理解而铭记，还要求学生动手表现一幅透视图，通过景物的深浅和清楚与模糊的素描关系把场景的空间效果表现出来。

怎样再认（再现）与回忆？再认与回忆是对识记和保持效果的检验，是衡量记忆的水平。学生在进行方案设计学习时，会从脑中检索储存的信息，并从中提取有用的记忆，这种对已识记信息的直接再度作用，能够有效地提高记忆力。因此，在学生进行课程设计初始时，教师要求学生打开思路，通过记忆力的作用，尽量再认与回忆脑中储存的信息，并根据不同已识记信息的启发，做出不同方案进行比较。如果一位学生的记忆力强劲，则思路就会开阔。反之，则思路就会狭窄。

•想象力——想象是人的大脑利用观察获取外界信息，并利用记忆提取储存的信息而构建新的思维成果的创造过程。因此，想象是创造活动的必要前提。那么，教师怎样培养学生的想象力呢？

一是要求学生不断地增加知识积累和经验积累。因为知识和经验是想象的基础素材，学生只有知识渊博了，经验丰富了，才能更主动、更自由地开展想象，进而提高创造力。而知识的积累一方面可通过读书学习，从书本中学到前人的经验进行积累，但有些知识会很快被淘汰，又会有很多新的知识涌现，因此学生要坚持读书学习的习惯，不断更新知识的积累。另一方面要求学生向生活学习，这要比书本中的知识更广阔、更形象、更生动，也更便于记忆积累。至于经验的积累，因建筑设计本身就是一门实践的课程，教师更应对学生强调要多动手做设计，多动脑想问题，多用眼观察生活。不仅如此，教师还要告诫学生多参与各类生活的实践，亲身体察生活、感受生活、通过在生活中增长才干而积累经验。学生一旦有了丰厚的知识与经验积累，就为创造想象奠定了基础。

二是拓宽学生想象的渠道。想象主要是发挥形象思维的作用，这对于学生进行建筑设计的学习甚为重要。因为，建筑设计的任务之一就是形的创造，更体现在设计之初对形的构思上。而学生对形的想象总是局限在形式构成的手法上，对于建筑创作而言思路不免过于狭窄。为了提高学生对形的想象力，教师就要帮助学生打开对形的想象渠道。怎样帮助呢？可以引导学生运用联想的办法诱发想象力。其原理是联想作为人的一种重要心理活动，在某种外界条件的诱发下，可以回忆过去曾有过类似的见识和经验，触类旁通而产生接近的类似的形象想象。这种外界条件诱发联想的渠道，教师可以通过举例分析以启发学生想象的思路。

如彭一刚院士在创作天津水上公园熊猫馆时，从熊猫浑圆的体型诱发出建筑的空间呈圆、曲线、曲面等要素构成的形象，从而打破了一般建筑惯用的直线要素、方正空间、体量的手法，给人以新颖感。

又如以卡拉特拉瓦设计的西班牙巴伦西亚科学城为例，说明依仿生原理诱发对形的创造想象，是以形似动物骨骼的结构包裹着巨大的内部空间，并塑造了别具一格的外部形象。

再如以沙里宁设计的纽约肯尼迪机场 TWA 候机楼为例，说明源于隐喻手法诱发对形的创造想象，是以像苍鹰展翅欲飞的形象与建筑物的功能内容相吻合，很容易引起旅客对航空的联想。

三是提高学生思维速度。想象的开展同思维速度密切相关，思维速度越快，想象的进程就越快，就越能促进想象力丰富。因此，教师在适当的时机，可以通过一些有效手段，加强对学生进行思维速度的训练。

例如，在一个学期的两个课程设计题之间，视低、中、高班分别插入时间长短不等、难易程度不同的限时快速设计题进行思维速度的训练。当然，作为教学环节而不是测试方式，教师更应加强课堂辅导，这种辅导不在于方案本身的辅导，而着重于学生对设计的思路、矛盾的分析、问题的处理、操作的方法等各环节的设计效率辅导。由于设计时间限制，学生就不能磨磨蹭蹭，被逼要加快速度，设法让思维流畅起来，考虑问题就要抓主要矛盾，避免纠缠细节，这样才能使设计速度加快，等等。这种训练手段在各年级不间断地开展，特别是在毕业设计之前，作为整个建筑设计教学的总结，可以集中一段时间强化快速设计训练，对于提高学生的思维速度，进而提高想象力和创造力都是大有帮助的。

其次，在课堂进行设计辅导对话时，学生是否对答如流也能反映学生的思维快慢，教师从中可以把脉慢的原因是知识积累不够？还是课前准备不足？是反映迟钝？还是不善言谈？对此，教师把学生这些表象可以归结为学生的思维更需给予帮助。教师应该懂得只有辅导到点子上，才能从根本上为学生铺平学习建筑设计的道路，学生在这条道路上才能展开想象的翅膀，发挥出更大的创造力。

### 开发学生创造力的非智力因素

除了智力因素之外，还有一些非智力因素与学生的创造力开发也有密切关系。这些非智力因素主要包括：理想、意志、兴趣。

• 理想——人生在世要想有所作为，就应该树立远大理想。这种理想是健康美好的，是与奋斗目标联系在一起，并有实现的可能，这种理想就能成为创造的动力。为此，教师要经常教育学生，既然选择了建筑设计这一行业，就要树立远大志向，并为之奋斗终生，以使自己成为一名建设祖国、服务人民的优秀建筑师或管理者。正像伟大的科学家爱因斯坦所言："人只有献身于社会，才能找出那实际上是短暂而有风险的生命的意义"。为实现这种崇高的理想，爱因斯坦才获得动力，一辈子创造不止。每一位有志实现自己理想的学生，都要以爱因斯坦这样的科学家为榜样努力学习，努力开发自己的创造能力。

• 意志——创造是一个充满艰辛、充满挫折的过程，只有在坚强的意志支持下，人才会产生毅力，才能坚持不懈地为达到既定目标而顽强拼搏。因此，意志是创造力的可靠保证。学生在建筑设计的学习中一定会碰到许多意想不到的难题，意志不坚定者会回避困难，或完全依赖教师辅导，教师怎么说就怎么做。或者翻翻资料，检索图库便稍许改头换面模仿一个方案，甚至采取拿来主义抄袭他人方案。教师对此首先不是辅导他的山寨方案，而应指出学习的态度要端正。要告诫学生，建筑设计学习可以借鉴，但必须自己动脑创造，哪怕设计有难度即使方案仍然问题百出也是自己下了功夫，坚持下去总会一点点地进步。看来，对学生意志的鞭策，要比具体设计的指导更为重要。有时，学生做方案前期很顺，可是在后期关键时刻卡壳，方案难以满意而失去信心，甚至想推倒重来。此时，教师一方面要肯定学生前面做方案的成果，并从专业上辅导学生克服当前的问题；另一方面要教育学生遇困难挫折正是磨炼意志的时机，要让学生明白，任何成功都不会一帆风顺。在困难面前只有以顽强的意志和毅力，把方案设计尽可能完善地做到底，才能保证创造力的充分发挥。

•兴趣——兴趣是学生最好的老师，也是创造力的催化剂。一些学生因为喜欢建筑，发奋考进了建筑院校，因而痴迷般沉浸在建筑设计的学习中，进而经常能做出不少奇思妙想的设计方案。而另外一些学生数理化十分拔尖，但对学习建筑设计并非个人爱好，只是阴差阳错来到建筑院校，因而碰上设计课就提不起兴趣，甚至有些胆怯，这就很难在课程设计中发挥创造力了。对于后一类学生，教师要进行特别开导。要从培养兴趣着手，讲述学习建筑设计可以丰富人生阅历，可以提升艺术修养，可以陶冶文化情操，可以体验生活乐趣，等等。同时教师还要帮助学生寻找提高兴趣的途径，比如欣赏优秀建筑、浏览风景名胜、参与娱乐活动、动手写生作画、阅读经典名著，等等。教师通过激发学生学习建筑设计的兴趣，才能使他们主动地进入建筑设计的角色，这些学生也只有把建筑创造当作快乐的事，才能像前一部分热爱建筑设计的学生那样，释放出创造力。

上述建筑设计的创造教育活动，都是在课堂教学中展开的。但是，学生创造力培养的途径还需拓展到学生的课余活动中，两者相辅相成，共同促进学生在创造力发挥中起作用。后者，同样需要教师的付出。有关教师在学生课余活动中怎样培养学生的创造力将结合"怎样融通师生情感"一节阐述。

### 让创造教育走出课堂

学生创造力的开发，除了发挥自身的内因作用外，还需要一定的外部条件提供平台。特别是对于学习建筑设计的学生来说，更需要在特定的环境中，通过自主地参与各项创造活动，以增强获取知识以外的创造能力。因此，教师欲要教好学生建筑设计的学习，开发学生的创造力，必须让创造教育走出课堂，让学生在生活的大课堂中开展多样化的创造活动，使学生的创造力在广度与深度上得到进一步开发。

比如，对学生最感兴趣、最具吸引力的创造活动当属参与各类设计竞赛。因为，这项活动符合创造力开发的基本原理。即陌生原理——学生对设计竞赛的形式与内容较为不熟悉，抱有探索最优方案的好奇心，因而能摆脱课程设计习惯性思维的束缚，破除思维定势，并调动思维的积极性，增强思维活动；进攻原理——由于设计竞赛日程紧迫，机遇难得，学生都能以只争朝夕的精神充分投入，积极发挥主观能动性；开放原理——学生个体走出封闭的思维方式和行为模式，与群体共处一个开放的创作系统，因而能充分发挥合力效应和互补效应，共同为竞赛方案获胜而齐心协力进行各项竞赛工作；辩证原理——学生在设计竞赛过程中，需要以唯物辩证法的哲学思想解决竞赛方案的一切设计问题，以产生创造性思维的新成果。因此，教师组织学生参与设计竞赛、投标活动较之课程设计对于培养学生创造力具有明显优势。

又如，放手让学生操办一台新年晚会，完全可以想象建筑院系的学生其创造力有多么丰富。诸如演一个小话剧，要写剧本，学生会从现实生活中收集素材，并加以戏剧性提炼，甚至把老师经典的言语也会编进剧本。在演出中，学生会采取夸张、幽默的动作调侃他们学生生活的苦与乐。这

学生主办一场新年晚会也是一种创造性设计过程

种小品演出从无到上台就是一个创造过程，学生从中会得到创造力的开发。这种创造精神和方法教师如果加以引导，定会对学生的建筑设计学习产生潜在影响。学生也会乐于演出一台模特走秀，尽管这种演出也许比不上服装发布会那样专业，但是，学生的创意绝对令人佩服。谁也不会想到学生居然用图纸、彩纸、报纸自己裁剪别样的奇装异服，或者把床单往身上斜披，腰间打个结，俨然一款"时尚"经典。手上还拿着丁字尺、三角板，走着猫步，还真有点范儿，在震荡音乐的气氛烘托下，全场观众已经笑翻天。这样的节目谁说不是学生的一种创意？它不但开发了学生潜在的创造力，而且明眼人一看，这台节目绝对带有建筑学专业的特点，这正是节目成功之所在。而把学生潜在的创造力挖掘出来引导到建筑设计的学习中，就要看教师是否有慧眼了。

再如，学生创办自己的学术刊物，也能从一个侧面反映学生创造力在学习生活中的巨大潜力。学生在办刊的过程中，从出版计划、组稿采访、沙龙座谈、编辑校对、版式设计、经费筹措，直到赠送销售等等，完全可以一手操办，搞得有声有色。学生从中不但发挥了集体智慧有所创造成果，而且学生自身的创造力在实践中得到进一步提升。

上述学生这些创造活动，看似与建筑设计无关，实际上完全是课程设计内涵的外延。因为，学生开展一项课外活动也是一种设计过程。对活动

的主题、特色要有构思立意，对活动各环节的操作要有过程设计，对活动的目标要力争获得创造成果，对活动的组织要发挥个人与群体的创造力，等等。而由这些活动所激发出的学生创造力必定会反作用于课堂的建筑设计学习，这就形成了开发学生创造力的良性循环，而这正是教师开展创造教育所期望的教学目标。更为重要的如爱因斯坦所说："用专业知识教育人是不够的。通过专业教育，他可以成为一种有用的机器，但是不能成为一个和谐发展的人。"学生要能成为和谐发展的人，教育就要开放、多元、兼容，允许学生自由发挥。而学生的参与设计竞赛活动、结社、演出、办学术刊物、开展第二课堂活动正是他们的兴趣、才华、理想的萌动，这活跃了他们青春的生命，使他们在实践中学会表达，学会独立思考。而这些正是开发学生创造力的前提。

# 五、怎样抓好过程教学

建筑设计教学的人才培养目标是造就德才兼备的优秀建筑师、城市建设管理者，而人才的过程培养是保证人才培养目标得以实现的基础。由于建筑设计教学是贯穿五年学制整个过程，且人才培养还需在学生踏入社会后经工作实践和继续教育而逐渐成才。因此，基础的教育、过程的培养才是最重要的。反映在建筑设计教学中，教师要重视每一教学环节对学生道德人品的规范和专业学习的传授，真正把人才培养目标落实到建筑设计的过程教学中去。

在课程设计的具体教学过程中，教师要亲力亲为做好如下教学工作：

## 1、亲临踏勘现场

课程设计第一环节教师除了向学生布置具体设计任务、讲授相关设计原理、提出教学要求外，便是带领学生到地段现场进行踏勘。其目的是让学生对照任务书的地形图在现场通过观察仔细了解环境条件，并切身体验环境感受。教师的任务一是提示学生在现场看什么？想什么？二是教会学生踏勘现场的方法。比如，教师可提示学生先看地段周边道路情况有几条？是什么性质？是车行道还是人行道？主要人流在哪条路上？以什么方向为主？根据上述这些提示让学生再想想将要设计的建筑，主入口应该放在什么方位比较合适，如果有后勤运货，次要入口又应该从哪条道路，什么方位进入地段比较合适？教师对这些现场条件的提示可使学生不但用眼看，还要动脑想；不但只为了获得现场信息，更是为了在现场通过体验，对设计产生初步的构想。

又如，教师让学生对照地形图认知地段内各现有环境条件。诸如场地是否平整，有否应保留的树木、建筑遗存、水体等等。进一步让学生思考今后的设计如何利用这些有利环境要素或回避不利的环境要素，再思考一下就这些环境条件，建筑总体布局的设想有几种可能性。

除上述踏勘现场的工作外，教师还要让学生把观察的眼光、踏勘的步伐再扩大到地段范围以外，看看地段周边城市建筑的状况，并思考这些建筑的体量、高矮、疏密，甚至外墙材质、色彩、细部对拟设计的建筑会有什么影响？不仅如此，教师再让学生把眼光放得更远点，观察远处是否有城市景观、自然景观；在什么方位等等。除了观察环境，教师还要让学生站在地段之中，身临城市环境的空间氛围里，在脑中初步建立一个虚拟的立体设计目标，大概应有一个什么样的体量、体形立于城市建筑群之中较为合适；这种提示可以锻炼学生现场构思的能力和对空间感知与想象的能力。

教师除对上述地段内外有形的环境条件，提示学生观察得较为深入仔细外，若有必要，教师还可以让学生再深入一步观察和思考城市的人文环境有什么特色。这种特色在地段内外的环境要素中有无体现。在自己的方案中为了体现历史文脉，应该怎样吸收这些设计要素。

在学生现场踏勘和观察思考的过程中，必然会有许多疑问或不理解的问题，这就需要教师给予及时的解答。比如，做茶室设计的地段指定在某公园的湖边，学生通过现场观察发现湖面在东向，且东向是景观方向，中景有造型优美的石桥，远景有山，但建筑朝向却不好。当景向与朝向不能两全其美时怎么办？由于任务书给的地形图比较陈旧，而城市发展较快，地段周边条件已经发生了某些变化，当地形图与现状局部不符怎么办？地形图中有等高线，还有局部看不懂的符号（如陡坎），学生对照现状起伏变化的地形会提出疑问。一块做幼儿园课程设计的地段，其北边界紧邻小区住宅，学生在现场构思想充分利用地形，尽量把园舍靠地段北边界放，以便南面能多留出一点地作为活动场地用，为什么不妥等等。学生在现场提出诸如上述问题，教师解答时，有的问题需要从思维方法上分析如何抓环境主要矛盾；有的问题需要从设计原理上讲明白；有的问题需要从基本概念阐述清楚；有的问题只需从现象上解释清楚就行了等等。总之，针对学生提出的不同问题，教师都要给出一个明确的说法。因此，师生共同踏勘现场，实则是课程设计的现场教学，这种教学方式较之教师带领学生到现场浮浅看一圈收效要更大一些。

踏勘现场不是一次就能完成的，有时在设计过程中学生会发现遗忘某些环境条件，或者对某些环境条件印象不深，或者有些环境条件需要再次确认，每当教师在辅导学生设计时，发现方案总图与实际现状有出入时，都应要求学生再次到现场踏勘。其目的一是让学生把环境真实条件搞清楚；二是培养学生做事要有一丝不苟的精神。只有这样，教师从细节中从严要求，才能逐渐培养学生今后在执业生涯中的责任感。

### 2、重视参观调研

参观调研是学生从实践中获取真知的重要渠道，也是建筑设计过程教学的重要环节。其目的是学生亲临调查建筑的现场，带着有针对性学习目的，观察建筑、了解原理、感知空间、体验氛围，从中积累设计知识，为下一步展开课程设计做好感性认识的准备。

教师在参观调研阶段所要做的教学工作就是做好参观组织、现场授课（低、中年级），或指导学生独立调研（高年级）。

组织参观首先要选好参观建筑，以便学生从中能学到更多可参考借鉴的设计知识。因此，选择参观建筑要有典型性，其建筑设计基本符合该类

学生参观苏州园林，学习优秀设计手法

型建筑的建筑设计原理，包括功能分区明确、房间配置合理、主要功能房间满足使用要求、流线清晰等。而参观建筑的外部造型与内部空间的设计手法宜有某些特色。其次，为了拓宽学生参观的眼界，教师可以挑选不同设计思路的参观建筑。如做文化娱乐建筑课程设计时，可选择集中式现代感强的社区文化馆建筑，或结合地形采取组团式分散布局的少儿活动中心建筑等。这些参观建筑选择的准备工作实际上就是一种教学备课过程，教师要通过事先踩点，与参观单位沟通、约定参观时间，了解带队参观注意

建筑设计现场授课

事项，以便保证参观调研教学活动顺利进行。

现场授课主要目的是使学生对课堂的理论知识，在参观实践中通过感性观察和设身处地的建筑体验而进一步得到理解。教师不但要把课堂所授设计原理融会贯通到现场讲课中，还要很好回答学生在参观中提出的问题。为此，教师在现场讲授时，不但要系统地介绍参观建筑总体布局的特点，也要目击之处向学生点拨细节处理的精到手法；不但要分析平面设计中各房间功能关系处理的好与差，也要讲解各处空间处理可借鉴或引以为戒的地方等等。这种现场的形象化教学有利于学生对建筑及其设计产生兴趣，对各种建筑设计手法对照案例容易直观了解，对难以想象的空间形态会有切身感知和体验。由此，使学生对该类型建筑的设计常识印象深刻、获知扎实。然而，要使参观调研获得良好的教学效果，也不是一件轻松的事。教师不但要精心组织，还要认真备课；不但要现场集中讲课，还要适时让学生自主调研。否则将流于走马观花形式，从而弱化了参观调研的作用，甚至放弃该教学环节。其实，托词让学生自行参观对于低年级，尤其是二年级刚入门建筑设计的学生并不合适，因为，学生怎样看建筑还需要教师亲临现场讲解参观的内容和方法。否则，学生就会盲目东张西望，收效甚微。只有学生到了高年级经过几年的建筑设计学习，有了一定独立思考和研究能力，方可让学生独立参观调研。

即使高年级学生可以独立调研了，从抓教学环节而言，教师事先也要集中向学生交代调研建筑的参考选项，讲解调研提纲和调研报告撰写方法，提供文献阅读清单等。学生只有充分做好参观调研前准备工作，才能完成该教学环节所规定的教学任务。在这一过程中，一方面可以使参观人群化整为零，有利于避免如同低、中年级需教师带领大队人马参观而产生诸如对方难以接待，易干扰现场正常工作或学习，以及学生的安全管理、纪律整饬、交通提供等诸多麻烦；另一方面可以充分调动学生创造学习的主动性，学生往往会超出教学要求，不但扩大调研项目，从中总结更有参考价值的知识点，而且还能蹲点观察建筑内外环境中人的行为规律或深入进行个别访谈，从而提高了学生独立进行研究的能力。

### 3、活跃课堂教学

课堂教学在建筑设计过程教学中占有绝对重要的地位，不但课时长，而且对于人才的过程培养尤为关键。因此，教师要充分发挥教学水平，采取多样教学活动，使这一过程教学开展得有声有色。这些教学活动可包括个别辅导、集体讨论、理性授课、因材施教、建筑评论。

**个别辅导**

这是课堂教学的主要活动。自17世纪起源于法国巴黎美术学院现代建筑教育以来，无论怎样发展、改革都沿袭着这种建筑设计课程特有的教学方式。问题是，除去本章第三节"怎样辅导学生设计"所阐述的个别辅导的教学方法，辅导内容不再赘述外，教师还要在个别辅导的细节上做得更好。

一个教学小组十多位学生，每一堂设计课教师都要轮流辅导一圈。但是，先辅导与后辅导其教学效果是有差别的。上课伊始，教师因精力充沛，与学生个别辅导会深入仔细，相互交谈会滔滔不绝，占用时间就会较多。而临近下课前，教师整个半天辅导下来连卫生间都顾不上去，且有点口干舌燥腹中饥，因而个别辅导时，精力体力有所下降，师生交流也就不充分。改变这种现象的办法一是教师个别辅导要有计划性，避免对学生辅导力度不均，耗时多寡反差过大；二是每次课堂辅导学生顺序宜正反方向交替，力求每位学生辅导受益公平。

由于建筑设计的课堂辅导弹性很大，教师的付出在过程教学的不同阶段其强度也是不一样的。一般来说，课程设计起步阶段，学生处在万事起头难，方案设想的阶段性成果较为难产，以及在课程设计行将结束阶段，学生忙于绘制方案成果图，较少有方案辅导要求。因此，在建筑设计过程教学的两头，教师的设计辅导任务较为轻松。而在过程教学中途，学生们的方案逐渐成形，设计问题也随之涌现。此时，教师的设计辅导任务骤然加重。教师如何把握课堂辅导这种波浪式变化的辅导紧张力度，又要根据过程教学各阶段的要求，保证良好教学效果能始终如一，全在于教师对教学的认真态度和教学方法的正确运用。比如，课程设计起步时，学生对于方案设计处于设想、构思阶段，而拷贝纸上线条寥寥无几，这并不等于教师无事可干，甚至因学生没有方案出来而离开教室做别的事去。实际上，学生此时正需要教师解惑构想上的许多疑问。而教师此时的任务就是在教室里巡视，随时准备与要求指点、讨论问题的学生进行沟通。这种沟通主要以思想交流、语言对话为主，而教师的答疑虽没有先后顺序，是随机而行，但在课内时间应始终坚守在课堂并巡视学生设计的动态，教师只有尽责多与学生交谈，启迪学生思路，指点探索方向，才能使学生方案设计尽快上路。而在学生最后为完成设计成果而赶制图纸中，教师似乎也没什么设计辅导任务了，又可以松口气，或者抽空干点自己的事了。其实，学生制作方案成果图，既是完成课程设计的作业任务，也是训练自己建筑表现能力的必要环节，学生同样需要教师现场的指导与示范，方能善始善终完成课程设计任务。因此，整个八周的课程设计，教师总是处在忙于课堂辅导的紧张教学工作中，特别是在课程设计的中途阶段，教师加班超时辅导学生已成为常态。学生如若能在教师忘我投入教学的精神鼓舞下，才倍增奋发学习的劲头。

此外，教师在个别辅导中，有时会遇到有独立主见的学生对教师的指导意见并不认同，这不但说明在方案讨论中彼此双方仁者见仁、智者见智完全属正常现象，而且也说明学生是动了脑筋主动在学习的。不管他对设计问题的看法正确与否，能够在教师面前大胆提出，甚至坚持己见，教师至少要保护学生敢于参与讨论的意识，并耐心听完学生的陈述。若学生的见解是正确的应给予充分肯定与鼓励，若是片面的，甚至有违基本常识的看法，教师也不是简单地否定，而要用正确的道理，辩证的分析，帮助学生指正不对之处，要让学生在明理之后心悦诚服，之后，教师还要向学生提出如何纠正错误的途径。如若经师生讨论，教师发现自己的讲授确有不妥之处，教师也要大度地赞同学生的观点，修正自己的看法。这不是降低教师师道尊严的身份，却更显出教师尊重学术真理的高尚品质，从而赢得学生的敬佩。因此，在教学中教师不但要起到主导作用，还要在教学讨论中竭力营造出一种平等的学术氛围，让学生积极参与。

在个别辅导中，教师对学生说话的语气也很重要。要避免那种语气生硬、不容置疑，甚至看见学生讨论时"不听话"而给予训斥的口吻。毕竟学生是来学习的，设计方案中发生很多错误纯属正常。哪怕学生不用功，上设计课迟到、旷课，或者过程教学的阶段性成果总是完不成等，教师也要在弄清事由后，一方面要保护学生人格的自尊心，不要当着众学生的面语气过重；另一方面要通过思想教育，耐心做工作，帮助学生从学习的低迷状态转变过来。而对于一些干扰学生正常学习导致的一些问题，要及时与主管学生工作的有关人员沟通，共同做好学生的转化工作。因此，教师对学生严厉的语气与严格的要求是有本质差别的，前者是教师站在学生的对立面，居高临下的训教，而后者则是教师放低身架与学生促膝谈心，既严格批评，又语重心长，两者的收效是会不一样的。教师一定要认清自己是一位园丁的角色，为了花朵的艳丽绽放，既要勤于浇水，又要学会护理，人才辈出才能满园是春。

**集体讨论**

当课程设计进行到方案阶段和深化阶段时，每次课堂教学一开始，教师不必立即展开个别辅导，而是宜先将各学生方案阶段性成果过目一遍，从而迅速了解全组学生方案设计进展情况，并从中挑选若干有代表性的较好与问题较典型的方案作为案例，拿到随后开展的集体讨论会上进行相互观摩和讲评。这种教学方法，一方面可调动学生积极主动地学习，而不是被动接受辅导；另一方面也督促学生要按时到课堂参加集体讨论，避免迟到现象发生。集体讨论会上，教师要做的教学工作是让方案作者以简练语言介绍对设计条件的分析，对方案设计的思路，对解决设计问题的手法，从中训练学生的逻辑思维，锻炼语言的表达能力和增强在大众场合讲话的胆量。而对于台下学生则要求他们从方案草图中能敏锐发现设计的优缺点，并对方案介绍者的口述提出个人的看法。在集体讨论中，教师要鼓励学生畅所欲言，各持己见，甚至争论，教师在静观学生热烈地讨论争论中，脑中要迅速思索着如何归纳，总结正反两方面的意见。同时还要掌握好讨论的节奏并观察发言的涉及面，对没有讲话的学生可以提请表达意见，促使其动脑动嘴，以便让组内所有学生都有参与集体讨论教学活动的机会，并促成讨论更为活跃些。如此，所挑选的典型方案作者都一一做了介绍，也都经过充分讨论后，学生对一些设计问题初步有了共识，但也有一些设计问题还存在不解之中。此时，教师要对较好地与有代表性问题的两类方案分别进行总结，指出前者值得借鉴的方案设计成功之处在哪些方面，而对于后者，提醒学生应注意避免或需要修正的设计不当之处又有哪些。此外，教师对于方案下一步发展学生应重点关注哪些问题，也要作些交代。这样，学生经过集中讨论对上一阶段各自的设计尚存问题已心中有数，下一步方案如何修改大致也有了方向。毕竟，集体讨论只能初步解决学生方案设计中的共性问题，而学生方案设计的个性问题仍然需要通过个别辅导加以有

教师就学生设计中的
共性问题集中讲解

针对性的交谈。

上述集体讨论方式有时在课堂辅导过程中也宜采用。比如，教师在课堂辅导中发现某一共性的设计问题在多位已辅导的学生方案中重复出现，很可能还没有辅导的学生也会存在同样问题，这样辅导下去既费时又费口舌，不如个别辅导暂时中止，及时集中全组学生就某一个共性的设计问题进行小组集体讨论。可以让学生现身说法，彼此交流因认识上的哪些错误而导致设计问题的产生。但这时的集体讨论宜以教师的讲评为主，并结合学生方案已经出现的共同问题分析这些学生思维方法上的偏差或设计手法上的不足提请大家共同关注。这种短暂的集体讨论就辅导学生中某个共同的设计问题进行重点讲授，可以收到事半功倍的效果，教师接下来辅导若再遇此类设计问题只需指点就可以了。

### 理性授课

建筑设计的过程教学应穿插理性授课环节，以提高学生进行建筑设计学习的理论指导。但是，建筑设计的理性授课毕竟不同于理论课、专业课等那种有系统、有计划的授课方式，它要根据建筑设计教学的进展程序适时跟进。比如，每一课题设计一开始，教师就需要授课，既重点又概要地阐明相关的设计原理，并督促学生课后要延伸阅读相关参考文献，以求让学生动手设计之前，就要事先明白一些相关设计准则。

除了浅显的设计原理之外，为了扩大学生的知识面，还可随着设计课教学进程开讲一些与本课程设计有关的外围理性常识。比如，当学生开始进行方案构思时，教师可以结合国内外建筑师优秀的案例，介绍通过各种构思渠道所创作的传世佳作。并分析这些佳作成功的背景及其优秀的设计手法，以此启迪学生自己展开方案构思的思路。当学生进行方案的造型设计时，可以集中讲授造型设计的一般规律，有关空间构成设计的原理等，以便对学生动手做工作模型研究方案有所指导。当学生进行方案深化设计时，就需要结合学生的方案讲些有关的构造知识、结构知识、室内设计知识等，以使学生的方案设计能够达到一定深度而提高设计质量。当学生特别是低年级学生进行设计成果表现阶段时，可以讲解图面的版面设计常识，透视图表现的素描关系、色彩关系、光影关系的基本原理，学生只有明白了这些理性知识，才能指导手的实际操作等等。这些理性授课的安排宜于每次设计课辅导前进行，同时，按课程设计八周的进程，做好理性授课的计划，结合其他课堂教学活动，使设计课堂教学形式多样化开展。

这些理性授课的方式要避免枯燥无味。为了提高学生听课的兴趣可以采用多媒体的形象教学手段，更可以邀请与课程设计有关的旁学科专家来授课。比如学生做幼儿园建筑课程设计时，可请幼儿教育、幼儿园管理的专家讲述幼儿生理学、幼儿心理学、幼儿卫生学、幼儿园管理学等的知识，他们讲课的语言、语气、知识阈也许对大学生更感到新鲜有趣。这些讲课内容，在学生的幼儿园课程设计中都会或多或少产生无形的作用。有些授课内容如平面构成原理，立体构成原理等理论性较强的知识也可请教师指导的研究生结合自己研究的课题参与教学实践，为本科生讲课。因为他们年龄相仿、易于沟通，也会收到较好的教学效果。

这些不同授课宜主题突出，内容精练，控制在一节课范围内，可起到学以致用的效果。

**因材施教**

正因为建筑设计教学含有个性化教学特点，而且学生在学习建筑设计中所潜在的学习能力与后天的悟性又各不相同。因此，个别辅导就需要区别对待。这并不是说，可以把学生按好与差分为两类，或者把课程设计任务书按难易程度分为 A、B 题。也许教师出于因材施教的良苦用心，对设计能力强的学生希望响鼓还要重锤敲，对设计能力弱的学生避免压力过大，能够跟上就行。但是，这种人为把学生分为两类，若让学生量力而行自选 A、B 题，则学生出于自尊心不甘于做简单题而多会选择有一定难度的题进行设计，这就失去了教师出 A、B 题的本意；若由教师指定各学生做题，则对后者的心理会产生负面影响，有违人才培养的宗旨。因此，这种把学生分为三、六、九等的作法会适得其反。而真正的因材施教是教师在过程教学中，一方面要避免对学生按一个模式进行辅导；另一方面要视学生的不同设计能力，进行不同要求的辅导。否则，同一个课程设计任务书，其难易程度对于大多数学生来说也许较适中，而对设计能力强的学生而言，可能认为过于简单而感到没有激情和挑战。但对于另一部分设计能力较弱的学生来说，也许会感到力不从心，觉得有一定难度。如此说来，课程设计任务书确有点众口难调。但教师若能采用因材施教的教学方法是可以让所有学生在学习建筑设计过程中迸发出各自最大的热情从而在教师的因材施教中各得其所。

因材施教的办法可以采取同一个课程设计任务书，但提供两个不同的地段条件，其中一个地段条件基于教学基本要求，另一个可以稍许增加一点地段条件，但反差并不大。还可以让所有学生都用一个地形图，但从教学训练考虑，只将该地形图其中一个环境条件，比如指北针设定为转90°方向，就成为前者朝向与景向一致与后者朝向与景向有矛盾的两种不同的地段条件，然后，让学生自行选择地形图。

然而，因材施教更让教师费心的是在个别辅导中采取不同的手段。对于多数设计能力正常发挥的学生来说，教师的设计辅导按常规方法即可，而对于设计能力较强和较弱的学生，教师就要因人而异进行辅导了。即对于设计能力较强的学生，也许教师辅导一点就通，因此，可以对其加大设计要求的强度。比如，对该学生四平八稳的方案，虽然符合教学要求，但从严考虑不予认可，而要求其方案做出点与众不同的特征，但可以允许缺点存在。目的在于鼓励学生的创造性意识得到进一步提高。又如，学生的设计进度较快，方案设计也较为成熟，似乎没有什么有碍方案大局的毛病。此时，教师可根据学生的方案，指定几个关键部位要求学生设计若干节点构造大样，或者选择一个重要房间要求学生学着做点室内设计等等。通过增加设计工作量而使设计能力较强的学生得到更多设计训练和求知欲的满足。

而对于设计能力较弱的学生，教师更需要重点加强辅导，不但要耐心辅导设计，更要重视心理沟通。要从设计基础点点滴滴辅导起，不可急于求成。有时教师会恨铁不成钢，对后进学生严厉批评，甚至训斥。这对于提高后知后学的设计能力并无作用，或者收效甚微，其原因在于他们的自尊心受到了挫伤。他们此时最需要的是增强信心、指点迷津、引领其设计入门。因此，一位好的教师要懂得一点青年心理学，当他们在学习建筑设计陷入困惑之中时，除了对设计难题进行解惑外，更重要的是疏通心理障碍。

在学生完成设计成果表现图中，教师对学生的要求也要区别对待。对于大多数学生的作业要求按课程设计任务书的图纸要求即可。对于设计能力强，动手表现功力娴熟的学生可以要求其表现内容超出任务的规定。比如多画几幅小透视图，或者把重要房间的家具布置、卫生间洁具布置等内容表现出来。一方面提高图面的表现效果，另一方面使学生的图面表现能力得到更进一步提升。对于表现能力弱的学生，在适当的时候，教师需要出手在学生正图上进行现场示范，让学生亲眼观察教师示范一棵配景树是如何运笔的，或者观察教师渲染一片墙面如何从深到浅，从暖到冷做退晕变化的。学生在教师这种形象化示范中才会真切明白理性讲述难以搞懂的知识与技巧。

### 建筑评论

案例评论是对建筑作品或设计方案进行分析、鉴赏和评价的认识活动。它和建筑创作相辅相成，并成为建筑理论与实践的两个基本方面。因此，建筑设计教学在以训练学生建筑设计实践为主的过程教学中，还要重视建筑评论的教学活动。其目的是：增强学生评论意识，让学生在埋头学习建筑设计的同时，抬头多阅读案例，养成随时随地观察、分析、评判建筑的习惯，从中丰富自身的专业素养。

教会学生评论方法，让学生明白，评论不是凭个人喜好的对建筑作品妄加评头论足，而是要用历史唯物主义观点，对建筑作品的创作背景、动机、条件，以及品评建筑的优劣做出客观的分析和评价，以提高对建筑的鉴赏能力。

激发学生思维活动，促使学生学会运用描述、分析、阐释、比较、质疑、评价、判断与批评等一系列思维方式对建筑作品进行认知、解读与学习，从中不断提高思维能力。

促进学生理论学习，学生欲要提高评论水平就需博览群书、通晓历史和人文学科理论，这样才能客观地、辩证地对待历史与现实的建筑作品。带动学生理性设计，使学生从经常性的建筑评论中懂得建筑设计既需要激情的迸发，也需要理论的指导，从而避免陷入把建筑设计的学习当作随意的把玩游戏。

建筑评论对于学生学习建筑设计如此重要，教师就应将建筑评论纳入教学活动之中。其评论范围可结合教学内容选择国内外大师的作品、现实生活中的城市建筑，或者学生自己的设计方案等。这些建筑作品或设计方案宜为学生较为熟悉的名作，可使学生在原有对其了解的基础上，通过教师的示范评论加深其认识，从中可学到更有用的设计知识。

至于建筑评论的教学安排，可穿插在教师带队参观调研中，或课程设计中途当学生已经展开设计，而又共同出现苦干设计问题时，教师可通过类似的案例进行点评，以启发学生解决设计问题的思路或设计的手法。

当然在建筑设计教学中，建筑评论的主体应当是学生，要让学生积极参与进来。其方法可由教师事先向学生布置课外作业，指明点评对象。比如一件大师的名作，或一件城市中的建筑，由学生去查找相关资料、阅读文献，在充分备课的前提下，组织学生进行点评交流，或者写出一篇评论短文，以训练学生的撰写能力。

对于经常开展的学生方案讨论，实际上也是一种评论活动。除去共同讨论课程设计的问题，主要还是要训练学生勤动脑、多观察、敢开口的专业基本能力，评论活动活跃了，自然能促进学生学习建筑设计的积极性和设计水平。

### 4、控制教学进度

教学是有严格计划性的，一个课程设计全过程通常为八周，每一周要达到何种教学要求，学生课程设计要达到何种深度，在课程设计任务书中都已明确规定。这一教学文件无论对学生学习还是对教师管理都应该有所约束。而建筑设计的成果却是一个无底洞，很难让学生在八周内探索到十全十美的方案。何况学生还要统筹兼顾许多其他课程的学习，更需要教师从全院系整体教学出发，避免自顾自强调建筑设计主干课的地位而影响其他课程的教学。因此，重视建筑设计的过程教学，就要严格控制好教学进度。

首先，要督促、检查学生每一周的阶段性方案成果要按时完成，不能前松后紧，将前阶段的设计内容拖到后期去赶任务。教师可采取分阶段考核学生过程学习的状况和阶段性成果完成度，促使学生在过程学习的每个阶段都要均衡付出努力。这不但是一种学习方法，更是培养一种良好的学习习惯。

其次，因每位学生的设计能力与水平都不会一样，教师对学生阶段性成果的要求也要区别对待。在所有学生都应达到教学基本要求的情况下，能力强者可要求多些，能力弱者不必强制过多要求。原则是根据每位学生的综合能力，在规定的教学进度内能够胜任完成各自力所能及的设计任务为前提，以保证每位学生都能相应跟上教学进度。

教师尤其要控制好最后两周学生是否能按时绘制方案成果图的进度。教师只要在前几周能严格控制每个阶段的教学进度，学生又能按时绘制正图，那么，就不会发生学生临交图前为赶作业而连续熬夜的恶习。这种现象旁人看起来似乎建筑系学生的学习热火朝天、劲头十足，殊不知这种建筑院系普遍存在的怪象实在是教学计划失控所致。导致青年学生健康透支，且因熬夜赶图而逃课，严重冲击了其他课程的正常教学，并使学生养成做事总是胸无计划，行动盲目瞎干的不良习惯，造成学习失调的恶性循环。更为不解的是把学生这种熬夜赶图的常态现象当作专业的"特色"而自夸，实在有违学生应全面发展的人才培养目标。因此，教师不应因自己对教学进度掌控失责而导致全院系执行教学计划失常，更不能视学生连续熬夜赶图存在伤害学生身心健康的隐患而漠然置之。

### 5、加强表现训练

学生为完成课程设计任务而绘制设计方案成果图，不只是完成一项作业，还是一种绘图基本功的训练和美学素养的熏陶过程。对此，在课程设计单元最后教学阶段，教师仍然要坚守教学岗位，辅导学生把设计作业善始善终完成好。

为了使学生把绘制设计方案成果图当作过程学习的重要环节，一是要求学生在课堂进行；二是应在教师的辅导下展开。而教师的教学任务首先是帮助学生检查正式绘图前是否进行版面设计，即所有图纸内容包括总平面、各层平面、立面、剖面、透视（鸟瞰）以及必要的文字、装饰等排版是否均衡匀称。这一要求实际上是在对学生进行平面构成设计的训练和熏陶美学素养，从而使学生养成做事要统筹规划，操作要有章法的好习惯。

其次是教师督促学生绘图表现要严谨认真，对每一条线、每一个字都要做到一丝不苟。尤其是对低年级学生从学习建筑设计起步始，就应从严要求工具绘正图的基本功训练，学生作业若马马虎虎，达不到教学要求，只有让学生重新再画。这不仅是为了学生能完成一份高质量的作业，更重要的是培养学生做人做事的认真态度。学生若能如此做到，教师才能指望他们在今后的人生道路上认真做人，踏实做事。即使对于高年级学生可以用电脑绘图，教师也是需要督促学生认真严谨绘图的。比如，线条的粗细、文字数字的大小及其标注位置等，虽然手指轻轻一点即可生成，但是若只是机械操作，其图面效果会令人失望。诸如线条等级不明，字体大小失衡，标注位置重叠，甚至许多设计内容交代不清等等。这些表现弊端，一方面反映学生对屏幕上的图像与打印成图后其效果心中无数，说明学生电脑绘图基本功欠缺；另一方面也反映学生做事不认真严谨，这就需要教师及时给予指正。否则这些绘图瑕疵将残存在图上成为抹不去的败笔。

此外，教师还要向学生阐明，讲究图面效果是为了提高对表现美的追求。为此，教师要提醒学生注意版面不能杂乱无章，也不能靠图面过度包装掩盖设计内容的空洞苍白。对设计内容的表现力求线条流畅，交接严格；字体工整、书写规矩；设色适度，格调高雅；配景多样、层次丰富。总之，学生只有通过多次手绘表现的严格训练，才能逐渐提高自己的美学修养，才能使画面体现出艺术的品味。即使高年级学生用电脑绘图，也要避免完全由电脑自动生成或大量堆砌图库中的配景资料，而少有动脑思考。这样的图面效果会匠气十足，毫无艺术品味可言。学生长此这样完成设计作业，对自身美学修养的提高将是无益的。因此，教师对学生要及时纠正图面缺乏表现功力之处，避免出现喧宾夺主的形式表现。防止平、立、剖主图比例过小、内容空洞、色彩混杂、排版零乱，使图面整体丧失美感。

由于低年级学生先天美术素养较弱，又是初学建筑表现，教师若过问太少，甚至任由学生"八仙过海"，则学生的设计作业质量将难以看好。因此，对待低年级学生的表现训练，教师要特别下功夫，乃至不厌其烦地手把手教，甚至亲手为学生做点示范表现。如果教师在学生进行正图表现的两周内，能选择一些往届学生留系优秀作业张挂在教室内，供学生参考、临摹也是非常好的教学辅助手段。

## 6、做好评图总结

每一课程设计的教学工作完成之际，教师都要通过评图环节进行教学总结。其目的一是教师与学生共同对课程设计教与学的成效和问题进行自我评价，总结出值得肯定的做法和需要改进的地方；二是教师对每一位学生的学习成果进行成绩评定；三是评图期间全年级所有学生的设计作业通过公开展示，成为相互观摩、交流、学习的平台。

### 评图方式

为实现上述评图的目的，最好的评图方式就是公开答辩。答辩小组由至少3至4名答辩委员组成，由学生依次接受各答辩委员的询问，而其他学生可以旁听。针对中、低年级的建筑设计教学目的是培养学生的方案能力，答辩委员可请三名其他年级教师参与即可，着重对学生方案的创造性、设计质量和图面表现进行评审。而高年级的建筑设计教学目的是培养学生的综合设计能力，答辩委员宜聘请四名人员，包括设计单位的建筑师，本院系的各专业教师，着重对学生方案综合解决实际问题的能力进行评审。由于各答辩委员会未参与课程设计教学工作，是以旁观者的眼光客观评价学生的设计方案，这种评价较为中肯，有利于辅导教师从中明

评图答辩

了自身教学的得失与学生学习成果的优劣。由答辩过程给予每位学生的评价结论，可作为辅导教师最终评定学生设计作业成绩的依据之一。

### 成绩评定

学生设计作业最终成绩可由两部分构成。一是答辩成绩；二是辅导教师评定成绩。两者所占最终成绩的比例宜强调后者的份额，比如三七开。之所以如此是因为辅导教师更看重的是学生在过程学习中的能力表现，而答辩只针对方案结果的优劣。在辅导教师评定成绩中又包含评图成绩和平时成绩两部分，这种对学生课程设计学习的综合评价既吸纳了答辩委员的客观评价，又发挥了辅导教师在学生设计作业成绩评定中的主导作用。由于评价设计方案优劣是见仁见智，具有相对性的专业特点，因此，对学生课程设计的成绩评定也不可能做到绝对科学。但成绩评定工作的条例要规范、公开，评价要公平、公正。因为，学生对最终成绩还是看重的，这对于他们的切身利益有着直接的关系。

### 集体评图

作为建筑设计课程年级教学的组织，评图工作是要求所有辅导教师参与的。对于全年级学生数十乃至一百多份设计作业，为了减少教师繁重的评图工作量，又要公平评价全年级整体教学的质量和学生设计作业的优劣，需要事先共同制定评图原则、标准及其操作办法。其原则是考虑到全年级学生学习态度，认真程度的不同、设计水平的差异、设计能力的高低，以及绘图表现的优劣等各种因素实际存在的差别，评图成绩应拉开差距，以对优秀学生的努力给予肯定、鼓励，对于后进学生的学习不到位给予鞭策或警示。避免出现不管学生努力与否，成绩评定都往高分靠，从而挫伤了好学生的学习积极性，对差生也因传递错误信号而贻误需努力的前程。而评图标准要以人才培养要求为出发点，对学生的设计成果给予正确评价。既要看其设计水平，包括设计创意、设计质量以及设计深度，还要看图面

表现功力。至于评图的操作方法，各教师可先对全年级所有学生的设计作业集体巡视浏览一圈，边走边议，得出总体印象，然后将公认最好（优）与最差（不及格）的若干学生作业挑选出来，并标注记号。集体巡视浏览第二圈时，参照已初步确定的优差作业把余下的学生作业再分为良、中、及格三个档次。在两圈集体边走边议的过程中，有些学生作业的成绩档次可以取得集体一致意见，也可能有的学生作业评的档次个别教师持有不同看法，就需集体讨论得出倾向性的意见，并能做到少数服从多数。当所有学生设计作业评定完毕，为慎重起见，教师集体宜再将所有学生设计作业过目审查一遍，看是否有评定失当或需调整档次的情况，尽量使档次评定相对合理。值得教师注意的是集体评图要出于公心，站在全年级整体教学的高度对所有学生一碗水端平，防止辅导教师为本组学生争分的偏心现象发生。其次，每一位学生的成绩档次是全体辅导教师集体商议评定的，有不可改变性，各辅导教师应该遵守执行。

集体评图只要将全年级所有学生的设计作业评定为优、良、中、及格与不及格五个档次即可，不必细化到百分制，要留有每档次 9 分的余地让辅导教师根据学生在过程学习中的表现自主评定上下浮动幅度，最后换算为百分制，以上报院系教务秘书备案。

学生平时成绩是由辅导教师对本组学生在过程学习中的综合表现而加以评定的。包括上课出勤率、阶段性设计成果完成情况、学习态度，以及辅导教师在过程教学中对学生的设计素质印象等，所有这些综合考查在辅导教师心中已经将本组学生分了层次。应该说，经历八周的过程教学，辅导教师对本组每位学生是最为了解的，辅导教师据此可以在集体评图所确定的每位学生成绩档次内，将百分数上浮或下沉若干分。

对于学生而言，分数虽重要，但个人小结也很有必要。教师在成绩评定后，要与组内所有学生个别谈一次话。针对各学生的设计作业分数和八周过程学习的表现，就学生个别的问题帮助他们一分为二地分析成功与不足的地方。特别是对于设计能力弱、成绩差的学生更要给予关怀性的帮扶，指出努力的方向，需加强学习的重点，并多给予增强自信的鼓励。而对于个别不努力学习，不认真完成阶段性设计任务，甚至经常迟到旷课的学生，辅导教师在了解具体背景的前提下，确属自由散漫的学生要通过思想工作，批评加开导，使其接受教训争取尽快改变低迷状态，跟上班级同学求学上进的步伐，希望最终能追赶上来。

在辅导教师行将轮换另一小组担任下一课程设计教学任务之前，宜向本组学生做教学集体小结。一方面就辅导教师自身的教学工作向学生实事求是的自我评价；另一方面就全组学生共性的问题，包括成绩与不足之处归纳几方面的要点，并对学生今后的学习提出几点衷心地希望。小结会短暂而温馨，就此师生八周的相处告一段落，彼此留下师生情谊。虽然，日后在其他场合仍有见面交谈机会，但毕竟不同以往。

教学小结实则是过程教学链的最后一环，是课程设计教学善始善终的完美结束，学生会深感在学习的征途上遇到一位引路的好老师是求学之大幸。教师也会在过程教学中累并快乐着。

# 六、怎样指导毕业设计

毕业设计是建筑设计五年整体教学的最后也是最重要的教学环节，它既是前四年建筑设计教与学的全面质量检查，也是学生即将走上工作岗位从事设计与管理工作前的"实战演习"。学生在整个毕业设计期间能否把设计基本功打得更加扎实，能否提高解决设计实际问题的能力，能否作为未来的建筑师进一步提升专业与职业素质，全在于教师制定出一套完整且行之有效的毕业设计指导计划与措施，才能使学生通过毕业设计教学环节，为迎接即将到来的人生挑战奠定基础。

## 1、毕业设计的目的与要求

毕业设计的目的是对毕业生的综合设计能力与职业素质进行实战性的训练和考核，使毕业生成为国家真正需要的合格人才。

毕业设计的要求是命题结合实际而非随意；工作量适中而非过重过轻；教学进度紧张有序而非计划不周；教学管理规范严格而非放松散漫；成果丰硕而非空洞浮浅。总之，以能达到人才培养的目的为准则。

## 2、毕业设计的命题

毕业设计命题的宗旨是提高毕业生在设计工作中的实践能力并增长能胜任实际工作的才干。因此，毕业设计的命题应尽可能为实际工程项目，如委托开建项目、投标项目、规划项目等。这种"真刀真枪"的毕业设计能够让毕业生参与其中一部分设计工作，或方案设计或扩充设计，甚至能接触到部分的施工图设计最为理想。在这些工作中，毕业生能有机会了解、经历项目在实施过程中某些环节的运行，还有机会与各种人打交道，从而提高社交能力。同时也能弥补在此前已形同虚设且长达半年之久的设计院实习中，学生应该而未能达到的教学要求。当然，这种实际工程项目既要与毕业设计的教学要求切题，又要在时间展开上合拍，因此，只能可遇不可求。即使两者不能同步也可让毕业生中途介入其中参与合适的局部实际工作，也能从中得实际工作的锻炼。

然而，选择实际工程项目作为毕业设计命题也有不利的一面，即实际工程项目工期紧，变数多，而毕业设计教学计划性强，两者将会发生冲突。协调的办法是若工程项目变数大，为保证毕业设计进程不受干扰，按工程项目变动前任务要求继续完成设计，权当作毕业设计训练。若工程项目变数小，不影响毕业设计教学要求的完成，反而能让毕业生在经历设计返工中，更切身地理解实际工作的状况。

困难的是，毕业设计命题很可能没有这样一个与实际工程项目巧遇的机会。若是坚持毕业设计命题的宗旨，也可将教师过去做过的合适工程项目拿出来，让学生直接进入施工图设计阶段，作为假题真做的实战训练，这种命题有利的是，一方面教师对工程项目熟悉，指导毕业生将会熟门熟路；另一方面毕业生在施工图设计方法与操作上能够得到系统的训练，有利于毕业生走上工作岗位能立即进入建筑师角色。不利的是，学生缺少与真实环境接触和经历实际工作的体验。

值得深思的是，多数情况下的毕业设计命题是意向性项目、投标竞赛项目、可行性研究项目、规划项目，甚至是与课程设计并无区别的一般项目。这些项目有的规模过大，设计工作难以在毕业设计期间完成；有的周期较短，毕业设计安排的完整性难以得到保证；有的离题较远，毕业设计成果华而不实，难以达到学校对毕业设计的要求。它们共同的特点是毕业生只能参与方案设计，但与各年级课程设计训练方式与成果要求并无质的提升。因此，为提高毕业设计教学质量，毕业设计的开题务必慎重审定。

### 3、毕业设计导师的配备

与把握命题同样重要的是配备好毕业设计导师。由于毕业设计是建筑设计课程链的最后又是关键的一环，教师将要与毕业生学习、生活一个整学期，对毕业生的人品素养和业务能力的提升肩负重要职责。因此，选好导师是毕业设计顺利开展并取得预期成果的重要保证。

能够担当毕业设计的导师，首先要责任感强。因为，导师除了要认真指导毕业生学习，还要独自操心与此有关的多样事务性工作。如跑项目选择命题、安排工作计划，抓教学进度、与各类人员打交道、筹措调研经费、陪同学生外出参观调研、协调各方面工作矛盾、全程指导每一位毕业生的设计工作、关心毕业生的生活、组织毕业设计收尾工作等等。相比各年级单纯辅导学生课程设计其教学负担与责任要重得多，且毕业设计的进程安排又有较大的自由度，需要导师有较强的控制力。因此，安排教学经验丰富，且责任感强的教师担任毕业设计导师是必须的。

其次，导师应有较丰富的工程项目设计经验，对施工图设计方法较为熟悉，这是毕业生在"真刀真枪"或假题真做的毕业设计中能否真正大幅度地提升解决设计实际问题能力的前提。

## 4、毕业设计的启动

根据教学计划的安排，毕业设计应当在其开始的上一年，即第九学期（五年制）或第七学期（四年制）行将结束前的 12 月份就要启动，主要工作是意向性开题申报，包括物色导师与寻求命题。两者均要审查通过方能确认作为毕业设计人选和选项。

在寒假前，有关院系领导出面对毕业班召开毕业设计动员大会，阐述毕业设计的目的、要求、方法、纪律、成果等相关事宜，并对毕业生进行毕业设计分组工作，参照事先张榜公布的所有毕业设计课题、指导教师和指导学生数一览表，由毕业生根据自己的意愿填报两个志愿，汇总后经过毕业设计领导小组协调最后确定分组名单予以公布。

随即各毕业设计导师自行约定时间召开小组师生见面会议，由导师布置毕业设计工作，向毕业生介绍毕业设计课题概要、交代工作计划、分配设计任务及其成果要求，以及学生提前要做的准备工作，包括文献查阅、资料收集等。

导师若能对上述毕业设计启动工作做得扎实而有条不紊，将为毕业设计的开局提供有力的保证。

## 5、毕业设计的教学

这是一个时间较长、工作繁杂、师生均重点投入的教学过程。导师欲要担当好此任，应做好几件事：

### 抓好教学组织

毕业设计开始启动时，教师必定要对全组若干名毕业生事先安排好工作。根据项目的性质、规模和要求等，可以让学生独立或分工或合作完成。当毕业设计题目需要学生分工进行时，要根据各学生的设计能力与水平分配相应适合的设计任务，使其通过努力能胜任完成。防止学生之间工作量、难易程度悬殊。当毕业设计题目需要学生合作进行时，除去根据各毕业生的设计能力与水平进行合理安排外，还要考虑学生的个性特点，能否相互和谐配合，使之更好发挥团队合力的作用。但合作人数不宜过多，以防各学生设计工作忙闲不均，甚至使个别毕业生的设计任务低于课程设计的工作量和要求。

### 抓好过程教学

毕业设计历时虽长达四个月之久，但由于教学要求高，工作量繁重，师生对此也不能掉以轻心。

首先，导师要将教学计划安排合理紧凑，并督促毕业生完成各阶段性任务。当由于外因而与教学计划发生矛盾时，导师要应急做好教学进度的调整，并对学生工作安排、任务增减做好预案，防止学生忙时日夜加班，闲时无事可干。

教学方式宜以学生独立完成设计任务为主，导师指导为辅。因为毕业生经过四年的建筑设计学习，应该能够胜任毕业设计的任务。但是，毕竟毕业生仍然是在学习建筑设计的过程之中，因此，导师也不能放松应有的教学责任，在规定的教学时间内仍然要亲临工作现场，解惑学生在毕业设计中的问题，并宜多采用集体讨论方式，相互交流。

毕业设计集体讨论，学生可以相互交流，开拓创作思路

导师尤其要关注毕业设计的教学质量，不仅对毕业生的方案要求能周全详尽考虑各种设计问题，设计深度要能达到方案可操作性的要求，而且对施工图设计的设计方法和制图规范给予重点指导。因为这正是毕业生几年来建筑设计学习尚缺的内容，在毕业生行将踏入工作岗位前，宜有一个感性入门的概念

性训练，以缩短毕业生学习与参加工作接轨的过渡期。

毕业设计对毕业生是一次综合设计的过程，导师要沟通各专业课程教师适时对毕业生的方案设计、施工图设计进行"会诊"。一方面让毕业生的毕业设计质量能符合工程设计要求；另一方面让毕业生了解今后实际工作与各工种配合是一种常态，而不是课程设计只强调建筑而少有过问技术要求。

当毕业设计进行中需要与建设方沟通时，可以让毕业生一同参与，旁听双方的工作交流，让毕业生了解建筑师的工作不仅是自己进行建筑创作，还要与各种人打好交道，协调好各种关系和矛盾，了解并学会建筑师作为项目负责人应具有的组织能力。

毕业设计与前几年的课程设计所不同的是，后者计划性强，教学规律明显，课时固定；而毕业设计虽有计划，但在执行过程中变数时有发生。因此，导师的毕业设计指导应有灵活性，既不工作忙乱，又不束手无策，使毕业设计过程教学能够有条不紊地顺利推进。

### 抓好毕业生素质培养

毕业设计既是对毕业生学习能力提升的重要教学环节，又是对毕业生职业素质培养的重要教学过程。因为，历时一个学期的毕业设计是毕业生从学校到即将走上工作岗位的衔接期，为了使毕业生在各方面的能力能与之无缝对接，导师不但要加强对毕业生实际工作能力的锻炼，更要重视对毕业生职业品质的培养。

这种职业品质的培养是通过理论学习与设计实践的结合方式，推动毕业生自我塑造的过程。促使毕业生主动积极地从专业理论与工程实践的结合上，融会贯通所学的知识、技能、能力、兴趣、情感、意志等，上升为思维方式、行为准则和生活习惯，不断增强工程意识与素质，乃至对工程实践发生浓厚的兴趣，甚至达到钟爱的程度。导师要经常引导毕业生主动去接触、了解工程对象，并运用学过的专业理论知识进行实践、观察、解决实际问题，体察工程实践的甘苦。同时，又要进一步培养毕业生对工程实践的感情，增加工程的感性认识，并在工程实践中促进深入学习专业理论，由此提高分析问题与解决问题的能力。

在毕业设计中，培养毕业生职业品质更为重要的是，对毕业生德的素质培养。因为毕业生今后从事建筑设计行业，理应为社会、为人民而服务，他们的一切努力、成就都与国家的利益、人的宜居、城市的发展息息相关。

因此，毕业生德的素质，不仅要有很高的政治品质、思想品质、道德品质和心理品质，还应有很高的职业道德素养。毕业生只有形成这样的品质，才能把自己从事的职业从仅仅作为谋生手段，只是为了个人狭隘目标中解脱出来，真正成为国家和人民所需要的优秀人才。

因此，导师在毕业设计的具体指导中要求毕业生对工作首先要有强烈的责任心，既要严格执行国家规范和相关规定，又要对建设方不合理要求做好解释和说服工作；要求毕业生对设计从整体到细部既要处处为用户着想，又要考虑大众利益不受损；要求毕业生对方案设计既要激发创作热情，又要脚踏实地解决好方案的各种实际问题；要求毕业生对待方案设计的深度既要精益求精，又要对方案的表达一丝不苟；要求毕业生不仅能独立地高质量完成份内的工作，又能与合作伙伴精诚团结，等等。因此导师在毕业设计期间不要忘记自己肩负的两副重担，即对毕业生指导学业和培养人才。

**抓好教学管理**

为了使毕业设计能按教学计划顺利展开，并培养毕业生养成紧张有序展开工作的习惯和遵守公共规则的品质，导师严格抓好教学管理是必要的。从参观调研期间要抓好毕业生外出的学习与生活计划安排，到课堂教学的毕业生应遵守教学纪律；从对毕业设计成果数量与质量的达标，到学校规定的毕业设计答辩前所有教学档案按格式填报，在整个毕业设计期间，导师都不能因毕业生能够独立工作，生活能力增强了而放松教学管理。当然，这种"管理"是在严格"管"的要求下，更侧重于"理"顺毕业生的行为秩序，这也是为毕业生在走上工作岗位以后，为自觉遵守公共道德做好心理与行为的准备。

**抓好毕业设计成果的质量**

毕业设计最后成果的展示与答辩应该是一场庄重的教学典礼，既是毕业生经过五年的培养最后接受国家和人民的检验时刻，又是毕业生一生中最难忘的印记，本应有一种即将为国效力的强烈意识。早在二十世纪五六十年代，在毕业答辩现场的黑板上经常会书写"向祖国和人民汇报"显赫大字，每当毕业生站在讲台上答辩，那种使命感油然而生。今天，毕业生是否把毕业设计成果与答辩当成是个人的事，还是与国家的未来和人民的福祉连在了一起？这也是毕业设计对人才培养在思想境界方面检验的一个尺度。导师不应把毕业设计最后阶段当作一般性事务工作随意收尾，应创造一种令毕业生难以忘怀的学术氛围，给毕业生心灵中留下大学生活最后的美好记忆。

其次，对毕业生每一份毕业设计成果导师都要仔细过目，从版面设计到设计内容的表达都要认真审阅，不能不闻不问而任由毕业生各自临阵赶图，造成成果图仍留有低级设计错误或未认真校对的制图笔误。这不仅反映毕业生做事缺乏认真踏实的作风，也说明导师指导严谨不足。

导师要组织好毕业设计最后教学环节的答辩工作。其形式和方法与高年级的课程设计答辩基本一致，只是强调答辩委员必定要请设计单位建筑师参与。最后，导师在毕业生答辩之后，还要做好各位毕业生的成绩评定与评语撰写，并认真完成毕业生若干档案表格的填写与签字工作，要善始善终做好每一细节规定的事务性工作，最终完成作为毕业设计导师应尽工作的优良答卷。

学生毕业答辩

# 七、怎样融通师生情感

教师教书说到底是教人，而人是有感情的。教师传授知识给学生的过程实质上就是以情感为红线的一种心理融通过程。我们的教育对象正是处在感情最为丰富阶段的大学生，他们受教育的过程是知、情、意、信、行五种心理因素辩证发展的过程。所谓"亲其师、信其道"既是说教师个人的秉性品格是发挥教学作用的强有力的手段。如果建筑设计教学分组不是行政强制性的话，学生对教师有着强烈的选择愿望，其原因在很大程度正是情感这根杠杆起着作用。因为学生是否喜欢某教师辅导他设计，除去看重教师的学术功底外，也在于学生在情感上能否接受教师这个人。因此，一位设计教师在设计教学上欲想有所作为，不能不注意与学生的情感融通，并力求在以下几方面做出努力：

### 1、言行平易近人

传统教书很看重师道尊严，但因教师居高临下，严肃有余，亲近不足，虽学问高深，却令学生敬而远之。特别是当代大学生性情活跃开朗，一遇正经的人与事就会畏惧或拘谨，在此心理作用下，让他们规规矩矩受教育或做事情不免效果受影响。一位懂得大学生心理学的好教师是十分注重创造一种与学生情感能融洽的氛围，而传道授业或思想教育的。表现出与学生接触时平易近人、和颜悦色；与学生对话交流时，语气和蔼、善于倾听；在课堂上授课抑扬顿挫，不时幽默几句以活跃教学气氛；在课下答疑时有求必应，耐心解答。因此，教师只要能放下身架，不以势压人，不训斥、不伤学生自尊心，学生从心里是乐意接受教师的。如果教师进一步能主动亲近学生，在自然状态下关心他们的思想、学习、生活，则学生就会把教师当朋友看待，就会把心中喜怒哀乐向教师倾诉。师生有这样一种情感基础，就为活跃建筑设计教学的氛围，促进学生在教师的关爱中勤奋学习创造了良好的条件。所以，平易近人，耐心仁爱的教诲比之一本正经、傲慢清高的训教更能达到教书教人的目的。

### 2、寓理以情

学生在学习、成长过程中免不了要碰到困难，受到挫折，甚至犯点小错，教师遇此不能不知就里地一概批评、训教。其实，学生在学习上的滑坡，在教学纪律上违反规则，在人生道路上处于徘徊，在日常生活中缺少自我约束等，有时并不完全是态度、方法、观念或能力问题，而是某种心理因素干扰所致。比如自卑、失恋、沉沦、迷惘等。教师对于学生这些心理因素的疏导不是靠训教所能奏效的，更不能视为与教学无关而推卸其教书育人的职责。教师应该在知晓问题的前因后果基础上，要以情感为纽带，推心置腹，晓之以理地分析结症，动之以情地指出学生的行为偏差和失误，以理激情地希望学生在明理之后重新振作起来。尤其是对建筑设计从零开始的低班学生更要像牵扶幼儿学步一样，以爱之心倾注对他们的关怀，鼓励他们迈出的每一成功之步，也要寓理以情地随时纠正他们的错误。教师只有用这种情理结合的教育手段，不但让学生心悦诚服，而且对教师的苦口婆心劝导，心存感激与感恩。而那种缺乏情感的生硬批评甚至指责学生的不是，只能事与愿违，适得其反。不但师生情感容易产生隔阂，而且会由于学生的逆反心理使问题更糟，于事于人反而不利。

### 3、走进学生的生活

传统的教学方式仅限于课堂内师生的接触与交流，离开课堂，师生的情感只表露在见面点头问好，擦肩而过了。其实，建筑设计的专业与教学特点决定了学生在课堂上获取知识仅仅是一种渠道，而教师的讲台也不是唯一在课堂上。由于建筑设计的广泛关联性以及学生能力与素质的培养需要一种潜移默化的环境和过程，因此，教师应该走进学生的生活中，把整个学生生活环境都作为课堂，在与学生的广泛接触中，发挥专业教师易与学生沟通的优势，在不断增进师生情感的同时，不知不觉地影响、引导、教育了学生，这正是将教学效果升华的重要途径。

比如在随意的促膝谈心中解开学生的困惑；在与学生一道参观游览中讲解专业知识；在给学生的周末讲座中，丰富学生的课余生活又扩大了眼界；在参加学生活动的同乐中，增进着彼此的亲近感；在走进学生宿舍了解他们的生活状态与环境中，说点热爱生活之道，设计生活之理；在参与学生的班会讨论中，阐明良好班风与个人成长的关系；甚至在指导毕业设计外出调研时与毕业生同吃、同住中，聊今后人生、事业、理想等等。一位热爱学生的教师是会将传授知识、教书育人的教学活动带出课堂，在与学生全方位的交往中促进师生情感的发展，并将其纳入教学范畴且与专业教育挂钩，使学生懂得在学习建筑设计的意义上一言一行都是在修行着自己的建筑师素养。一位聪明的教师不但在课堂上是作为教育者，而且在课下是把自己当作学生的知心朋友，走进他们当中成为他们中的一员。这样，教师在尊重学生的个性，尊重他们的人格基础上，融入学生的生活，才能"以身立教"，才能受到学生的尊敬，得到"爱"的回报。

但是，教师欲想走进学生的生活，有时只是主观的一厢情愿，在客观上会因条件所限而力不从心。例如，有些建筑院校随着学校办学规模扩大而迁入郊外新校区，而教师仍留在城内生活，造成教师两地奔波，无暇有更多的时间与学生进行课外接触与交流，使建筑设计的教学与氛围不但受到制约，而且师生缺少多样化的交流而使人才培养受到一定影响。

### 4、走进学生的内心

所谓教师要关心学生的成长，不仅是关心他们的学习、健康，更重要的是关心他们的心灵。因为，大学生的身心发展正处于生理、心理变化的关键时期，也是大学生进入成人期时如何能自立、自主、自强而需要贤人指点引路的阶段。教师对此不能只顾授课、辅导设计，而对于过程教学中学生在思想、学习、生活中出现的某些偏差不闻不问，或者简单化批评。教师应当看到大多数学生远走家乡，远离亲人，孤身求学跨进高等学府来到教师身旁，实指望学一技之长。虽然他们是同辈的佼佼者，又在家庭、学校、社会的呵护下一路顺风走来，但是，他们在散发朝气蓬勃、锐意进取、思维敏捷新风的同时，也会将年轻人一些弱点带到大学校园。如顺境中容易趾高气扬、妄自尊大、我行我素；在逆境中受挫折而悲观；遇掉队而气馁；遭失意而沉沦；陷诱惑而迷途。学生这些人格的扬长弃短既需要教育的手段，也需要雨露滋润般的心灵触动，作为比其他教师有更多机会接触学生的设计教师应责无旁贷地做好育人工作。若如此，就必须走进学生的内心，充分地真正了解学生，读懂学生的内心世界。这不仅是为了学生身心的健康发展，也是为有这样一个前提而有利于学生能轻松地全身心投入各课程的学习，尤其是有利于学生释放激情投入建筑设计的学习中。

为此，教师首先要以爱心相待学生，就如同对待自己的子女成长一样。要关心他们成长中的每一步，分享他们的快乐，庆贺他们的成功，抚慰他们的不幸，训诫他们的错误，开导他们的低沉。对学生要多引导，多宽容，多关怀，让师爱成为一种巨大的教育力量。教师在学生的不同心态、状态下，如此启蒙引导、感化学生，终会让学生从内心懂得教师对他们的关爱是真诚、真心的。这对于学生而言，来自教师的思想帮助、精神鼓舞的确是一种人生之大幸，对他们今后的人生之旅其裨益是无疑的。

其次，走进学生的内心要从细节做起。因为，用教师细微的关心来感染学生有时比一本正经的说教来得更加有效。比如，当学生情绪反常影响学习时，是不是透过现象了解一下学生内心深处的原因，是学生学习建筑设计自感压力过大还是为设计成绩在低分徘徊而自卑？是个人感情纠葛，还是家有揪心事？是沉迷在玩游戏机中不能自拔，还是心理障碍导致神志萎靡？等等，学生这些精神状态的不同表现，会不同程度地影响到建筑设计的教学和学生个人学习建筑设计的行为，因此，教师要知道学生在想什么？要把准好学生的心理脉搏，有的放矢地做好心理沟通和疏导工作。

由于学生尚未学会独立生活，忽视全面发展，又加之建筑设计花时间投入是无底洞，学生为此而经常加班熬夜，导致透支健康，体质差的学生生病住院的现象在所难免。教师一方面要注意控制好课程设计任务的难易程度要适中，工作量要适度；另一方面也要关心生病的学生，问寒问暖。特别是教师指导毕业设计外出途中，学生发生身体不适尤要体贴入微。如果组内有毕业生适逢生日，不妨为学生开个小型 Party，共尝生日蛋糕，轻松热闹一番，或者趁假日集体逛公园共享良辰美景，等等。教师在诸如此类生活细节中关心学生，走进学生的内心，不但增进师生友情，也拉近彼此内心距离，让学生体察到教师真是他们的良师益友，有了这种师生情感基础，教师的教书育人工作，学生的成长进步就会在一个良好的教与学的氛围中获得巨大的动力。

## 5、现身说教

为了达到师生的思想交流互动，并促进师生情感融通，有时教师需要把自己摆进去，现身讲述个人成长过程中的成功与失败，顺利与挫折，以及其中的各种思想活动。这些活灵活现的故事，让学生不会感到是大道理满天飞的空洞说教，而是教师的心声向学生敞开，学生会因教师的坦诚而更加信赖对自己的思想帮助。特别是教师若能将个人的人生经历上升到如何正确看待人生观、幸福观；如何在困境中自我磨炼，在顺境中不断进取；如何在掌握学识的过程中树立事业心、增强责任感，立志为国家的富强和人民的幸福贡献自己的才智；如何在实现自己人生价值中勤奋工作，尽力付出而不图名利和索取，等等。这些以情论理，自然流露的思想火花让学生可信可敬，也会触动他们的心灵，励志自己怎样做人、做事，怎样树立自己的理想，怎样面对今后的人生。所以，对学生的教育"管"仅是辅助手段，"育"才是根本。而"育"人是要以情感融通为基础的，首先要让学生在情感上能接受你，愿意听你的真言，而由于教师在师生交流中是平等相待，就使学生对教师进一步有一种信赖感，由此打开学生心灵的窗户向教师敞开心扉。那么教师的育人工作就会做到点子上，对学生才有真正的帮助。若教师都能这样将春风化雨般的育人工作当做职业习惯，还有什么学生教不好的呢？

# 第四章

## 学生学什么

学生经过高考终于圆梦跨进大学，走进建筑院系，开始了人生新的征程。随之而来的一个新问题又摆在学生面前：怎样度过宝贵的大学黄金时光？在大学里究竟主要学什么才能成为合格人才？大多数学生的回答是学知识。在今天的谷歌时代，知识还需强记死背吗？鼠标轻轻一点关键词，学生所需要的一大串知识都会闪现出来，何况这些现成知识还会在不断更新或增新中。而课堂的书本知识也只是专业入门的基础知识，不可不学，但这并不是主要的。所以，学生获取知识的途径真是太多太多了，可以教师传授，可以自己搜索，"获取"知识已经不再是什么困难的事情。学生要学的是怎样判断这些知识，怎样综合运用这些知识，怎样在消化知识的过程中形成自己独立的主见，激发自己的创造性，锻炼自己的各种能力，以及让知识提高自身的修养和气质。因此，学生进入建筑院系是新的学习开始，首先要明确学什么？才能有目标的一往无前去追求。归纳起来就是除了第二章"教师教什么"所述内容学生应重点学好外，本章还需特别重复强调学生在以下几方面认真学好。即学开阔视野；学设计基本功；学设计方法；学设计手法；学设计技能；学修身养性。

## 一、学开阔视野

学生来到大学之前在中小学受到生活圈子和未成年的局限，其视野限于读书学习范围，而对外部世界认识、对人生真谛理解还处于朦胧状态。特别是高考这座狭窄的独木桥，让学生的视野仅限于鼻子尖下的个人命运抉择。当学生来到大学后，高等教育为学生提供了一个社会文明的视野，科技发展的视野，使学生通过大学教育的渠道看到古往今来人类走过了一条怎样的道路，科技成果发生了怎样的日新月异变化，在人类社会进步与科技发展中出现了多少可歌可泣的事件与出类拔萃的优秀人物，由此了解世界是多么精彩。进而思考，学生作为未来推动社会进步，科技发展的力量，应该担当什么样的责任，应该在大学如何奠定未来发挥才智的基础。在做人做事方面，从思想观念、行为习惯上要修养哪些品质。学生只有开阔了视野，才能认识这个世界、这个时代，才能知道自己肩上责任有多么重，才能有动力学好应该学好的所有。

在专业的学习中，由于建筑学是一门博大精深的学科，更需要学生放开眼界，了解建筑究竟是什么？也许不再幼稚地认为建筑是孩提时的搭积木，也不是简单地盖房子。来到建筑这座奇丽的殿堂中才惊讶地发现：建筑是怎样成为石头的史书，它铭刻着人类文明的发展史，承载着人类文化的深厚底蕴；建筑是怎样化作凝固的音乐，跳动着人类智慧的音符，展现出丰富多彩的美妙旋律；建筑又是怎样凝结着人类科技创新的结晶，创造着人类生活的新梦境。在浩瀚的建筑知识海洋里，学生要了解其内涵、探索其奥秘实在需要宽阔的视野。为此，学生要多读书、多思考、多阅历。

## 1、多读书

学生不仅为了增长知识而学习，更重要的是为了丰富自己的精神世界而要博览群书。除教学计划规定的专业书要学好外，还要根据自己的兴趣拓宽阅读范围。

### 读点哲学理论

学生从中可以了解关于世界观学说的阐述，搞清思维与存在、精神与物质的关系问题，特别是搞懂科学的马克思主义哲学，即辩证唯物主义和历史唯物主义学说，这对于学生观察世界、了解历史（社会发展史、中外建筑史），看待国家、认识自己和他人都是有力的思想武器，对于学生专业的学习、建筑设计的入门也是正确的思维方法。而学生的一切良好生活习惯、行为方式的养成也离不开哲学原理的指导。

### 读点历史文献

学生从中可以了解世界是怎样在战争与和平的交替中给人类带来深重灾难与文明进步。懂得中国上下五千年的文明史和百余年的屈辱史，国人应该从中深思怎样从历史教训中自强于世界民族之林，学生应该从中思考怎样复兴中华，实现中国梦而奋发学习，有所作为。历史就是一面明镜，它可以照出一切真伪，学生要在明镜前学会独立思考、明辨是非、正确判断。这也是学生开阔视野要做到的。

### 读点经典文学

特别是要多读点中外大文豪、名作家的传世名著、壮丽诗篇，以便从人类文化宝库中去汲取精神营养。诸如英国剧作家、欧洲文学奠基人莎士比亚的《哈姆雷特》、《罗密欧与朱丽叶》；俄国世界文学泰斗列夫·托尔斯泰的《战争与和平》、《安娜·卡列尼娜》；阿·托尔斯泰的《苦难的历程》三部曲；俄罗斯文学之父普希金的《渔夫和金鱼的故事》、《上尉的女儿》；法国浪漫主义作家雨果的《巴黎圣母院》；短篇小说巨匠莫泊桑的《羊脂球》、

《项链》；西班牙伟大作家塞万提斯的《唐·吉诃德》；德国剧作家歌德的《浮士德》；席勒的《阴谋与爱情》；美国作家马克·吐温的《百万英镑》；苏联杰出作家高尔基的《母亲》；奥斯特洛夫斯基的《钢铁是怎样炼成的》。以及获得诺贝尔文学奖的法国作家罗曼·罗兰的《约翰·克利斯朵夫》；印度诗人泰戈尔的《泰戈尔诗选》；英国作家萧伯纳的《华伦夫人的职业》；苏联作家肖洛霍夫的《静静的顿河》；日本作家川端康成的《伊豆的舞女》等等。以及在世界文学洪流中还涌现出狄更斯、安徒生、巴尔扎克、莫里哀、海明威、莱蒙托夫、果戈里、契科夫、屠格涅夫、夏·勃朗特、艾·勃朗特、拜伦、裴多菲等无数驰名作家及其他们的优秀作品。此外中国的四大名著（《西游记》、《红楼梦》、《水浒传》、《三国演义》），以及鲁迅的《呐喊》、《彷徨》；老舍的《骆驼祥子》、《茶馆》；巴金的《家》、《春》、《秋》；矛盾的《子夜》；郭沫若的《屈原》；钱仲书的《围城》；莫言的《红高粱》，等等，都是脍炙人口的传世名作。在中外文学璀璨的天空中闪耀着许许多多闻名于世的文学明星，他们的作品以犀利的笔锋揭露黑暗社会的虚伪与腐朽；以辛辣的语言讽刺着市侩唯利是图、世态炎凉的心态与作为；以浪漫主义的文笔歌颂美与善的人性，并鞭挞丑与恶的嘴脸；以气势磅礴长篇史诗般的描述展现了正义战胜邪恶、光明战胜黑暗的壮丽凯歌；以细腻的活现刻画真实写照了主人公人生奋斗的历程，等等。学生从阅读这些名著中，不但可以放眼万千世界，可知人间冷暖，触动情感心灵，感悟人生真谛。也能够修炼自身的文学修养、文化气质。这正是建筑师应具有的素养之一。

**读点杂书**

除去经典文学要读外，一切各类文学作品都可以浏览。诸如人物传记、科幻小说、科普常识、期刊杂志、掌故逸闻、风光影集、旅游指南、百科知识、唐诗宋词，等等。所谓读万卷书就是学生学习建筑设计要上知天文、下知地理。只有这样，学生才能知道天有多大、地有多深、海有多阔、山有多高，学生有这样一个开阔的视野，搞起建筑设计就不会因眼界受限而思路狭窄，手笔拘谨。而更重要的是人生的胸襟就会宽大，气度就会不凡，前程就会更加开阔。

**读点美学艺术**

它是以各类形象来反映现实美，但又比现实美更为提炼的社会意识形态表现，包括除文学以外还有绘画、雕塑、建筑、音乐、舞蹈、摄影、书法、戏剧、电影、曲艺等。从这些艺术门类中，学生可以感受到形式美、构图美、色彩美、动态美、内涵美、意境美、气质美等。学生在美的阅读、熏陶、潜移默化中能够不断陶醉对美的享受，锻炼发现美的眼力，提高鉴赏美的水平。而学生这种对美的追求正是学习建筑设计不可或缺的。

## 2、多思考

读书重要的不是在过程中学到知识，而是学生是否有能力对这些知识做出正确的判断，并形成自己独立的见解。由于学生从小受到传统教育、正面教育，总是听家长的话，听大人的话，听老师的话，听领导的话，一言以蔽之，习惯于服从。因此，听话成为一位好学生的标准。久而久之，学生丧失了个性、缺失了独立思考，只能人云亦云，不敢越雷池一步，因而对周围事物缺乏好奇心，致使想象力贫乏。到了大学就要学会独立，能够独立生活，善于独立思考，养成独立人格。独立生活就是自己安排自己的命运，要生活自立；独立思考就是一种实事求是的思想方法，遇事不跟风，不盲从，对所见所闻，凡事要想一想；独立人格是一种不依附他人和权威，具有自我个性与追求的精神品格，只有这样，人才能走向成熟。那么，多思考要学些什么呢？

**学会凡事勤思**

学生通过眼观、耳闻、阅读可以知晓世间许多事。对此不可眼过烟云，或者东耳进西耳出。不论是长见识、学知识，还是欲了解事实、究其缘由，这些所见所闻所学都要过一过脑子思考一番，才能做到心知肚明，学有收获。说到建筑设计的学习更是如此，建筑设计是学生自己的创造，不思考哪来意念？哪能分析矛盾？哪能解决问题？电脑帮不了这个忙，还得靠人脑（思考）去操作。因此，学生要想学好专业，学会建筑设计，学会开阔视野，只能勤于思考。

**学会提出问题**

爱因斯坦说过一句话：提出一个问题比解决一个问题更重要。学生能提出一个问题，说明已经动脑进行了思考，只是遇到了暂时无法解释或解决的问题。相对于得出答案来说，提出问题却是更可贵。因为世界上一切发明创造都是因有心人的好奇而引发问题，并对问题进行坚持不懈地研究而最终成功解决问题，于是，一项新的成果发明就此诞生。因此，学生在大学里进行独立的研究性学习，就要不断动脑提出问题，并有打破砂锅问（纹）到底的精神，才能真正搞懂科学概念、设计原理，才能真正开阔视野。

### 学会思考方法

思考不是随意乱想，要研究方法以提高效率。这种思考方法就是分析问题，要摸清事物发展的前因后果，处理事物的矛盾要运用辩证法的一分为二观点，解决问题要站在全局的高度并遵循事物发展的规律。要力求避免主观主义、形而上学的一点论。只有这样，学生才能学会正确认清社会现象，看待历史问题，处理好人际关系，才能落实到以正确的思考方法对待建筑设计的专业学习。

### 学会判断正误

许多书本知识，社会现象常常真伪难辨，甚至教材内容有些也已过时，特别是网上海量的信息也不一定都是对的，有很多却是错误的。对于这些学生能否具备辨别真伪的能力，那才是属于你的真本事。因此，学生要学会判断正误，首先要坚持独立思考，不能随大流。其次，要用科学的观念武装自己的头脑，以保证用正确的思想看待、分析、判断所见所闻的真伪。

### 学会反问质疑

学生读书、了解周围事物不能囫囵吞枣，要从多角度提出反问，从反问中寻找思路，进而作出正确的选择。这些反问可以是为什么（why）：为什么这样说；为什么这样做；为什么会这样；为什么采用这一方法等等。做什么（what）：任务是什么；目的是什么；条件是什么；方法是什么；重点是什么；要求是什么等等。谁（who）：为了谁；谁来做；谁来决策；与谁有关等等。何时（when）：何时开始；何时完成；何时最适宜等等。何处（where）：在何处发生；在何处进行；选在何处适宜等等。这 5W 基本提供了就某一特定研究问题的多种可供选择思路的并列因素。反问得越周全，则选择的结果就可能越有价值。由此，学生只有对知识、真理追溯求源，才能获得真知，这也是学生具有创造性精神的必备条件。

质疑是反问的另一种形式，许多问题不尽然有唯一结果，尤其建筑设计。或者有些结果并不是理想的，甚至是不恰当的、错误的。学生能不能学会质疑的方式，探讨用另一种思路去回答、解决问题，此时往往思路也走得通，甚至会得出意想不到的另一新颖结果。这种情况在社会现象中，在科学研究领域里是普遍存在的，在建筑设计中也不乏鲜见。例如，现代城市交通压力特别大，拥堵现象十分严重。其原因之一就是所有企事业单位、学校都是沿用统一的上下班时间这个老规定。那么，为什么企事业单位不能采取错时上下班呢？这一质疑就有效地缓解了这个矛盾。1819 年，丹麦物理学家奥斯特发现了通电导体可以使磁针转动的磁效应，1820年，法国的安培发现了通电的螺旋管线具有与磁石相同的作用。英国物理学家法拉第就质疑："为什么不能用磁产生电呢？"于是，法拉第经过九年的艰苦探索，终于在1831年通过发现电磁感应现象，制造了世界上第一台发电机，为人类进入电气化时代开辟了道路。在建筑装修中，总是习惯用大面积白色纸面石膏板吊顶将水、电、暖、气等各种管线掩藏起来，以显室内顶面平整光洁。那么在某种条件下，为什么不可以将楼板底面、梁和所有管线刷成黑色，再用黑色格栅吊顶呢？这样既可节省材料，便于施工，又让人感觉天顶深不可测而另有一种新意。甚至建筑师皮亚诺和罗杰斯在巴黎蓬皮杜艺术与文化中心设计中，为了让室内空间自由，"翻肠倒肚"地将琳琅满目、色彩鲜艳的管道毫无掩饰地暴露在建筑外面或穿行在室内钢管桁架中。这些对原有事物质疑的思考，实际上是发挥了人的逆向思维作用。因此，反向思考与正向思考一样，对于真正开阔视野、开发创造性具有同样的作用。

### 3、多阅历

学生通过理性的阅读可以增长见识，但在学期间，不能仅在教室与图书馆之间钟摆，要知道通过感性的阅历以开阔视野同样是不可缺少的。阅历即亲身实践，实践才能获真知，实践是检验真理的唯一标准，阅历无论对于专业学习还是人生历程都是一笔宝贵的财富等等。这些耳熟能详的道理学生都明白，关键是身子要走出书斋，以各种方式参与到实践中去，由经历得来的知识才是最可靠的。

**参与生活**

生活是人生的大课堂，是知识的源泉，也是一切工作的出发点。因此，领导要深入基层了解民情，演员要深入生活体验角色，经商者要走入百姓中调查市场需求，生产者要与用户沟通了解产品是否对路，建筑师要走访使用单位，征求反馈意见等等。作为学生更需要参与生活，才能体验各类公共建筑以及居住建筑的功能设计要求。如坐在剧院看戏，体验一下座位排距尺寸是否合适；进餐馆吃饭观察一下餐桌配置与就餐行为有什么关系；乘火车外出看看各类旅客进出站流线有什么规律；逛超市看看购物流程有什么规定；到医院排队挂号看看挂号窗口与大厅入口有什么方位上的关系；坐在200人大教室的最后一排听课，后区地面不升起你有什么不适；在朝西的阅览室，为什么没有读者愿意坐在窗口看书；夏天有客人来访，推开房门一眼望穿客厅，家庭隐私生活暴露无遗是否有点生活不便；上楼梯费劲是否是踏步尺寸高了等等。生活中这些常识，只要"处处留心皆学问"。

### 参与游历

对于学习建筑设计这是学生少不了的阅历。书本上的建筑名作、各类建筑实例仅仅是一种资料图片，学生对此只能了解皮毛。只有亲临现场来到这些建筑跟前，才能从外到内体验它的魅力，记住它的特征，感受它的气氛。更不要说，对那些自然风光、人工园林只有投入其怀抱才能体察妙趣、赞叹神奇。若能走遍世界，身临其境地感受异国风土人情，方知世界之大真是无奇不有。在游历中还可以陶冶情操，提高审美情趣，这是学习建筑设计必不可少的修养。

### 参与勤工俭学

学生从小受到家庭的呵护、父母的供养，直至进入大学是否心存感恩？现已成人能否为家人减负，分担忧愁？即使家庭富裕、条件优越，是否可以锻炼自立？这不仅是学生应具有的美德，从学习的角度也是通过有偿劳动获取真知的手段。可以利用寒暑假参与勤工俭学活动，到餐馆端盘子洗碗、做家教、到工地干壮工活、到公司当打字员、到商店站柜台、到事务所当绘图员，等等。一方面为自己挣学费；另一方面懂得挣钱来之不易，若仍挥霍父母血汗钱应是可耻的。而学生只有亲历流汗吃苦受累，才能珍惜今天所得所享，为明天不当啃老族，自己去创造幸福而努力学习。更重要的是学生参与勤工俭学还可以接触社会知识，了解底层民众的疾苦，懂得为了国强民富自己肩负的责任。才真正懂得学习建筑设计是为了谁？

### 参与公益事业

这是社会文明进步的标志之一，也是人生的一种高尚境界。学生要明白：人活着不只是为了索取，更应付出。有一份力量就要多尽一份爱心，从中自己的心灵也能得到升华，正是赠人玫瑰，手留余香。为此学生要走出个人的安乐窝、蜜糖罐，到大众中去做一些助人为乐的公益事情。诸如在大型公共活动中争当志愿者去帮助需要帮助的人；在车站当义务引导员；在上下班高峰帮助交警维持交通秩序；老人摔倒了扶一把；老妪过斑马线护着点；小孩迷路哭喊着上去安抚一下帮着找到亲人；大灾大难突发时赶上前做点力所能及的事；平时热心慈善，向危难者捐点零花钱，献点血，等等。这些身边经常发生的事，正是考验每一个人道德良心的试金石。学生需要在这些考验面前伸出援手，有些是举手之劳，有些需要勇气，有些要牺牲个人的得失。但，学生每做一件公益事情都会得到心灵的奖赏，坚持下去就会成为一个"有益于人民的人"。这种处处为人而着想的优秀品质，实际上也会潜移默化地影响到专业的学习。学生这种善良的心一旦成为行为的指导准则，一定会在"建筑设计是为人而不是为物"的理念中，得到真正的落实。今后在工程设计中就会多为使用者着想，做好服务性工作；就会为结构工程师着想，怎样使方案的结构更加合理、简洁，而不会刻意玩弄形式给结构设计制造不必要的麻烦；就会为施工着想，怎样使节点构造做得既合理简单又便于施工操作。所有这些设计中的为他人着想既是建筑师的职业素质，也是做人的素养。因此，学生要从日常的参与公益活动中开阔自己的人生视野，丰富自己的人生阅历，做一个心灵最美的人。

**参与高雅活动**

年轻人是朝气蓬勃的一族，本应到处显现活跃的身影，阳光的笑容。要经常在操场上生龙活虎，在歌坛上激情四射，在舞场里轻盈漫舞，在赏乐中陶醉入神，在写生中挥毫作画，在沙龙里谈笑风生等等。学生参与这些有益于身心健康的活动不仅是年轻人的特点，也是建筑设计需要思维活跃、情趣高雅的熏陶手段。那种埋头读书，沉溺电脑，甚至只迷恋网聊、通宵网上游戏，不仅学习生活单调，而且易玩物丧志，又毁了青春的美好时光。因此，学生多参与高雅活动，对于一生成为有修养气质的人是十分有益的。

# 二、学设计基本功

学生跨进大学既然选择了建筑学专业，就是把自己今后的发展方向定位在从事于建筑设计事业上。无论是成为职业建筑师，还是成为这一领域的学者或管理者，都必须在大学期间打下扎实的设计基本功。况且在人的一生中也仅有这几年宝贵的时间能够专注于设计基本功的训练。毕业出了校门，就是以建筑设计应用为主了。到那时，学生是娴熟的设计高手，还是低能的设计画图匠，全在于大学期间个人的设计基本功练到何种火候。而设计基本功的训练来不得半点浮躁心态和肤浅用力。如果设计基本功不坚实，却去玩弄玄乎概念、花架子的所谓"创新"设计，这样学建筑设计反而把本来应当重视的设计基本功削弱了，把应当激励创新意识的"经"

给念歪了，正是"画虎不成反类犬"。我们只要看一看从工业革命以来科技的突破无不源自基本科学的发展一样，建筑设计的创新也无不是以基础设计为根基而取得的。学生如果对设计基本功认识不足，练的不够，只满足于"玩"建筑而痛快一时，终究只能尾随人后，依样照葫芦画瓢罢了，更不要说创建自己的设计理念，有能力做融合各学科的学问了。

那么，学设计基本功练什么呢？

### 1、练好手上表现的功夫

看一个人做设计是否有真本事，只要看他出手徒手画线条的运笔动作和线条效果也就知道个大概，再看随手勾上一幅小透视是否顺眼，也就八九不离十。难怪我们看大师的手稿草图线条是那样奔放不羁，小透视是那样潇洒自如。这样的线条看起来似不经意而为，却浓缩了大师手上过人的功夫。这功夫不是天生的，是勤奋练就而成。因此，学生不要小看拿铅笔画线条这种小学生都会做的基本动作，它却是建筑设计的基本功之一。它既是设计高手的看家本领，也是一种建筑设计特有的思考手段。更不要说方案建构过程中一系列图示草图的功夫足以看出一个人设计基本功的强弱了。

掌握素描关系是学生学习所有建筑表现的基础——麻煜（二年级）

手上功夫除去练好徒手勾画线条的表现功夫外，还要练好用图示手段表达设计意图的功夫。当然，当需要表达设计结果时，运用计算机工具具有无比的优越性，既快速又精准。但是，从学生一份计算机完成的毕业设计作业图中，完全可看出设计基本功的高低。比如，整幅作业该重点表现的平面图小到难以看清功能关系，房间名称小到无法辨认，而次要的图纸内容，甚至包装图样却喧宾夺主占了很大版面。这是因为学生对屏幕上图面的效果，一旦打印成正式图纸的最终效果还没有能力或者根本无意识进行控制。仅此一点，就可看出学生的基本功和设计修养还欠火候。再如图形线条粗细的控制，字体大小及其标注位置的掌握，表现图中用色深浅、色相冷暖的变化等全取决于手在脑的授意下施展功夫的高下。更不要说在方案发展过程中，运用草图表达设计意念的线条，其手上的功夫更决定了方案设计的效率及其每一步阶段性成果的优劣。因此，无论用笔还是用计算机来表达，其基本功还在于手上的功夫，这就是设计高手、大师与一般设计者的最大区别之一。

### 2、练好基础设计的功夫

学生初学建筑设计要老老实实把基础设计练好，这是大学期间专业学习的主要目标，也是今后发挥一技之长的根基。学生只要看一看运动员是怎样千百次练一个基本动作，京剧演员成年累月吊嗓子，舞蹈家从小练下腰，战士天天摸爬滚打就知道，哪一行业的绝技不是从基本功苦练出来的？同样，学生学习建筑设计也要在基础设计上狠下功夫。非如此成不了名副其实的建筑师，欲成为大师也就别指望了。学生若轻视手上功夫，自以为轻点鼠标就可以替代自己动手思考设计问题，结果，离开计算机就不知道怎样下笔做设计，甚至连削铅笔的技能都生疏起来，其后果不言而喻，到那时，学生因设计基本功不过关恐怕后悔莫及了。

之所以强调学生在设计基本功尚未成熟的初级阶段，不要过度地依赖计算机而要动手画设计草图是因为鼠标与屏幕之间没有摩擦，手感受不到动作的反馈，线条的呈现也不是笔的移动轨迹而是瞬间闪现。而且学生因过多地关注屏幕上的线条成型而分散了对设计本身的注意力。总之，撇开方案本身好坏不说，仅从屏幕上匠气十足的线条、图形，就可知学生缺少智慧与功底，而这些线条、图形又恰恰不适合研究方案过程的表达手段。但是，用笔画草图可以真实感受到运笔速度和压力变化对线条粗细、轻重所带来的反馈，而且不在乎线条的清晰精准，只要快速流畅甚至不拘小节就行。这就无形中促进脑与手的互动，成为一种非常睿智的脑力活动。因此，学生首先要在思想上认识到用徒手勾画草图进行基础设计训练是十分重要的。

基础设计的基本功是什么呢？归纳起来就是能正确分析设计矛盾，能妥善解决设计问题。这是学生设计基本功要达到的最低目标。具体学什么要从以下几个方面入手：

**学环境设计的基本功**

只要不是标准设计、通用设计，任何一项建筑设计都是针对特定环境制约的有条件设计。然而，这些环境制约条件对设计而言有利有弊且相互交织在一起，学生如何分析它们，理顺头绪，从而抓住环境主要矛盾作为方案立意的依据，正是基础设计的基本功之一。这一步就决定了方案的发展大方向，而且有了好的开始，就是成功的一半。但是，学生初学建筑设计并不容易做到这一点，往往对环境条件分不清主次，特别是若干环境条件相矛盾时更不知所措。这就需要学生在对待复杂矛盾的分析能力上下功夫。比如，如果这些环境因素不能同时满足要求，怎样抓主舍次呢？而次要的环境因素对建筑的不利影响，又如何通过其他办法得到补偿；如果建筑适应了各环境因素的条件要求，但自身的诸多要求却成了问题又该怎么办；怎样兼顾双方的各自要求；当不能两全其美时，谁服从谁；如果某一环境因素在此时对建筑的设计是一种限定条件必须满足，而在彼时对建筑的设计却变成不利条件必须避开，怎样分析这种环境因素角色的转换；如果建筑对艺术性、文化性有较高要求，如何超出用地有形环境的范围到历史文化的无形环境中获取、提炼有价值的信息等等。学生对这些环境条件与建筑关系的分析若能条理清晰，思路正确，则思维基本功较强。反之，则思维基本功较弱。

上述正确分析建筑与环境的关系仅仅是方案设计起步的前提，而学生能否妥善解决这些设计问题才是设计基本功的真本事。反映在两方面：一是对环境设计中首要该解决的设计问题务必正确无误。比如判断场地主次出入口的方位不能失误，否则，由此而带来一系列后续错误设计将导致方案设计的路线失控。再如建筑与场地的"图底"关系，包括"图"的平面与体量的"形"及其位置应有一个正确的设计意念。没有这样一个方案大方向的掌控，设计就会陷入一种随意性的较盲目状态。因此，妥善解决方案设计起步的这两个关键问题，是学习环境设计基本功的要点。二是对建筑与环境关系的分析及其妥善解决该设计问题的过程应是娴熟且尽力能一步到位，这是设计基本功较强的体现。如果学生为此折腾时间较长，不但没有很好解决设计问题，反而为后续设计带来难题，则设计基本功就要加强训练了。这种妥善解决设计问题的本事涉及到学生对设计任务书的解读能力、对环境条件分析的能力、对建筑设计原理的运用能力、对设计矛盾的思考能力等一系设计基本功的综合体现。

学环境设计基本功还包含对方案最终的总平面设计进行合理规划，能够将广场、停车、绿化、小品、道路等若干总图内容组成一个有机的整体，使之既与建筑物又与城市环境发生紧密联系。这就是环境设计所体现出来的设计基本功。

### 学平面功能设计的基本功

这是学生学习建筑设计最需要强调的设计基本功，然而学生在这上面下的功夫远远不够。一是重形式轻功能，表现在热衷玩弄造型，而对平面设计给力不足；二是平面功能设计缺少章法，表现在平面图形随意性明显，功能布局紊乱，房间形状怪异；三是平面功能设计不乏出现常识性错误，表现在平面与立面或剖面局部不相符，细节的平面图形没有正确反映空间形态等。如果学生这一设计基本功在大学里没有练出来，或者练得不够扎实，今后在设计市场的竞争中就很难胜出，到头来很可能沦为他人的绘图工具，而在建筑创造生涯中难以有所作为。

因此，学生要认识到学习平面功能设计是整个设计基本功的基础。为此，要学会能明确划分功能分区；要学会能将所有房间按相互功能关系合理进行配置；要学会能清晰组织不同功能的水平与垂直交通流线；要学会将平面功能的布局符合结构系统的逻辑关系；要学会平面与空间的互动设计；要学会对单个房间尤其是有特定功能要求的重要房间的细节设计。总之，平面功能设计的目的就是要真正满足人的舒适性生活要求。为此，学生就要加深对生活的理解，并提高解决上述平面功能问题的处理能力。

然而，在学习平面设计基本功的问题上，还要纠正学生在观念上的一种误区，即认为现代生活是开放可变化的。因此，只要追求立面造型新颖，空间灵活可变，再加上有一个结构"框框"，什么功能都可以往里"装"了。故而不要太看重平面功能设计，甚至认为这是一种墨守成规的观念。然而，事实并非如此。的确有些现代生活是需要大型灵活的空间以适应多功能使用的可变要求，如会展中心、大型卖场等。但是，这不等于可以不要平面功能设计，那些配套的众多辅助房间、交通楼梯等，同样需要平面设计的手段将它们有秩序地组织起来。何况更多的建筑是需要满足特定功能要求的量身定做设计。比如演艺中心设计、手术楼设计、实验楼设计、博物馆设计等等诸多不同功能的公共建筑，以及居住建筑设计都需要在平面功能设计上下功夫。此时，学生施展平面功能设计的功力就显得十分重要了。诚然，社会现实中有不少综合楼在设计与建造时并没有准确的功能定位，只是由各买方根据各自经营项目的功能要求在即定结构框架内被动地进行平面设计，这种现象并不能作为设计可不考虑功能要求的理由。因为这是一种有违设计程序的现象，这种滞后的平面功能设计存在着诸如将就使用、空间浪费、流线交叉、功能相混、疏散隐患等等不尽人意的缺憾。正如改造的东西总不如原件、原配用起来得心应手一样。因此，平面功能设计并不是可以轻视的，它确需要学生花费心思、施展功力周到而细致入微地解决好所有使用要求的问题，甚至像波特曼在旅馆平面设计中创造性设计的中庭空间，因由此改变了人们的公共生活方式而风靡全球，证明平面功能设计并非平淡无味，它也可以闯出创新之路。

**学空间设计的基本功**

空间的设计包括外部造型和内部空间的完美创造。前者又涉及到体量塑形与立面推敲，后者也涉及到空间的组织、衔接、过渡、流通、分割等空间形态的研究。所有这些空间的设计都需要学生运用形式美学、色彩美学、材料美学等知识以及表达空间美的能力，这些就构成了空间设计的基本功内容。

为此，学生要学习建筑立体构成的知识；学习如何评价建筑造型的美与丑；学习怎样使简洁的体量因有点睛之笔，使造型不落俗套，又怎样使过于复杂变化的体块组合具有整体美的统一；要学会将立体构成与色彩构成、材料构成很好结合起来进行设计，使三者成为完美的有机整体；还要学会将有瑕疵的形体通过巧妙的手法补偏救弊。总之，学生欲要创造美的建筑造型，在空间设计的基本功训练上恐怕要下很大功夫。

对于立面的推敲，学生要学习怎样把握适宜的尺度、恰当的比例，这是创造立面内在美的设计基本功。至于立面上门窗洞口的周密组织，对线条横竖粗细的推敲，对不同材料色彩的安排，对装饰符号的精心点缀，对立面局部凹凸的处理等等，这些立面的显性美也都需要学生具有较强的空间设计基本功处置到位。

谈到室内空间的设计，对于学生而言，较之对外部造型的把握更为困难些。这是因为学生对室内空间的完美推敲意识较为淡薄，且室内空间形态不像建筑造型可以直观感受，因较为虚幻而难以想象，也因此不为学生感兴趣。但是，学生学会室内空间设计又是不可缺少的设计基本功，它关系到平面设计的质量，也关系到外部造型的依据是否里外一致。因此，学生训练室内空间设计的基本功是必须的。

为此，学生首先要学习对单一室内空间完形的设计。从平面形状的完整；长宽高三度空间的比例推敲；门洞窗口在空间界面上的合宜位置；侧界面开放或封闭程度的研究；顶界面或底界面标高起伏变化的设定；直至室内空间若存在即定限制条件（如结构柱），怎样把不利因素转化为使空间能增色的有利因素，等等。这些室内空间的细节设计学生都要学会留心处理。

此外，对于室内空间二次设计，学生要学会运用各种手法使室内母空间原本单调、乏味的形态能够创造出丰富多变，相互流通的若干子空间，以适应人的现代生活对空间的不同需求。还要学会处理不同功能空间相互之间如何通过空间的变化达到和谐过渡，有机衔接。对于若干重要空间连续性的组织如何通过空间序列的变化达到设计意图的理想境界，等等。学生学会室内空间二次设计正是设计基本功的重要体现，唯有此才能使建筑设计更为充实，更为深入。

**学技术设计的基本功**

建筑设计与技术设计是紧密相关联的，前者要受到后者的制约，后者支撑着前者的合理性。虽然学生不必对技术性问题过于专业，但对技术的基本概念、原理要清楚。比如，对结构选型的原则；对结构布置的原理；对结构受力的特点；对给排水、设备、照明的走线要求；对各类构造节点的概念等，应该做到心知肚明。如若不是这样，学生的建筑设计将会出现若干与技术设计相抵触的地方，甚至发生常识性的设计错误。比如，剖面图上，楼板剖线下没有画被剖到的梁断面和能看见的梁投形线，说明学生剖面概念不清；梁板柱节点表示成柱顶梁而不是梁穿柱，说明学生结构概念模糊；楼层承重墙压在楼板上无承墙梁支撑，说明学生对结构传力不清楚；而轻质墙随意分隔空间，不是撞在外墙柱上

建筑技术教师参与建筑设计辅导

而是直接撞在外窗玻璃上，说明学生根本未考虑其构造节点不可行；立面上顶层窗上皮距天际轮廓线几乎就是一块板厚度，说明学生毫无女儿墙构造概念；而立面玻璃幕墙直接插在室外地面上，没有室内外高差的勒脚处理，说明学生构造意识太薄弱，等等。这些细节的问题无论是设计不到位，还是笔误，都说明学生的技术设计基本功十分薄弱。

显然，上述学生对技术设计基本功的缺失，反映出对技术课程不太重视，更不要说在建筑设计中认真地加以运用了。因此，学生要改变对技术设计不重视的状况，要认识到技术设计的基本功就是建筑设计基本功的组

成部分。只有加强技术设计基本功的训练，才能增强建筑设计基本功的功力，才能跟上新技术、新工艺、新材料不断发展对建筑设计的新要求，才能真正出精品设计。

### 学整合设计的基本功

真正进行建筑设计实际上完全是一种整合设计的过程，是将环境、功能、造型、空间、技术等多个设计因素综合进行思考，然后将它们整合成有机的共同体。但是，多样的设计因素因彼此制约又相互依存地交织在一起，欲要将它们整合成有机整体并非轻而易举，如若没有较强的整合设计基本功，是难以驾驭方案设计的整个过程。因此，学生进行建筑设计时，应时刻不忘通盘考虑各设计因素的相互关系，不能顾此失彼而乱了整合设计的方略。比如，平面与空间是不可分割的两个设计因素，学生在考虑二度向量的平面形状及其功能合理性的同时，不能不顾及三度向量所构成的空间效果也应合宜。反之，在考虑空间形态的变化时，也要同时满足平面的要求而不能抓住一点不及其余。倘若平面与空间各自设计要求不能两全其美时，也要权衡主次，尽量协调两者的整合关系，使之达到最佳融合程度。同理，建筑与环境、造型与功能、立面与体量、结构与构造、造型与构造、造型与结构等等，两两设计因素总是要经过整合设计才能形成有机的相互关系。然而，常规的整合设计并不止于两两设计因素之间的整合，而是所有设计因素共同卷入整合设计之中，这就加大了整合设计的难度，从而对学生的整合设计能力要求更为全面。比如，当考虑造型构思时，既要与功能内容的纳入相吻合，又要符合结构的可行性，还要把这种建筑造型立于某特定城市环境中，与周边建筑群能融为有机整体。同时，又不能忘了功能、结构、环境它们之间的关系也要达到和谐一致。正因为这些设计因素彼此之间的关系是同时互为影响的，因此，把它们整合到什么地步，全在于学生整合设计基本功练到何种程度。也决定了学生今后在执业生涯中如何有能力去迎刃而解更为复杂的整合难题。

总之，学生在建筑设计中若能始终清醒地认识到整合设计的理念，又在设计实践中坚持整合设计的方向，一定会不断增强整合设计的基本功。只有这样，才能在学习建筑设计的道路上逐渐成熟起来。

### 学深度设计的基本功

学生在学习建筑设计中应逐步树立精品意识，力求在总平面及平、立、剖面的设计中达到深度设计的水准。即在方案中凡是应该交代的设计内容，一律设计到位，特别是细节设计不但要周全推敲，而且表达要清楚明白，不是那种空有一幅形式外壳，而设计内容缺失的肤浅设计。

为此，在总平面设计中，首先，设计要素应完整，包括应该有的广场、道路、绿化、小品、停车位、回车场等若干设计要素一应俱全。其次，这些设计要素应设计合理到位。比如广场的形状大小、道路的宽窄走向、绿化的规划布局、小品的选项定位等都应表达无误。再则，这些总平面要素的设计与建筑物的协调关系应十分有机和谐。诸如广场形态与建筑物主入口及其大厅的对话关系应吻合；若干建筑物次要出入口与场地道路联结应形成系统；建筑物周边绿化带与道路形成软过渡；小品布点与建筑物有着明确的对位关系等。总平面这些细节处理就是深度设计的体现。

在平面设计中，并不是可以将所有功能内容无秩序地随意堆砌进形式的框框内，除去有章法地进行合理的功能分区和房间配置，这种平面设计最低要达到的目的外，大量的推敲应是做深度设计的工作。包括单个房间平面的功能完善、公共空间不同功能区域的划分及其空间相应的变化，直至房间门怎么开？一层楼梯底部空间怎么利用？室内外高差怎么处理等细节设计都应有所考虑，有所交代。只有这样，不但平面图显得充实而饱满，而且设计内容丰富而细致。这正是平面深度设计要达到的目标。

在立面设计中，学生要避免两种极端。即要么毫无能力做立面的深度设计，立面显得苍白无力，除去挖必要的门窗洞口，再无任何设计笔触可言；要么随心所欲地在立面上添加毫无依据的繁琐装饰符号，使立面外观眼花缭乱。学生应该学会有美学修养地推敲立面上每一线条美的表达，并明白这一线条的构造依据，建造的可行性要求。即使采用玻璃幕墙作为立面的表皮，也不是随意打窗格那样简单，总要推敲横窗格与结构层、窗台、圈梁等的对应关系，竖窗格与结构柱网的对位关系。如若做纪念性建筑的设计，立面的深度设计就更为重要了。重要到对线角的收头、交接、转折，诸如此类的细节推敲要达到精益求精的地步。可见，学生具备深度设计的基本功是出精品设计的重要保证。

在剖面设计中，并不是被动反映立面和平面的空间关系和细节交代。恰恰相反，要通过剖面的深度设计，以获得建筑物竖向若干标高作为立面设计的正确依据，以空间的变化作为完善平面的充分理由。因此，学生在剖面设计中，要学会至少能把空间关系交代正确，把结构、构造关系表达明白，要配合平面、立面的条件，做好节点设计，又反作用于平面、立面的修改完善。

综上所述，学生在大学学习建筑设计中，要沉下心来，实实在在地把包括环境设计、平面设计、空间设计、技术设计、整合设计、深度设计等在内的基础设计的基本功练好，千万不可浮躁、肤浅、浮夸地忽悠自己。对自己学好设计基本功负责，就是对一生负责，就是今后对客户、对国家负责。如若错失在大学系统学习建筑设计基本功的良机，今后的专业道路将很难顺利走下去。

# 三、学设计方法

方法是指关于解决思想、说话、行动等问题的门路。而设计方法是特指解决设计思维、程序及其操作的途径。显然，人做任何一件事，尤其是创造性的建筑设计如若没有一个正确的方法将会事倍功半，甚至劳而无功。实际上，人总是在用某种方法指导自己的行为，解决某个问题的。当然，方法是可以多种多样的。然而，为什么结果会有差别，或者大相径庭呢？关键在于方法是否对路。因此，学生初学建筑设计首要关注和解决的问题就是方法的问题，并清醒地认识到方法的学习比学习手法更为重要。因为它是打开步入建筑设计自由王国大门的金钥匙。

就学生学习建筑设计方法而言，主要学设计思维方法，设计操作方法和设计工作方法。

## 1、学设计思维方法

由于人的任何行为都是受大脑思维支配的，不是正确的思维引导行为正常展开而获取成功，就是错误的思维导致行为的紊乱而归于失败。可见，思维起着导航作用，这就要求学生做建筑设计首先要启动思维。因为，不思考则无行动。而思维的强弱、启动的快慢、方向的正误、运行的效率都直接关系到建筑设计全程的状态和最后的结局。因此，思维只有积极，方法只有正确，才能成功达到设计目标。一旦思维迟钝甚至失误，就会使建筑设计进程受挫或误入歧途。其次，学生要力求按建筑设计的规律和特点，运用相适应的思维方法展开设计，而不是盲目地、随意地、主观地凭空设想。这些与建筑设计相适应的思维方法主要是系统思维方法、综合思维方法、创造性思维方法和图示思维方法。

上述四种主要思维方法的概念与原理已在第二章第三节中阐明，在此不再赘述。要指出的是学生学习这四种主要的思维方法，一是不但要认识其对建筑设计学习的重要性，更重要的是要在设计实践中通过有意识地运用正确的思维方法更进一步加深理解，直到达到娴熟运用的地步。二是要认识到这四种主要的思维方法相互之间是紧密关联的，不可能分别孤立运行。因此，学生要学会综合地运用。比如在错综复杂的设计矛盾中，必须先运用系统思维方法，理清思路、找准方向，逐一解决设计问题。但是，建筑设计既要强调逻辑思维，又要发挥形象思维的作用，以便进行建筑创作活动，因此，还要运用综合思维和创造性思维。而这些思维活动是在大脑中快速进行，必须及时落实在草图上以免稍纵即逝。此时运用图示思维就显得非常重要。这样说来，四种主要思维方法应该是常常交织在一起运用的。这正是学生掌握设计思维基本功所要达到的目标。

然而，四种主要思维方法的综合运用并不那么顺风顺水，常常会相互抵触，相互牵制，这就有一个如何对待的问题。比如，学生在做某茶室设计中很想做一个标新立异的方案，以为这就是运用创造思维方法的产物。就学生设计想法而言，确实与众不同，而且造型新奇、体态轻盈，很符合茶室小建筑的个性。这种不墨守成规的设计意识应当鼓励。但是运用系统思维方法分析，这种标新立异的想法缺乏从整体考虑，没有处理好景观与朝向相左的矛盾，过分担心西晒而忽视了茶室从整体设计的意义上应首先满足景观方向与景向的一致性，且茶室临湖的处理也欠和谐的亲水关系。说明学生系统思维方法即局部要服从整体的设计原则意识还不十分强烈，犯了抓住一点不及其余的毛病。再说，就运用综合思维而言，学生的形象思维较强，而逻辑思维不足，对于这种新颖造型所容纳的若干房间功能要求的满足明显存在不当之处，说明运用综合思维方法还没有很好把逻辑思维与形象思维紧密结合起来进行思考。何况，从设计草图的表达来看，思维活动尚欠活跃流畅。上述学生综合运用四种主要思维方法尚缺协调性，这是学习建筑设计途中的正常现象。正因如此，学生才要加强这四种主要思维方法的综合运用。

为了使这四种主要思维方法得以娴熟掌握，学生还要借助辩证思维方法和同步思维方法，以提高设计效率，避免设计走弯路。

辩证思维方法就是在认识上不要把设计问题绝对化，只能相比较而言。比如景向与朝向这一对设计矛盾，在景观建筑设计中，景向是必须满足要求的，而朝向好坏却是次要的。但是，在教育建筑设计中，朝向要求却是必须要得到保证的，至于景观条件兼顾不到也只能舍去。又如在学生餐厅设计中，备餐必须紧邻厨房烹饪间，便于工作人员就近随时补充饭菜。而在自助餐厅设计中，备餐台却要设在餐厅中，便于顾客自选。在门诊部设计中，医患流线宜严格分开，但在紧急疏散时，两种人流又可相互借用交通走道混同疏散。因此，诸如此类当某一设计问题在此条件下是一种规定，但在彼条件下又是另一种规定，这就说明看问题不能绝对化，一定要视具体条件而定。学生一定要学会辩证看问题的思维方法。

其次，在解决设计问题时，也要运用辩证思维方法，不要认定一种路子去解决难题。也许第一次想到的解决设计问题的办法确实有效，但不一定是最有效的办法，只不过是首先想到而已。会不会有更好的办法解决这一设计难题呢？这就要靠学生勇于探索，通过多方案比较择优。比如，解决俱乐部建筑西晒严重问题，可以采取遮阳措施，或者凹阳台，或利用西走廊减弱西晒，或者俱乐部西侧仅配置卫生间、储藏室、楼梯间等辅助用房，或者总图设计中将建筑置于西侧高层建筑阴影中，或俱乐部西侧种植高大乔木等。说明解决设计问题的路子是多种多样的，就看选择哪一种措施或哪几种措施的组合对解决问题更加有效。

因此，学生学习建筑设计，实质上也是在学习用辩证思维的方法去看待和解决设计问题，学生这方面的能力越强，运用四种主要思维方法就越娴熟，设计水平提高就越快。反之，学生若忽视了辩证思维方法的学习，很难在学习建筑设计的过程中有所发展、有所成就。

至于学生还要学习同步思维的方法这也是设计矛盾法则所决定的。因为，我们不可能按部就班地孤立去解决每一个设计问题，设计矛盾的复杂性和关联性就决定了我们要用联系起来的观点看待设计矛盾。纵向上要同步考虑前因后果，横向上要同步考虑各设计要素的相互关联。比如，在做房间平面功能布局时，从设计程序的纵向上既要考虑遵守前一步功能分区的成果，又要为下一步水平交通与垂直交通的组织创造条件，不能前后不顾而只陷入排房间的机械操作之中。从设计横向上还要考虑这种平面功能布局"站"起来的空间形态与建筑造型是否满意？结构布置是否简洁？不如意有没有办法及时调整平面关系？这一系列对设计问题的思考应该在脑中一闪念瞬间同步发生并完成的。学生若能达到这种思维水平，可以说在学习建筑设计过程中已初步达到一种自由的境界了。否则，只有继续加强思维方法的训练，非如此，这道坎是难以逾越的。

## 2、学设计操作方法

学生学习建筑设计一定要动手进行设计操作实践，以便将设计概念转化为设计结果。而欲想使这一转化过程顺利展开，掌握正确的设计操作方法是必须的。否则，正如初学建筑设计的学生常出现的设计起步盲目，设计路线紊乱，设计效率低下，设计成果欠佳等诸多问题，正是设计不得法所致。可见，学生学习建筑设计关键是要学设计操作方法。这种学习主要包含以下几个方面：

### 学按程序展开设计的方法

任何一个行为的展开都有其内在的复杂过程，特别是建筑设计行为。由于其思考问题的广泛关联性，且又要把名目繁多的关联因素通过设计手段创造出设计产品，这种创造性工作的过程就显得极其复杂。然而，任何事物的发展都有其内在的规律性，只要学生的设计行为是按一定的规则性和秩序性行事，那么，设计行为就会得到正常发展。因此，学生若摸清了设计的规则与秩序，也就掌握了设计的脉络，就会沿着设计程式，将设计过程顺利进行到底。

按系统论的观点，设计的整体运行是由若干步骤按一定设计路线逐步完成的。前一步骤是后一步骤的设计依据和基础，后一步骤是前一步骤发展的结果，这就意味着设计行为应遵循设计程式。正如画人体素描一样，先要把握准人的整体轮廓，做到各部分与整体以及各部分之间的比例要协调，在此基础上才能深入到对细部的刻画。比如头部的刻画是在整体轮廓无误的基础之上展开的，但也不是马上就分别对眼睛、鼻子、嘴、耳朵进行细部刻画，而是要将这五官在头部的布局及其大小形状的轮廓定位，在此基础上才能各自刻画细部。即使对耳朵的细部刻画也并非直接画细部的起伏转折，还是需要进一步对耳轮、耳屏、耳垂、耳孔的部位进行比例推敲，最后才是对耳朵的真实性进行描绘。如若违反上述人体素描程式，尽管眼睛刻画得炯炯有神，但眼睛在头部的位置若有误，或头部与人体的比例也失调，由于素描行为没有按程式规定的步骤进行，或者说前一步骤没有按规定要求做到位，就急于进入下一步骤的工作，则终会因行为中途出了问题而导致结果的失败。建筑设计的行为也是同样的道理。可见，按设计步骤有秩序地展开设计工作是何等重要。

但是，在建筑设计实际工作中，根据建筑的类型或设计目的的不同，设计步骤又不为设计程式所束缚，可以有多样的设计步骤选择，而不可能只有某一种。否则过分程式化的设计步骤，只能使设计行为变得僵化、教条，不利于设计者创造性思维的发挥。正如许多设计高手和大师从设计现象上看并不按我们说的设计程式所规定的步骤展开设计工作。比如设计高手和大师有时设计一上手就从形式构思出发，而不是从环境或功能考虑，他们针对具体设计任务有自己的设计思路，但并不代表他们不依特定设计程式展开设计。这些设计者之所以称之为设计高手、大师，正是由于他们事先已在脑中对自己的设计思路胸有成竹，且这种设计思路不是常规之思路。因此，这些设计高手、大师的设计方法就与众不同。

然而，学生仅仅是初学建筑设计者，还不能达到像设计高手、大师那样有自己独特的设计方法，并按自己确定的设计思路展开工作的地步。学生只能从设计基础开始，老老实实学习设计程式所制定的普适性设计步骤作为设计基本功训练的手段为好，并力求达到牢记于心、熟练于手的程度。只有在提高设计能力的基础上，才能创造适合于自己的建筑设计方法。

所谓设计程式所制定的普适性设计步骤就是遵循整体——部分——整体的设计路线。当学生着手建筑设计时，按常规步骤先要对环境条件、设计目标的"整体"进行思考与处理，并对下一步"部分"的设计与处理提出要求和规定。当转入下一步对"部分"进行设计时，就表现为对构成"整体"的各个因素，如功能、形式、技术等分别进行研究并同步进行处理，最后整合这些"部分"的处理产生一个能融入既有环境整体的新的建筑环境整体之中。因此，学生在设计操作中要学会按环境设计——群体设计——单体设计——细部设计——总图设计这个设计链的程序展开建筑设计的方法。但这些设计环节不是截然分明，总是交织在一起的，也不完全是线型直进的方式展开，而处于动态行进之中。因此，设计步骤的先后又具有灵活性。说明学生初学建筑设计务必按设计程序进行，又不为设计程序所束缚而随机应变，这正是建筑设计方法学习的特点和难点。

### 学图示分析方法

学生一定要明白，做建筑设计自始至终都是在用脑对设计问题进行分析，有什么程度的分析，就会有什么样的成果。对设计问题分析周全深透，就会使设计成果丰满上乘；反之，则设计成果空洞无物，所谓一份耕耘，一份收获正是如此。

然而，学生欲学习图示分析方法，先要学会运用正确的分析手段。针对建筑设计的特点，分析的过程一定是将头脑中逻辑思维的概念转换成手的图示表达，并在反反复复的这种转换过程中促进方案从模糊图示到清晰表达的发展。而这种转换工作的手段必定是徒手勾画草图的形式，而不是计算机明确线条的显示。前者借助徒手勾画进行快速思考，而后者则将注意力集中在线条的交代。显然，学生学习图示分析方法务必做到分析手段要正确。

学生在掌握正确的分析手段基础上，关键是重视分析方法，这样才能使分析手段有效发挥。至于分析方法，学生要力求做到分析问题要周全、分析层次要清晰、分析重点要突出、分析过程要始终、分析目标要优化。

分析问题要周全是指，学生做建筑设计时要坚持以整体的观点全面分析各局部的设计问题。因为设计中的各个局部要素都是以整体的部分形式存在的，它们各自与整体以及相互之间都彼此关联着。倘若某一局部因素分析不到位，则对整体或局部要素间的关系将会产生不利影响，而欲事后对此进行调整纠偏，则又可能牵一发而动全身。比如住宅户型设计，常常可见将若干卧室朝南，而将客厅夹于户内中间，导致客厅采光通风较差、交通面积占据较多、难以组织袋形空间布置成套家具、无阳台外延空间等诸多弊端。造成此后果的原因是由于在分析中没有从整体出发，优先保证户型的核心房间——客厅和主卧室应首先居最好朝向，而过分强调局部因素（次卧室）所致。欲要修改此方案缺陷，将客厅调至朝南与主卧室毗邻，则原方案需大动干戈，甚至要另行重做方案。可见，分析是动手的先行条件，而分析周全则是方案成功的基础。

分析层次要清晰是指，学生做建筑设计时先要把乱麻似的设计矛盾理出头绪，按设计程序先分析什么？后分析什么？做到心中有数。即使对某一局部问题分析时，也要分清主次矛盾，这种逻辑性十分清晰地分析可以保证设计思路有条不紊地向纵深展开。所谓设计有章法正是分析层次清晰的体现。倘若分析层次颠倒，条理不清，就会乱了思路，导致两种分析错误：一是打乱了建筑设计的理性程序，使设计路线毫无章法；二是容易陷进先入为主的就事论事的分析，造成对感兴趣的局部因素爱不释手，却忽视了这个局部因素应在设计程序的何时才需考虑，甚至从整体考虑此举根本就是画蛇添足。

分析重点要突出是指，在整个设计过程中因充满着许多设计变数，分析的目的就是要从中寻找解决重点设计问题的出路。由于建筑设计的目标没有唯一性，即是说学生抓住任何一个设计因素加以分析都可以达到一种设计目标。只是由于这些设计因素不是对等的，总是有主有次，由此而引导设计目标或一般，或特色超群。这就说明分析不是平均对待设计问题，不能为分析而分析。学生一定要学会善于抓住分析的重点，包括分析整体因素时，要抓住能激发有特色构思的关键因素和分析各局部因素时，要抓住能解决问题的最优办法，从而最终达到设计目标的最优解。正如贝聿铭设计的卢浮宫博物馆扩建工程，就是抓住了保护原建筑环境特色作为构思的触发点，而将全部功能内容埋入地下，仅在地面上以一个巨大虚幻的玻璃金字塔作为主入口，使这座建筑设计成为举世惊人之作。如果不是如此，按我们的某些人的思维，将分析的重点，放在让庞大的博物馆突兀在原有建筑环境中以显示某种功利的业绩，虽然也是一种设计目标，但却会成为公认的败笔，幸好这种假设不曾发生。

分析过程要始终是指，在设计零起步时，学生比较关注对条件的分析，否则设计的走向就无根据可依。但是一旦设计上路，特别是方案发展到中后期，学生就容易忽视分析的手段与作用，而陷入就事论事地采用设计手法来孤立处理各个设计细节问题，导致设计过程失去了整体的控制。之所以如此，是因为学生对分析与处理的关系尚缺乏把握能力。因为，设计起步的分析并不能解决设计全程的所有问题。由于设计途中有许多不确定的变量会经常涌出，而且，设计前一环节所产生的阶段性成果，也会加入到后一设计环节新的设计条件群中，共同对设计带来影响。此时，学生仍然需要通过分析的方法寻找设计的出路，并引导设计手法来正确处理设计问题，使设计进程继续前行。正是这样，分析的过程由此及彼地应贯穿在整个设计的始终。因此，学生务必在认识上明白这个道理，在设计行为上要养成善于分析的习惯。

分析目标要优化是指，建筑设计因是一个复杂的解题过程，且因解题的思路是多向的，解题的办法也不尽相同，但都可以实现各自的设计目标，只是各设计目标的方案品质不同而已。为了从中寻找相对较好的设计思路、相对较好的解题办法，以便获得相对较好品质的方案，学生就要在设计全程中学会优化工作。包括优化设计构思、优化设计思路、优化解题办法、优化设计结果等，这说明优化是始终的、是多层次的。值得注意的是这种优化工作不是绝对的，也无法用量来评价，只能是通过多方面的分析与比较，依据学生本人的专业能力和实践经验而寻求分析目标的最优化。

**学同步设计的方法**

对应于前述同步思维的方法，在设计操作中学生也要学会同步操作的方法。即是说学生在做建筑设计的过程中要对总图、平面、剖面、立面的主要设计内容进行同步的设计工作。因为在建筑设计中，平、立、剖面虽然各自设计内容不同，但彼此不仅紧密关联，而且相互制约。因此不可能各设计内容各自孤立冒进。有时某项设计内容的成果学生尽管较为得意，但也许是孤芳自赏。一旦其他设计内容反提刚性条件，则只能忍痛割爱地做出必要调整，这种设计调整不但费时费劲，而且未必能调整到十分满意的程度。与其如此，何必当初呢？因此，比较科学的设计操作方法是在整个设计过程中都要对总图、平、立、剖面的设计进行通盘考虑，同步研究，共同由概念到图示，从分析到推敲，从全局到细部，齐头并进展开设计。当然，平、立、剖面的设计不可能叠加进行，总会有先有后，但这并不是问题所在。关键是学生在研究该设计内容时，有没有同时想到与其他设计内容的关系，或者为了确定该设计内容的成果，同时也对其他设计内容做出同样程度的设计，以便及时相互验证。这样，就可以在几个设计内容的同步设计中及时发现彼此的问题，再通过及时相互调整，从而各得其所。由此可见，这种同步设计的方法可以提高设计效率，并使方案发展少走弯路。

在平、立、剖面同步设计中，会涉及到环境设计与单体设计、平面设计与空间设计、建筑设计与技术设计、整体设计与细部设计等几个主要需彼此协调同步设计的具体操作问题。即是说，这些成对的设计内容也不是孤立地自我同步设计，在一定设计时段、一定条件下也要与其他同步设计内容彼此就相互制约的设计问题同步进行研究。例如，在进行平面与空间同步设计时，两者自不待言，一定要同时推敲，相互调整，共同促进各自设计的发展。然而，当平面设计与空间设计达到和谐一致时，并不代表设计的成功，还要看平面与空间作为整体的两个方面与环境设计的关系是否和谐有机，就此也需同步进行印证。与此同时，还要通过同步的技术设计印证平面与空间同步设计的成果是否能得到结构、构造的支持。至于细部设计是否得当也并不是无足轻重，有时各设计内容在细节设计上的失当也会影响整体或平面、空间、技术等设计的遗憾，因此，同步设计应是全方位的，这也佐证了系统论的观点。

### 3、学表达方法

学生无论学思维方法还是学操作方法，都需要表达手段的介入。因为在建筑设计整个过程的不同设计阶段，都需借助相应的不同表达手段而展开。这些设计过程的表达手段包括意念的图示表达、体块研究的模型表达、方案深化的草图表达、细部推敲的透视表达和设计成果的计算机表达。

**设计意念的图示表达**

是指建筑设计起步阶段，学生用图示符号来表达对设计思考的意念。这是基于两个原因：一是此时所思考的设计问题都是朦胧模糊的，一些想法还仅仅是概念性的，况且还处在游移不定之中。针对这种状况，学生不可能用清晰而肯定的图形来表达此阶段思考的不确定性，只能用粗线条、示意的符号来表达模糊的设计意念；二是在设计初期，思维的流动是快速的，很多想法似潮水般涌现，甚至有可能稍纵即逝。为了及时记录一闪念的想法，并不阻断思维的顺畅流动，只能手脑并用，毫无时间差地同步运行。这种高效的表达与高速的思维活动借助图示手段如此默契地配合方式，是任何其他表达手段所不及的。因此，在建筑设计起步阶段运用图示表达手段，并不是画图方式的问题，而是掌握正确的设计方法所应采取的思考手段，更是学生应具备的设计基本功。

**体块研究的模型表达**

是指当方案推敲触及到对建筑形体进行研究时，再用二维图形的手段来表达已经无能为力了，必须借助具有三维空间的模型进行研究。但此时我们只关注建筑整体的体量组合关系，而不必纠结建筑造型细部的处理。这是基于模型表达的三个目的：一是验证平面设计图形"站"起来的体块关系与构思阶段对体块设想的预期是否有出入；二是对于特殊建筑需从造型构思起步时，能作为体块研究最简便的手段；三是为了体块自身的完美，易于对模型进行修改变动。适应于这种对体块研究的工作手段当属采用工作模型而不是成果模型，这对于学生学习这一表达方法并不难以做到。

**方案深化的草图表达**

是指当设计意念逐步明朗，图示表达逐渐清晰，设计主要内容的平面功能配置及造型的体量组合关系虽有了眉目，但还处在方案的胚胎状态。此时，就需要将前述小比尺（比如1：500）的图示分析成果图放大（比如1：200)，通过器画草图表达方式对方案的深化内容，包括对平面布局、建筑造型、结构造型、剖面形式等进行确认，而对一些细节处理仍可忽略。因此，草图表达就需下笔快速洒脱，注重方案的全局而不拘小节。这样，方案的意向图示就转化成定型的框图，从而为方案的成熟奠定了基础。由此可知，草图表达的程度如何，关系到方案最终成果的质量。因而学生务必在草图表达的学习中熟练掌握其方法，以便在获得优良设计成果的同时，也是作为全面提高设计基本功与设计修养的训练平台。

**细部推敲的透视表达**

是指当方案成型后对细节进行完善的研究手段，特别是对外部造型局部处理或室内空间效果推敲时，可以用徒手勾画小透视的方法仔细研究相邻体块或相邻界面的交接是咬接还是相撞好；是否需要插入第三体块作为过渡；不同材料的转换是在阳角好还是阴角好；界面上线条怎样在变化的空间中交圈等等。这些细节的完善不能在立面上孤立研究了，在计算机上建模毕竟不如徒手勾画小透视作为研究手段更为灵活简便。这种表达手段只是对学生徒手勾画小透视的基本功有所要求，而这正是学生学习表达方法的重要环节之一。

**设计成果的计算机表达**

包含两层意思：一是方案设计经过方案深化的草图表达和细部推敲的透视表达，可以说方案设计基本上大局已定。但在这些过程中，作为设计本身许多问题仍需做必要的修改和确认。然而，这些修改经常是重复性的工作，对于一些细部设计的确认，有时会牵涉到各个方面同步协调，此时发挥计算机的辅助设计与表达就十分有利了；二是方案最终成果的绘制要求清晰准确，但却又十分繁琐，无疑，没有任何一种表达手段能代替计算机神速而精准地表达了。不过，要求学生具有计

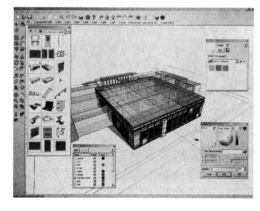

数字化信息集成下的
建筑设计

算机绘图修养是其前提条件。尽管如此，学生只有在中、低班掌握手绘设计成果基本功娴熟的基础上，到高班时再采用计算机表达为好。

上述若干表达手段各有其优势的一面，在建筑设计的特定阶段发挥着各自不可替代的表达作用。值得学生注意的是，任何一种表达手段不可从

一而终，只能共同推动建筑设计的发展，直至达到设计目标。因此，学生学习表达方法，应该学会上述所有表达方式，并在设计过程中综合加以运用，才能真正成为设计高手。

# 四、学设计手法

任何创造都离不开制造，而只有出色的制造才是完美创造的保证。正如一款时尚设计的流行服装需要灵巧的做工才能提升其高贵的身价。一件构思巧妙的工艺品需要高超的手艺才能精微雕琢成极品。一台现代感超强设计的新颖电器需要复杂的精密加工才能保证产品质量。同样，建筑创作也需要丰富而娴熟的设计手法才能提升设计作品的品味。因此，学生在学习设计方法的同时，也要学好设计手法。

所谓设计手法就是处理设计问题的技巧，而不同的设计者由于对解决设计问题的不同看法，其设计手法也不尽相同。所以，设计手法没有绝对的评价标准，只是这种设计技巧相对高明些，而那种设计技巧相对拙劣些而已。当然，设计技巧的高低总会影响方案成果的质量。因此，学生只有扎扎实实学好优秀的设计手法，坚持积累，设计能力自然会提升上来。

对于学生入门建筑设计也是需要从基础设计手法学起，它们包含在总图环境中的设计手法、平面功能中的设计手法、建筑造型中的设计手法和室内空间中的设计手法。学生对于这些基础设计手法掌握熟练后，可以循序渐进地走向学习更高层次的设计手法。学生一旦在设计手法的学习中成熟起来，就可以自由发挥创造自己的设计手法，从而形成个人的设计风格。

## 1、学习总图环境中的设计手法

总图设计中的设计手法主要目的是将总图的所有设计要素整合成有机的统一体。这就需要学生在不同设计要素间找到内在的有机关系，并通过设计手法让这种内在的有机关系突显出来。例如，总图中若干幢新老建筑构成了建筑群，虽然它们规模不一，主次有别，甚至外形各异，在这种情况下，要想使它们成为和谐有机整体，可运用对位线设计手法将它们聚合起来。即各新老建筑的各自主入口、轴线交汇于广场或绿地中某聚焦点，形成向心的围合，而不是各自为政，互不关照地拼凑在一起。显然，前者的设计手法要比后者的设计手法高明许多。又如，一座图书馆前的广场到底设计多宽合适？这也不是绝对尺寸可以确定的。还是要通过设计手法找关系，使馆内外有某种对话关系。比如广场宽度可按图书馆内部大厅宽度，或建筑分段造型的中间体量的面宽，或者图书馆建筑某种参照因素等确定图书馆前广场的宽度，这样，通过设计手法找到了设计的依据，说明广场与图书馆建筑内外是有机的对话关系，而不是盲目随意画个广场范围。不言而喻，前者运用了恰当的设计方法较好地解决了广场设计问题，而后者缺乏设计手法致使广场设计未能得到满意的解决。

再如，总图中道路、场地、停车场等形态不是用线条生硬画出来，而是用绿化设计与布置的手法将其限定出来等等。诸如此类的总图设计手法不胜枚举，但是这些设计手法不是唯一，也会有其他设计手法同样可以获得另一种结果。只是学生在处理总图中各个设计问题时，能否运用相对更好的设计手法以获得令人满意的结果，这就是个人设计水平的差异了。

## 2、学习平面功能中的设计手法

平面功能中的设计手法更是包罗万象了。所谓设计要有深度就是看学生对平面细节设计运用设计手法的程度。如果学生对平面中的细节问题处处想到，设计手法又能跟上处理到位，那么，方案自然体现出有一定深度。反之，明眼一看，许多该处理的平面设计细节都未能交代清楚，那么这种方案就是非常肤浅的。两者一对比，设计能力孰强孰弱一清二楚。比如，一间方形的报告厅平面似乎很简单，但是，设计手法运用的程度不同，将使报告厅平面的图面效果迥然不同。如果毫无设计手法，则报告厅平面几乎没有设计内容，甚至开门数量、位置、极其随意，以至于报告厅作为正常功能使用都会成问题。而施展设计手法将报告厅端墙设计为高起讲台，后有背景实墙挂屏幕，而讲台两侧不能安置座席的两角落做声反射斜墙，并各做一小门分别通向声控室和报告人休息室。而在报告厅后部做若干升起台阶，让听众视线可无遮挡地看到报告人，再在报告厅两侧分别做对外直接疏散门或通向休息厅。这些常规的设计处理都是最基础的设计手法，学生对此应该做到轻而易举地掌握。如果想与众不同，结合平面设计条件可采用别出心裁的设计手法使报告厅设计更具特色。例如报告厅的平面布置可将讲台放在方形报告厅一角呈45°布局，而听众席位呈弧形向心(讲台)布置，则会场氛围更为融洽。可见，设计手法是灵活的，没有墨守成规的定势。这也说明学生学习设计手法不可生搬硬套他人的设计处理技巧，而应动脑筋，根据具体设计条件发挥创造性的设计手法，做出更有特色的细节设计处理。

平面功能中的设计手法是事无巨细的，对待任何一个设计细节学生都应善于运用设计手法把它们设计到位。比如，入口宽大台阶的两端如何结束处理？是做垂带还是做砖墩或是做花台？它们定位在何处？第一踏步与两端处理是相撞还是咬接？室外入口台阶这一平面细节竟有如此若干基本问题需要设计手法加以处理，可见，学生学习建筑设计不仅倾心于大手笔做方案，更多的是运用小手笔的设计手法把设计方案做细做深。

### 3、学习建筑造型中的设计手法

建筑造型中的设计手法涉及到对形式美基本规律的认识，显然对此仁者见仁智者见智。甚至当今的建筑创作在建筑审美观的鉴赏与评价中似乎摒弃了传统美学原则出现审美变异，由此呈现造型设计手法的多元化。尽管如此，作为入门建筑设计的学生，不要被眼花缭乱的各种造型手法迷恋、迷惑。何况世上许多奇形怪状的建筑造型鱼龙混杂，其各种造型设计手法只不过是突显各不相同的价值取向，或者为猎奇而肆意扭曲建筑的本真。学生在没有了解这些建筑审美变异的历史与社会根源及其哲学倾向时，在面对那些奇异造型设计手法缺乏分辨良莠能力的初学阶段，万不可盲目跟风。若如此，只能依葫芦画瓢地抄袭形式，甚至连抄袭的手法都走了样，变成蹩脚的山寨版建筑垃圾。

因此，学生学习造型设计手法要从基础学起。何况课程设计的选题多为中小型普通建筑，设计的训练目的不单是为了学习形式设计，更是一种综合设计训练，况且学生的美学基础还十分薄弱。由于这些原因，学生学习造型设计手法就不能出于对所谓时尚建筑的好奇而玩弄起形式主义。学生应明白，学习造型设计手法的目的不仅是学习优秀的造型设计技巧，更重要的是学习造型能力，并从中不断提高自己的美学修养。

什么是基础性的造型设计手法？就是学会建筑造型处理中带有普遍性和一般性的问题。也即要遵循造型的多样统一。因为，建筑造型是由多样的造型要素构成，既不能或缺偏废，否则造型就显得苍白无力；也不能杂乱无章地拼凑在一起，否则，造型就显得繁琐庸俗。因此，无论是传统的建筑造型，还是当今的新潮建筑，都有各自的造型章法和设计手法。学生只有掌握这些造型原理，摸清多样统一的规律，学习造型设计手法才能有所理性指导。

学生学习基础性的造型设计手法就是结合课程设计内容，学习构成建筑整体的各个几何形体怎样有机组合的设计手法。比如，怎样处理好形体的主从关系；怎样使体量组合在对比中求得变化，在变化中求统一；怎样使多个形体的组合产生稳定感与均衡感；怎样的形体或构件的处理使建筑造型能产生韵律美、节奏感；怎样推敲形体组合的建筑外轮廓线；怎样把握建筑体量的比例与尺度；怎样丰富建筑形体的虚实与凹凸以加强建筑造型的表现力；而对于形体表皮的构成要素（墙与洞口、色彩与材质、装饰与细部）怎样进行艺术性地配置；以及综合若干造型设计手法如何表达建筑的个性等等。这些基础性的造型设计手法在建筑创作审美观念发生深刻变化的今天，仍然不失为指导学生进行建筑设计所不可或缺的准则。尤其是针对建筑设计教学和学生入门建筑设计乃是教与学的基本功。因此，需要学生在学习中积累经验，学生有了这些造型设计手法的基础和修养，当进行审美变异的造型设计时，就可以大胆放手设计出时代感更强的建筑造型。

### 4、学习室内空间中的设计手法

老子说："埏埴以为器，当其无，有器之用，凿户牖以为室，当其无，有室之用，故有之为利，无之为用"。如果把造型实体作为"有"，则实体围合的内部空间就是"无"。我们正是为了获得"无"，而不惜人力、财力、物力花费在"有"上。可见"无"即内部空间对于人的重要性。但是内部空间如何更好地为人而用，其关键之一，就是空间设计中的设计手法是否能处理好内部空间与人的物质生活和精神生活有关的一切问题。因此，学生应当把室内空间的设计看成与建筑造型的设计同等重要。然而，两者的设计手法却不尽相同。也许室内空间的设计手法不像建筑造型的设计手法那样直观，易于理解。而前者更多的是需要靠学生的空间想象，这就增加了设计的难度。尽管如此，学生欲要学好建筑设计，娴熟掌握室内空间中的设计手法是必不可少的。

学生学习基础性的室内空间设计手法，就是要在课程设计的平面方案中运用空间设计手法向设计深度迈进，学会用室内空间设计手法处理好大至单一空间的形态、多个空间的组合方式，小至室内边边角角的空间完善，使之既满足人的舒适性功能要求，又满足人的感觉精神要求。例如，重要的单一空间其形状、大小、容量以及声、光、热物理性能如何满足特定的功能要求；共享空间中如何通过二次空间划分、形态变化、添置设施等，以适应人的现代生活需要；对于诸如一层大厅开敞大楼梯的梯段，底部空间怎样充实其设计内容变尴尬空间为景观空间；怎样调整楼梯第一踏步的方向以迎合人流并引导拾级而上；在多个空间组合中，怎样将空间大小结合、明暗交替产生韵律感的变化；对于室内空间中若干陈设、备品、家具等设计要求如何配置井井有条，既满足使用要求，又为室内空间增色；对于室内空间不利的条件怎样转化为有利的设计因素，等等。这些室内空间深化设计的要求，都需要学生通过室内空间设计手法加以充实完善。

学生在学习室内空间基础性设计手法之后，还要进一步学习如何创造室内空间美的环境、美的氛围、美的意境，以及展现特定风格的室内空间设计手法。所有这些高层次的室内空间设计手法都是围绕"空间感"而做文章，学生若能达到这种设计境界，其设计水平毫无疑问已上升到更高层次。

# 五、学专业才干

学生学习建筑设计的主要途径，是在教师的辅导下进行系统的、有效的课程设计训练，并不断积累设计实践经验与理论知识而入门、入境。但仅此是远远不够的，"师傅领进门，修行在自身"，在很大程度上学生学习建筑设计的另一重要途径是自主学习。因为，学生的设计能力强弱、水平高低是设计综合能力的反映，而设计综合能力不可能全部在课堂中得到训练，还要靠学生在生活的大课堂中努力学习与建筑设计有密切关系的各种才干。从这个意义上来说，建筑设计难以不经专业教育而自学成才，也难以仅靠学校那点所学技能而出类拔萃。从学校的人才培养目标和社会对人才的要求来说，学生只有在接受建筑设计的专业培训同时，相应锻炼综合能力、专业才干，才能有望成为未来建筑设计界的精英。这些综合能力、专业才干主要包括学习能力、思考能力、领导能力、交往能力、文字能力等。

## 1、学习能力

学生在中学是为应试而读书，而且是一种死读书、读死书的状态。虽然这种状态怨不了学生，是当下教育的弊端所致。但学生进了大学，到了建筑院校，就不再是被动读书，而应是主动学习。

学习之所以不同于读书，就在于学习是从阅读、听讲、研究、实践中获得知识或技能。由此可看出大学的学习方式及目的与中学的读书方式及目的全然不同，因此，学生要尽快从读书状态转向注重自主学习。包括：

### 自主阅读的学习能力

阅读应是人生的生活方式之一，更是学生求知的重要途径之一。在大学，学生不再会像中学那样作息时间从晨读一直排到晚自习，甚至为了高考双休日也要奋战在教室里。且教材、参考书也规定得死死的，学生全然没有一点读书的自由与兴趣。而在大学，学生有大量自己可支配的时间，且图书馆的书海里有大量资料可任凭借阅。学生除去教学计划规定的学分课程要学好，教师指定的参考书要查阅之外，还要学会自主阅读。要尽可能广泛地从书本上、杂志上、画册上获取信息、积累知识、学习手法，并记录在册或作为记忆贮存于脑海中。久而久之，学生阅读的能力提高了，看案例就会看出门道，讨论建筑观点也能引经据典谈到点子上。学生通过自主阅读的这些长进，自然会反过来促进设计能力的提高。如果学生自主阅读稍有懈怠，以为闯过高考关进了大学可以高枕无忧喘口气，将会遗憾终生。因为，人的一生能够自由阅读的好时间，仅此大学时光矣。

### 参与听讲的学习能力

在校园里和建筑院系内经常会有学术会议、专题报告、周末讲座、国际交流，其涉及的内容从专业领域到课余生活，从科学技术到人文历史，从政治经济到文化娱乐，从天下大事到世间百态等等。这些第二课堂的别样形式，为学生创造了生动活泼的校园生活和广阔的另一种方式的学习舞台。这种学习方式较之课堂教学有更大的学习空间和更大的选择自由。难怪学生对听讲抱有极大的热情，其中有追"星"的意味，这对于学生不啻仰慕之情，更是一种学习的激励。只是这种学习不是为了学分，而是为了拓宽视野，充实生活。学生从中所获知识并不一定能立竿见影用在建筑设计的学习上，但却能潜移默化地无形影响着学生学习建筑设计的修养，因此，学生积极参与听讲又是必须的

与国际建筑大师面对面交流

学习方式。

学生参与听讲的学习，除了能拓宽视野这个与学习建筑设计要求一致的目标外，还可从中获得学习带来的享受：聆听了大牌明星的讲座；感受了现场的学术氛围；知晓了世间的逸闻趣事；丰富了课余的精神生活，所有这些过程都是在一种轻松的享受中经历。学生由此联想一下，能不能把学习建筑设计也当作一种过程来享受？要像享受听讲那样享受建筑创作的快乐，自主学习的成效就转化为强有力的学习能力了。

其次，这种自主学习的成效是在一种集体听讲的氛围中发酵的，说明学生建筑设计的学习能力与其他系科的学习区别就在于前者的自主学习难以孤立闭门自学，更多的时候应该在一个开放的学习环境中耳闻目染，下意识地吸收知识营养，并贮存在记忆中，听讲就是这种最好的学习形式之一。学生明白了这一点，就不会放弃任何一次自己想听的讲座，从中渐渐提高学习的能力。

### 研究学问的学习能力

在大学里，仍然存在教师授课、解惑的教学环节，但学生也不能缺少个人的独立钻研，这是与中学学习的最大不同点之一。前述提及学生要自主学习，在此过程中会碰到许多不解难题，这正是锻炼学生面对难题或者课题独立进行学习求索的机会。为此，学生要学会如何检索查询，如何寻根究底，如何旁征博引，如何功到事成。研究终成正果固然值得庆贺，但学生在研究过程中的学习能力锻炼更值得赞赏。有了研究学问的学习能力，大概任何学习难题终会迎刃而解的，这正是学生大学学习最为看重的能力。

其次，研究学问的学习能力，还看重学生能否沉下心来做学问。因为，做学问一定要静心，这既是做学问应有的心态，又是做学问必有的能力。学生倘若做学问浮躁，急功近利，正是缺乏研究能力的表现。因为没有研究能力才会采用虚假的、抄袭的、肤浅的东西充斥自己"研究"的成果。久而久之，这种恶性循环将导致学生研究学问的学习能力最终衰竭。因此，学生对于研究学问的不良习性不能不引以为戒。

### 设计实践的学习能力

建筑学本身就是实践性学科，而其主干课建筑设计更是要在设计实践中进行学习，非如此绝不会有成效。

学生参与设计实践的学习能力主要表现在：

一是亲自动手设计。学生进行设计实践是要在动脑的前提下多动手操作的。不但要操作方案的生成、完善，还要操作设计问题的解决。这个设计操作过程，正是学生设计实践的一种学习方式。因学习是学生自己的事，就不能企图依赖计算机来替代，尽管它完全可以替代人的部分操作，且又快又好，但学生作为学习能力的自我培养是不可以脱离动手设计实践的。否则，能被计算机代替的设计操作全被计算机完成了，学生除了动动鼠标，还能从中学到多少设计本领？如果学生长期如此忽视设计实践，真会变成离开计算机就不知从何下手做设计了。因此，学生增强亲自动手设计实践的能力，是为今后提高设计功力奠定基础的，也是为职业生涯中一生使用计算机辅助设计打下扎实基本功。

二是参与设计全过程。现在的建筑设计教学是一种短缺的训练方式，因为只注重学生设计前期的方案能力。当然，这种训练内容很重要。但是建筑设计是一整套设计实践的连续过程。设计中期的方案深化，特别是设计后期对方案的可操作性研究，更是需要设计实践解决具体的实际问题，这种设计实践能力的学习，直接关系到学生毕业之后能否与实际工作对接。因此，学生提高参与设计全过程实践的能力，是一个不可忽视的问题。为此学生要学着使方案设计能有深度，要提高设计方案的技术性含量，以及设计方案的主要建造问题做了必要的考虑。学生在建筑设计中这些设计实践问题若都能较好应答，则设计实践的学习能力定会有所提高。

三是参与各种形式的设计。学生参与课程设计这种设计实践训练固然系统性、针对性较强，但若能多参与大学生建筑设计竞赛，社会征集方案设计竞赛、国际概念性设计竞赛，甚至参与工程项目投标工作等设计实践活动，那么，学生在这些极具挑战性的竞争中无论在创造性，团队精神，连续作战，工作方法等设计实践品质的学习中，都会得到极大的锻炼。这也说明学生的设计实践能力到底如何，只有在强手如林的设计竞争中见分晓。

## 2、思考能力

思考的必要性与重要性毋庸赘述，尤其是学生学习建筑设计因为是创作，不仅思考必不可少，而且不是一般性的思考，也不是仅局限于专业内的思考。这种思考无论在广度与深度上都要与建筑设计所涉及的领域和所达到的目的相切合。然而，在当今信息化时代，不仅在一切领域发生了翻天覆地的变化，也因人们求快速、图快捷、享快活而无暇思考，无需思考，无心思考。似乎有疑问难题百度一下，欲知天下大事谷歌一番。学生求学、做设计本应习惯于思考，却习惯了寸步不离电脑，习惯了与手机频撒按键、耳鬓厮磨。当然，这确能获取海量知识与信息。但却是知识碎片化、信息感官化、求知娱乐化。学生若缺乏冷静做学问的沉思，确难有学习的进步，也难有设计的成功。因此，学生无论面对学习、设计、生活，还是正视人生、社会、世界都需要思考。学生只要拥有思考的力量，就不会对专业学习迷惑、迷津，就不会对人生进取迷惘、迷茫。

学生要具备思考能力就要习惯思考、勤奋思考、周全思考、深度思考。

### 习惯思考

习惯思考就是如同人每天习惯吃饭睡觉一样，把思考当作学习的经常性功课，习惯性地凡事要问一个为什么？而不是简单上网寻找答案。比如，学生做课程设计进行造型构思时，不应急于上网猎奇案例，而是通过对设计条件的分析，反复思考造型构思的最佳意念；解决某一设计问题不是符合要求就好，要思考一下解决这个设计问题的办法有没有更好；设计方案最终大功告成却发现多功能厅内居然还有一排结构柱不是抹去了事，而是要问自己设计一开始为什么就没有想到就不应该有柱？社区文化中心课程设计任务书提出总图需设置若干车位要求，不是遵命照此设计，而是要质疑出题教师，既然社区文化中心是为区内业主服务，从家走来就行，难道还需开车？诸如此类，设计中值得怀疑的问题，需要更好办法解决的问题，就看学生怎样面对，是习惯于独立思考，还是依赖于操作电脑。显然前者的思考能力要强于后者，因而设计能力相应增强也是毫无疑问的。而后者已经习惯了不思考，只图轻松活在当下，敷衍设计怎能有所长进？因此，养成凡事必思考的习惯，实在是学习建筑设计的重要前提之一。

### 勤奋思考

勤奋思考就是变被动思考为主动思考，不仅是问题来了才思考，更要为主动发现问题积极去思考。因为建筑设计不同于解数学题。后者是问题在先，思考在后，因而思考针对性强，解题目的性明确。而建筑设计因是探索性的解题过程，且问题很难预知，设计目标也不明确，因此，思考要在先。要先构思、先设想设计意念，先分析方案生成的路线，先考虑可能产生的问题，等等。这些从整体到局部的思考，学生若没有一个积极的态度，没有一个主动的勤奋状态，很难有一个好的设计构想，也很难有一个展开设计的整体思路。学生只有通过勤奋思考确立了展开方案设计工作的框架，才能随着设计工作的进展逐步发现问题，并在发现问题中再思考。

　　然而，建筑设计与解数学题还有不同之处，在于后者的问题——思考的运行模式，可以在得出答案后而终止。但前者的思考——问题——再思考的运行模式，因既没有最终答案，也没有唯一答案，而呈现反反复复。即使获得一个令学生满意的方案，也免不了仍存在个别问题。正如学生做课程设计也同样似有无止境的感觉。虽然如此，我们总希望方案结果尽量如意，但前提是学生要不懈地努力思考。所谓一份耕耘一份收获，即是说方案不是画出来的，而是想出来的。想的越多，自然解决方案问题的收获就越大，画出来的方案内容就越丰富、越到位。这说明学生的思考能力大大提升了。

**周全思考**

　　周全思考就是学生对设计的问题不是就事论事孤立进行思考。因为，在建筑设计中，思考任何一个设计问题，都不可能不考虑到对整体中其他设计因素的影响。学生若事先周全顾及到了，则设计展开就较为主动。反之，即使局部问题解决了，但影响了全局，设计展开反而会被动起来。因此，学生要用联系起来看问题的方法，把任何一个设计问题放在全局中进行分析，得出解决该问题的得失与利弊关系的比较，从而抉择出要不要解决，如何解决的判断。这就是只有着眼于整体周全思考设计因素，才能着手解决好局部设计问题的道理。

　　其次，建筑设计的进程，是在不断分析设计矛盾的推动下前进的，而设计程序各个步骤对各自设计矛盾分析的程度，周全与否，也就决定了设计工作展开能否顺利。比如，学生做住院部设计起步时，分析环境条件，因思考欠周全而忽略了主导风向因素，结果将有污染的后勤部门规划在总图的上风方向，尽管住院部单体设计令人满意，但作为一项完整的设计不免仍留有遗憾。又如，学生设计一座县级图书馆时，为了造型与众不同，用一个大跨新颖卵形结构形式，覆盖两层所有功能房间。本来这样的通透大空间适宜内部空间自由分割，且呈开放式的流通形态。可是若干需要封闭的办公室、技术用房、书库等却硬塞其中，使形式与内容相矛盾，结构与建筑不相配，这完全是学生缺乏周全思考所致。这说明，在方案设计中不仅对具体的设计问题要周全思考，而且对各设计要素的整合设计更要周全思考。

**深度思考**

　　由于建筑设计的目的是众所周知的"为人而不是为物"，而建筑设计体现对人的关怀不但反映在方案设计总体的合理上，更渗透到设计的每个细节中。为此，学生不仅要学会周全思考设计大局问题，而且要学会深度思考设计细节问题，并成为一种职业习惯。

例如，学生在设计住宅户型时，不能停留在功能布局、造型推敲上。更要设身处地地为住户能获得舒适居住环境着想，深度思考所有应该考虑到的生活细节，并把它们一一设计到位。如住户进门第一件事是换鞋，是不是需要设计一个小小的过渡空间；是不是设法在其一个角落能布置一个鞋柜，以便分类存放户外鞋与户内拖鞋；是不是在墙上多设几个挂衣钩，便于悬挂挎包、雨伞等小物件；书房的门是做开启式置于墙角，还是做推拉门位于书房中间，而让出两侧书柜所需空间；卫生间洁具布置能不能采用宾馆标间里卫生间布置方式，将坐便器居中，浴盆、洗脸台分设其两侧更能节省空间；厨房的炉灶、洗池、吊柜、案台怎样布置更舒适、方便，更能得心应手；甚至灯具藏在吊柜底面使案台更亮而避免眩光，是不是比吸顶灯做法更好；餐厅酒柜的分格尺寸能不能仔细考虑不同大小的器皿、瓶罐分类存放所需不同空间高度等等。

又如，学生在做幼儿园建筑设计时，面对特殊使用对象是不是更应该对细节设计进行深度思考；尤其要针对幼儿的生理、心理特点，是不是应该做出与成人建筑个性不同的幼儿园建筑特色；从造型的儿童尺度、平面的活泼布局到活动室的趣味空间创造，寝室床具的紧凑合理配置，直至诸如阳角改圆弧、金属扶手改木制扶手等安全因素、舒适触感的深度思考。学生若能对这些设计细节如此考虑到位，正是深度思考的体现，也证明了学生在思考能力上走向了成熟。

### 3、领导能力

学生当前在校入门建筑设计学习，与今后执业进行建筑设计工作最大的区别之一，就是在校学习建筑设计是学生独自的创作行为，而在执业中从事建筑设计工作却是团队的合作。这个团队包括设计方各个专业设计人员，以及建设方、施工方。而在这个团队中，建筑师起着"龙"头的作用，即要带领团队所有成员为着方案变成现实而心往一处想，劲往一处使。看来，建筑师作为项目负责人，不仅要做好自身的从方案到施工图的建筑专业设计工作，还要有能力领导好这个团队的精诚合作。因此，学生在学校期间就要把锻炼自己的领导能力作为设计的专业才干来学习，为今后能胜任团队领导做好准备。这种领导能力体现在组织能力、沟通能力、协调能力、统摄能力等方面。

### 组织能力

完成一项工程设计是需要建筑、结构、给排水、电气、设备等各专业设计人员的共同努力。虽然各专业的设计任务、要求各不相同，各负其责，但工程项目却是一个整体，需要各专业密切配合。其中，建筑专业对于方案及其实施负有主要责任。因此，建筑师作为项目负责人怎样把各专业人员的设计力量组织好就十分重要了。一是组织好各专业设计人员的配备，相互能够默契共事；二是组织好建筑设计人员的合理分工，使之既能独当一面，又能共同商讨；三是组织好设计进度，安排好各专业设计业务的流程衔接；四是组织好设计配合，安排好各专业设计的技术交流。这些组织工作能否周密井然，取决于建筑师的组织能力，也决定了整体设计工作能否顺利开展，并影响着工程建造的一系列问题。因此，学生要明白，学习建筑设计不仅是为了今后自己能从事设计，而且要能带领一个队伍共同工作。看来具备领导能力就必不可少了。

### 沟通能力

建筑设计行业说到底既是服务性的又是社会性的。即是说，建筑师的工作既要满足建设方的合理要求，又要对国家、社会负责。同时，工程项目设计与课程设计的不同，在于前者要受到城市规划管理的制约，而且工程项目设计不是纸上谈兵，是要通过施工建造起来的。因此，建筑设计就不是建筑师个人的事。建筑师作为项目负责人，在项目从方案到实施过程中，就要与各方打交道，进行业务上的沟通，以保证工程建造的顺利进展。其沟通能力的强弱不但影响自己的方案，能否不失真地变成现实，也影响着整个建造过程的进程与质量，最终对建设方的切身利益亦至关重要。

因此，学生在高班课程合作设计或毕业设计中，就要加强沟通能力的锻炼。一是在团队合作中，作为主力成员要具有责任意识，要主动、及时与对方进行工作的沟通。这与今后工作负责一个项目的实施，主动沟通各方所应具备的能力是一致的。二是沟通中是互相协商平等交流，而不是指令性的口吻。即使在工程项目设计中，虽然建筑师是作为项目负责人，但与各方交换意见也应是互相尊重，以诚相待。三是在各方相互沟通中，不免会发生意见相左，各持己见的情况。此时，一方面需要耐心倾听对方意见；另一方面，若对方意见明显有违背相关设计规范、规定则应坚持原则，尽力说服，而不是背离职责、投其所好。若对方意见合理、切实可行，则应虚心接受，修正自己。

因此，沟通不仅是相互间简单的打交道，也是彼此间合作的纽带，学生作为今后工作中的项目负责人，要学会善于沟通这门领导艺术。

### 协调能力

在工程项目各专业的设计中，各专业设计都有各自的规范、技术要求。但是当各专业设计汇总时，不免会发生不少技术上的矛盾，甚至各抒己见，互不相让。此时，作为项目负责人，就要有得心应手的协调能力去化解这些矛盾。这种协调能力要求建筑师做到：一是自身要有宽广的旁专业知识，以增强专业协调的发言权，才能主动向各专业事先提出需符合建筑设计要求的各专业设计条件；二是当各专业设计真正发生矛盾时，建筑师要有能力提出协调各专业设计矛盾的办法；三是即使工程项目设计结束，各专业汇签时，建筑师作为项目负责人，要有能力过目各专业图纸，并检查与建筑专业图纸有否不符之处，并协调相关专业设计人员进行整改。所有这些协调工作都是为了减少施工现场出问题的有力保障，也是建筑师协调能力强弱的检验。总之，设计中各专业发生矛盾是正常的，关键是建筑师能不能组织各专业协调好，以及协调到何种程度，都直接关系到向施工单位提供什么样质量的施工图纸，进而决定了最终的工程质量。

建筑师的协调能力还反映在设计方与建设方、施工方之间矛盾的调解上。与建设方的协调主要反映在对设计方案的要求上。作为服务性的设计单位当然要尽量为建设单位着想，精心设计，满足合理要求。也要对其过分的要求，明显的违规做到以理服人。有时，在项目建造过程中，建设方还会提出新的愿望，如果合理又不违规，建筑师应协调施工方尽量给予满足。如果新的愿望超出设计规定，实施又不现实，就要说服建设方维持图纸文件的严肃性。而与施工方的协调，主要对在施工过程中出现的现场问题进行协调。为此，建筑师要做到图纸的仔细交底，要经常下工地了解施工情况，及时发现问题及时协调解决，以避免返工和经济损失。这些都是协调重要性的体现。

看来，上述对内业务协调是保证设计质量的关键，对外工作协调是保证工程质量的前提，建筑师只有具备较强的协调能力，才能担当项目负责人的职责。为此，学生在学习期间，当领导一个小组工作时，也需在协调能力锻炼方面，加强自我培养。

**统摄能力**

如同指挥员能够统帅军队制胜一样，建筑师也应具有统摄团队的能力，才能取得设计、建造的成功。建筑师这种统摄能力体现在：一是自己要有出众的业务才干，身先士卒的实干精神。这样，言之才能令人信服，行之才能无声榜样，团队才能闻风而动；二是对全局要能运筹自如，无论是各专业设计的配合还是各单位的协调，事务虽然千头万绪，但做事前能胸有成竹，行事中能井然有序，遇事时能沉着应对，处事间能统筹兼顾。这样，才能使设计、建造工作的开展有条不紊，整个工作系统才能衔接适时、运转自如。三是能凝聚团队所有成员，经常过问其工作进展，对各专业设计图纸要了如指掌，对施工质量能明察秋毫，以这种责任心才能通晓全盘工作，才能管好团队。

上述体现在各方面的领导能力，是学生今后在执业生涯中所面临的挑战。虽然领导工作所涉及的具体业务，学生在学习期间并未有真实体验，但是锻炼领导能力却是不可忽视的，不要以为做好自己的建筑设计工作就可心满意足，其实在建筑师这个岗位上，工作责任就决定了必须带好团队，过问与你的设计工作有关的其他人员的工作。只有这样，学生才能真正实现自己的建筑创作意图，这与在校期间学生独立进行建筑设计有着根本的不同。

## 4、交往能力

学生今后从事建筑设计与其他艺术创作不同的是，前者不可能独自闭门造车，这是由于建筑设计的工作性质和方式所决定的。建筑师为了实现自己的建筑创作，必须与各种人打交道，进行交往。表现在：

**与同行交往**

建筑师要想拿出一个好的方案，首先要在同行圈内进行交流、讨论，以便集思广益，这种交往已成为专业工作的常态。

**与各专业设计人员交往**

这是由于建筑设计需要整合各专业的技术要求，相互间必须交流、融通，才能使设计图纸成为可实施的依据。

**与建设单位交往**

这是建筑设计的宗旨是为使用者服务所决定的。建筑师要真诚服务好就必须与使用者进行沟通，才能充分了解使用者对设计的要求，做到精心设计。

### 与施工单位交往

这是由于建筑设计方案不仅是画出来的，更是靠施工做出来的，图纸上的每根线条能否成为现实，要在建造过程中受到检验。因此，建筑师必须与施工单位进行交往，清楚地向施工单位交代设计意图，虚心求教施工单位的经验，认真修改被施工发现的图纸错误。从这个意义上来说，不下工地不与施工单位交往的建筑师不是一位好的建筑师。

### 与规划管理部门交往

建筑设计是要受到城市规划条件制约的，最后的设计图纸也是要上报各相关管理部门审批的。在这些过程中少不了要与这些管理部门交往：咨询影响设计的问题；商讨解决问题的可行办法；回复整改的意见等。只有与管理部门充分交往，建筑师对设计才能严格遵守规定展开设计，少走弯路。

### 与各级领导交往

有些工程项目不可避免地要受到有关领导的直接关注，建筑师就要与之交往。在交往中要充分解释设计意图，既要尊重领导意见，又要不违背原则，既要采纳领导合理的想法，又要策略地处理好某些过多干预，因此，与领导交往更需要智慧与谋略。

### 与市民交往

所有建筑只要立于城市之中，无论设计之初，还是建成之后，都在不同程度上与市民的生活、利益有着直接或间接的关系。因此，建筑师要心系民生，在与市民接触的交往中充分了解民众所求，民意所在，以此作为设计的重要考虑因素，并作为设计是否成功的检验标准之一。

综上所述，建筑师欲要成功一项设计，是难以独当一面的，就得学会交往，求得多方支持与合作，交往是否有成效就看交往的能力了。一是交往姿态上要躬身下拜、不耻下问，因为建筑师的工作是服务于人，并有求于别人的帮助与合作才能实现建筑创作的构想；二是交往必要通过语言交流才能达到相互沟通的目的。为了使交往能在一种融通的氛围中进行，说话语气要婉转平和，相互切磋要能娓娓而谈，语言表述要能逻辑清晰，这些交往应具备的语言能力作为建筑师的职业素养，是学生在校期间要逐步学会的。

### 5、文字能力

建筑师的语言多以图来表达，包括设计过程中的图示与设计目标的图纸展示。但是，文字的表达也是不可忽视的，毕竟建筑师的设计意图还要靠文字的表述，使建筑设计内容的交代更为完整。尤其在设计竞赛、投标的方案设计文本中，在工程项目的施工图设计说明中，在设计项目的可行性研究报告以及调研报告和设计总结中等，文字的能力就显得更为重要了。其重要性，一是体现在通过文字的表达，可以阐述图形不能说清的设计问题；二是文字能力的逻辑条理性，是设计分析能力的基础，对于提升设计能力起着促进作用。

然而，学生现在的文字功底却十分欠缺。例如，文章中逻辑紊乱、语句不通、词不达意、语法失当、错字百出等现象习以为常。这是由于社会快餐文化的侵蚀，电脑输入对汉字手写的冲击，浮躁心态的驱使，导致学生的文字能力被边缘化，成为在技术变革的裹挟下变成了网络时代提笔忘字的"传统文盲"。由此，使逻辑思维缺少自我训练，进而影响到做设计时缺乏分析能力。从这一连锁反应中，可看出文字能力不在于手指敲键盘的打字动作上，而是在于对文字的深思熟虑运用中。如同作曲家运用仅仅七个音符进行不同组合，而创作出无数美妙动听的经典乐曲一样，建筑师也要有能力写出层次清晰、描述精炼、文笔优美、图文并茂的好文章来。

为此，学生要结合教学要求，勤于学习写作。诸如撰写读书笔记、参观报告、专题论文、评论文章等。从中学习怎样选题，怎样制定撰写大纲，怎样展开描述，怎样推敲用词。如同学生设计实践经历多了，设计能力自然提升一样，写作多了逻辑思维就会增强，文字的表现力就会提高，个人的内涵、修养和文化水平也随之得到升华，这样的学生才显多样的专业才干。

## 六、学修身养性

学生在大学学习专业知识、技能以便为将来成为专门人才奠定基础，这只是人生目的之一。更重要的是还要学习高尚品德素养，以便为将来走上社会首先成为一个有良知的文明人、一个和谐发展的人而做好准备。对于学习建筑设计的学生而言，不是分而接受专业与道德这两种教育，更不是专注前者而缺失后者，而是两者统一不可分。无论从学生的成才还是职业要求来说，学生的"德"与"才"应该集于一身。因为，成才之外还要成人，成功之外还有教养。相对于社会这样一个熔炉或者染缸来说，学校毕竟算是一方净土，是培养"真、善、美"人才的圣洁之地。因此，学生应当珍惜培育自己成才成人的环境与机遇，让"修身养性"成为重要的学习"课程"，最终能够在做人上获得与学识同样的成功。

写"人"字是最简单的两笔，然而学会做人却是最难的事。难在应当像"人"字一样永远向上，而又双脚踏地，意即要做一个顶天立地，堂堂正正的人。可是，看看世间百态什么样的人都有：有淡泊名利、埋头实干的人；有不畏强势、坚持真理的人；有廉政正义、为民谋利的人；有致力科研、创造奇迹的人；有投身公益、热心慈善的人；有逆境奋进、自强不息的人；有甘于平凡、默默奉献的人；有诚信待人、见义勇为的人。但是，也有玩弄权术、阳奉阴违的人；有奸诈无德、唯利是图的人；有倚仗权贵、专横跋扈的人；有利令智昏、贪赃枉法的人；有追名逐利、私欲膨胀的人；有恶俗炫富、道德沦丧的人；有不思进取、虚度年华的人；有坑蒙拐骗、违法乱纪的人等等，不一而足。在人生的舞台上各种人上台亮相，演绎着各自不同的人生话剧。当学生离开校园迈进缤纷复杂的社会时，准备做什么样的人呢？在校园里又要做什么样的学生，为将来选择做人打好基础呢？这是学生在当下应值得严肃思考的问题。

做一个什么样的人？实际上是人生的价值取向问题。而人生真正的价值不在人生的舞台上，而在我们当下扮演的角色中。正如，学生在校园的言行举止、信念追求，就是人生价值取向的流露，在一定程度上也潜在未来做什么样人的苗头。因此，学生千万不能忽视个人的修身养性，要向着正派做人，一点一滴地积累教养。

## 1、真诚做人

真，古人推崇的道中之道，是民族美德——真、善、美之源。诚，是人与人及人与社会的基本道德规范，也是一个人形成并确保其基本人格尊严的基础，即"立人之本"。真诚则是处世做人的态度，是为人行事的准则。体现在对己展示真我，不虚伪、不矫饰、不作假；对人重诺守信、言出行随，心地无私、襟怀坦白。

学生作为未来的建筑师，其职业道德之首就是对人对事要真诚。由此推及，社会所有成员人人都做一个真我，并诚以待人，才能有一个真实、正义的社会。为此,学生将来欲立足于社会,贡献于人民,就要先学会真诚。

要真诚,学生就要有责任心,对任何一件自己担当的事都要真心去做,并诚心把它做好。因此,学生在学校读书就要沉下心来勤学苦练,把学习当作将来效力于国家和人民的责任。即使当一个班干部,参加一次志愿者活动,轮值一次值日生,清扫一次教室等等,事无巨细,只要担当,就要有责任心做好。只有这样,当责任心成为自己的一种潜意识时,将来才能用心去做好每一件事情,表现出敬业守信,说到做到,就会对自己的所作所为负责,就会对他人,对集体,对单位,对社会承担责任并自觉履行义务。

要真诚,学生学习建筑设计就要尊重建筑的本真,通过精心的功能设计真实反映人的现代生活秩序,不蔑视人的合理生活要求;要遵守结构合理的真实受力规律,不玩弄违背结构逻辑的形式主义;要尊重人、建筑、环境的和谐相处,不破坏环境的原真性和生态平衡;要创作建筑美的真实性,不追求虚假矫饰的形式扭曲。学生学习建筑设计只要用心去做,就会修养出一个建筑创作的真诚心态,这对于将来对待任何一项工程设计,无论规模大小,或者效益高低,或者影响有无,都会不计较个人得失,不凭个人喜恶而精心设计。

要真诚,学生就要学会"内诚于心",做到诚实诚恳诚意诚挚。司马光说:"诚者天之道,思诚者人之道,至臻其道则一也",即是说,诚是人际与社会赖以信任的根基,是做人的道德准则。如果一个社会假话横行,人人口是心非,事事弄虚作假,那么社会的道德底线就会频频失守,失信失德而导致各种人际与社会的矛盾冲突就会频发,社会运行和治理成本就会大大增加。对此,我们比任何时候都更需要一种严肃的自我反省和社会反思。作为学生,也要检讨自己在许许多多事情上是否信守真诚:诸如,学生上课本应该认真听讲,做好笔记,可是却躲在后排玩手机,这样听课就是不诚心;考试是检查学生学习的水平,可是却交头接耳在作弊,这种做法就是不诚实;当同学有求于你时,本应诚以待人,可是却敷衍了事,这种态度就缺乏诚恳;你答应了别人的事却没放

学生专心听课是对学习的真诚态度

在心上迟迟未能兑现，这种承诺就失去诚意；同学之间的友情本应纯洁珍贵，可是当掺杂了私心，就会使这种友情变味而没了诚挚等等。这些虽然都是小事，但学生要明白，诚不能从内心走失，无论与任何人来往，办任何事，都要秉持诚意。如果自己没有起码的真诚，还能指望得到别人的真诚吗？如果做事连自己都觉得违背良心，还能指望别人当真吗？所以，诚主要是对自己的要求，学生只有在学校里历练诚的修养，将来才能以诚做人，并以此获得朋友和友谊，才能有正常的社会交际，才能取得人生的事业成就。

要真诚，学生就要学会"外信于人"。孔子说："信，国之宝也"。儒家把"信"视为"五伦"（仁、义、礼、智、信）之一。"信"是健全社会秩序，和谐社会关系的基础。对于个人来说，"信"不仅是一种品行，也是每个人应该恪守的最起码的道德标准。它与"诚"直接关联，是"内诚"的外化，两者合为诚信，是不可分割的同质。诚是信之始，信是诚之守。因此，诚信无论对于治理国家、经济运行、行业发展、个人交往都是至关重要的。历史上徽商、晋商曾称雄四海，富甲一方，皆因看重"诚信"二字。而现代文明社会更是将以道德为支撑的诚信，从理性和法理上依靠有效制度和机制加以保障，使诚信真正成为人与人、人与社会之间的纽带，促进了社会文明进步。作为学生，今后当然要融入社会，那么，做任何事情就要讲信誉，要树立重诺守信、立说立行的良好形象。特别是学生今后从事设计工作更应守信，不但要按设计合同规定的条款做好服务工作，而且能主动为建设方、施工方着想，做到处处取信于人，以践行自己真诚待人、诚信做事的诺言。只有这样，你也才能得到对方的认同和尊重。那么，学生怎样为今后以诚信立人做准备呢？在学校就要从每一件小事做起，历练自己守信的品行。比如，上课要遵守课堂纪律，一定守信不迟到早退；借图书要讲信用按期归还；因故请假外出，应守约按期返校；答应参加班级周末活动，决不借故失言；规定交作业时间一定守时完成；订计划每天早晨按时起床晨练半小时，不会因懒床而原谅自己等等。这些事虽小，可是屡屡因小事而失信，就会影响学生人品的健康发展。想想85岁高龄的画家齐白石，规定每日画一张画，但一日因"昨日风雨大作，心绪不宁，不曾作画，今朝制上一张补充之，不教一日闲过也"。齐老因自己不守诺而罚自己补上，这是对自己一诺千金，是信的力量。学生应该首先学会守自己的诺，才能指望将来干大事时守对别人的诺。

## 2、善良做人

人对于社会的责任，不仅以自己的工作为强国富民做出贡献，还要以自己的善良为建设精神文明助一臂之力。这是人生在世两大作为，并与做人做事直接关联，更与学生今后专业工作密切相关。如果说，学历、才智、信念、坚守、机敏、胆识……是一把把开启人生或事业大门的钥匙的话，那么善良，则是一个人在任何时候都不能丢弃的最重要也是最后一把钥匙。因为，善是人的生命中由内而外闪光的最美心灵，哪怕他其貌不扬。如同法国作家雨果名著《巴黎圣母院》笔下的敲钟人卡西莫多，他虽然相貌丑怪，但心灵纯洁而高尚，以生命保护、敬慕吉卜赛少女爱斯梅拉达。而人若丢失了善，恶就会占据灵魂，就会对社会、他人做出危害，正如《巴黎圣母院》的主教克罗德·弗罗洛就是一个道貌岸然，蛇蝎心肠的小人，他变态邪恶的灵魂毁灭了美的化身爱斯梅拉达。可见，善恶一念之间在于内心，只有心里想着善，做人才能高尚，行事才会真诚，这就是一个人内心散发出来的气质。作为先知先觉的学生，是受过高等教育的群体，在做人的气质上不仅应散发出仪表端庄、举止文雅、风度翩翩的魅力，而且还要蕴含着有知识涵养、有宽阔胸怀，以及心地善良的品位。这些气质虽由先天造就，也靠后天充实。因此，学生在学校增长才智的学习过程中，不要忘了还要修炼自己的气质，以便让善心、善言、善行伴随自己的一生。

**善心**

善心是做人的本源。"人之初性本善"，只是在滚滚红尘中恶的肆无忌惮，使善离我们仿佛越来越远。但是一个人的善心是不应该也不能被恶所侵蚀的。只要自己内存善心，纯洁的内心就是强大的，恶就不会乘虚而入。比如，与人为善这是我们自己要做到的，"不管对方是不是一个淑女，我都要选择做一个绅士"。这种宽容、大度的胸怀是善心使然。正如《道德经》所言："善者，吾善之；不善者，吾亦善之；"又如，知恩感恩是善心的表达，俗话说："鸦有反哺之义，羊有跪乳之恩"。动物尚且如此，人岂能不义又缺报恩之心呢？再如，当别人对自己失言、失约、失信、失礼或多有冒犯时，不是麦芒对针尖，而是为他人着想，一定有什么临时变故或意外插曲缘由，这种善解人意之心就可化干戈为玉帛。即使在某种情况下不得已要拒绝对方时，也要善意而不是无情地拒绝，也要婉转而不是傲慢地拒绝，在拒绝的同时，要给人信心，要给人希望，要给人方便，这就是善心的出发点等等。

一个有教养的学生，若能从诸如此类的小事中，一点一滴地修炼自己的善心，将来到社会上在专业工作中，做人做事都会出于善心，有这样善心的人就会常为亲人、为朋友、为不相识的人体贴关心地着想，为单位、为使用者、为建设者设身处地考虑他们的所需，也许最后才发现唯独忘记想到自己。这种人是一个心灵高尚、心地善良的人。有善心的人就会活得轻松、活得自在、活得心安理得。因为善而守本分的人，就会不仅知足而乐，而且知止而安。知足就不会贪，知止就能把握度。而且，知止比知足境界更高一层，是智慧、修养、道德的综合体现。

**善言**

善言是待人的纽带。人与人之间，无论对家人、对友人、对陌生人，只要相互交往就要运用语言交流，并力求做到心灵沟通，"言为心声"正是此道理。为此，交谈要和颜悦色、慈眉善目，给对方心理一种温暖，使之倍感亲切，这样才能相互敞开心扉，倾吐衷肠。在学术争论、人际纠纷中，不是舌枪唇剑、得理不饶人，而是晓之以理，动之以情，以真诚的善言让对方心悦诚服。善言的人还懂得，在逆境或不顺心的时候出言不会轻易怨天尤人，也不会牢骚满腹，因为这些不善之言改变不了处境，那就改变自己，想开点就好。其实，能否成功、当官、发财，或者别人对你认可不认可，真的都不重要，重要的是学生要保持住自己做真我的善。这样，在逆境或不顺心的时候仍然善言说事，可以把不利的因素转化为对自己意志的磨炼，这就是一种做人的境界。善言的人一定会倾听别人之言，这是一种尊重。倾听就是四目相视，全神贯注听对方把话讲完，对方会为之感动。当该你进言时，别人也会尊重你，听完你的忠言，这是双方能深度沟通的最好态度与方式。在人际交往中，有一句耳熟能详的说辞："谁人背后无人说，哪个人前不说人？"但是，善言的人是不会"人前说他人"的。因为。人前说人至少不会是善言。要么背后说他人坏话，要么道听途说传递不实之词，要么夸大其词让风言风语更加变味，这些近乎"暗箭"的说人，其实是不道德的，无形中会增加人与人之间的隔阂，是善言的人做不来的。善言的人常说老实话，但也注意别人的心理，掌握说话的分寸，要让人能接受，否则善言也会适得其反。比如，大家都称赞朋友穿了件时尚新衣服很漂亮，唯独有人吐真言："你太胖了，有点不合身。"言者无意，听者有心，搞得朋友不高兴，捧场者尴尬，这就是心理学上所说的瀑布心理效应。意指说话的人心理平静，而听者心理失衡，导致态度行为的变化。正像大自然中的瀑布一样，上面流水平静，下面却浪花飞溅等等。看来，如何说话还真与人品、修养有着直接关系。作为学生要修炼自己的气质，就要从善言开始，同学之间、师生之间毕竟有较多的共同语言，心灵又比较单纯点，彼此没有复杂的矛盾冲突，故而说话比较随意，无所顾忌。但到了社会上，出于职业工作的需要，必须与各种人打交道，必须言语交流。为了顺利展开工作，融洽各方关系，免不了要学点讲话的方式。比如，有理的直话考虑到领导、同事、朋友的接受能力，可以婉转地说；带有情绪的，冷冰冰的话防止对方听了不顺耳，要加热了说；批评的话需顾及别人的自尊，要单独一对一地说；赞扬别人的美言是给人的鼓励，给众人以共享要带有掌声地说；即使对方犯错，说话点到为止，看破别说破，伤什么别伤别人面子，允许别人有个反思过程，知错改正就好。等等，这些善言艺术首先出自于内心的善，才会针对不同的人，不同的场景脱口而出，才会收到善言所期望的效果。

### 善行

善行是助人的美德。人生在世要做很多事情，大事小事、惊天事平凡事、实事庸事、善事恶事全由内心驱使。学生从小经历六年的家庭养育，十多年的学校教育，其修心的目的就是为了修行，这就是要做善良的人，要做行善的事。学生今后除去学以致用要干专业的大事实事外，更多身边的小事都需要自己身体力行地把它们做好。不要轻视那些鸡毛蒜皮的小事、简单事、平凡事。能把每一件有助于他人的小事做好，就不算小；能把每一件有利公众的简单事做好，就不简单；能把每件有益于社会的平凡事做好，就是不平凡。这些小事、简单事、平凡事做好了，都是善行在修炼着善心。古人说："勿以善小而不为，"正是要我们善行应从小事做起，热心善小的作为，才能指望将来成为对社会有贡献，对家人、他人有爱心的人，才能做更大的善事。比如，在路边看见一个香蕉皮，下意识弯腰顺手拣起扔进垃圾箱，就有可能避免一次老人或小孩子踩上滑倒的意外事故发生；在门前存车看到几辆放得横七竖八的自行车，是不是顺便摆放整齐一点，这不仅已方便也于人方便；外地人问路是不是能热心详细指指路，看对方行动不便，又负重拖儿带女就帮着用自行车驮上送一程；要懂得敬上尊老，常回家看看，百善孝为先，这是普世价值观中认定的一项善举；要懂得关怀他人，特别是弱势群体，给他们力所能及的帮助。诸如有人突然晕倒路边，赶紧施与援手拨打120电话；有人在突降暴雨中无处躲藏，赶紧将手中自备雨伞伸过去遮挡；一个可怜的孤寡老人过年前还在路边行乞，主动走上去将带有自己体温的钱币多送上点，让他也感受一点过年的温暖；在拥挤的地铁公交车上，给孕妇让个座；进大厅入口扶一下弹簧门，看身后是否有人跟随，以免撞上，等等。只要我们有一颗善心，这些举手之劳的小事，应该做得很自然，又做得不留痕迹。当善举养成一种习惯时，一旦大灾大难突然来临，我们就会毫不犹豫挺身而出，献爱心、捐助、当志愿者、参与需要我们应该做的事。学生有了这样一种善行习惯养成，当走上工作岗位，不但会更有责任感、事业心，还会自觉地把工作做得比别人更好，比一般要求做得更到位。虽然自己付出了许多，但由于对工作的善待，对建设方、施工方设身处地着想的善行，而给对方的工作会提供极大方便和效益。由此可见，善行无论大小，在发自内心做的同时，自己也将收获心安理得。而且，善行的日积月累就像滴水成河而升华为高尚的品德。

### 3、厚德做人

做人为什么要强调德？《易经》道："天行健，君子以自强不息，地势坤，君子以厚德载物。"这与《老子》所言："上善若水，水利万物而不争。"共同揭示了古代所倡导的做人准则，即人的美好品格、高尚情操要像大地一样，以宽广深厚的胸怀来承载万物、包容万物、滋养万物、造福万物，也要像水的品性一样，润泽万物而不求回报。这是中华民族几千年来优秀的传统美德。作为现代国民，尤其是受过高等教育的学生，理应成为努力践行仁、义、礼、智、信等的崇高道德和博大精深学识的君子。有这样众多德才兼备的人才，才是国家的未来、民族的希望。

所谓厚德在古代是集孝、悌、忠、信、礼、义、廉、耻八端（即八德）于一身。是孔子德育内容的全部精髓，是儒家君子人格的根本。现代社会的人格依然寄托着人们的期待和追求，而且更具时代精神。它要求人们胸怀大爱，乐善好施；要有正义感，见义勇为；要有道德操守，讲诚信；要正确处理义利关系，见利思义；要有责任感，敢于承担；要廉洁自律，光明磊落等等。正是"厚德载物"塑造了中国人博大、宽厚、海纳百川的道德心灵和精神气象，成为中华民族的生命睿智和人生境界。虽然社会发展到今天，经济蒸蒸日上，科技日新月异，人们的观念也随之与时俱进，但儒家的"厚德载物"思想，对于培养国民的良好品行，树立良好的社会道德风尚，构建和谐社会，仍然具有十分重要的现实意义。

作为受到良好教育的学生理应成为道德的模范，其德的厚与薄并不是无关自己的事，恰恰相反，学生欲今后竞争于社会，立足于职业，能否成功不仅取决于学到的专业技能，而且取决于人的道德品行。在一个健康有序的社会中，人们越来越看重人的道德修养。因此，学生要明白：一个人缺什么不能缺德。应像天（即自然）的运动刚强劲健一样，自强不息，效法自然，珍惜时光，努力进取，不断修德，提升素养。

既然如此，修德就要从现在做起，从身边小事做起。比如，在公众场所要自觉遵守社会公德：在人群集聚的餐馆、图书馆、博物馆，甚至在公共交通的车厢内不要大声拨打手机，更不要相互高声喧哗，以免干扰周围民众私人活动；行走在城市街道上，要遵守交通规则，不闯红灯，不随意穿越隔离带；外出旅游要尊重当地民俗民风，不做有损文明的事；排队购物买票要遵守公共秩序，不插队不走后门；乘坐电梯先出后进不抢先不拥堵。乘自动扶梯靠右站立，让出左边通道供心急办事的人赶路；在公园街道不随意丢弃垃圾，自己打包带上，以减轻烈日寒风下环卫工人的辛劳；黄昏将近而进城卖水果的农民仍在吆喝，大伙儿赶紧多买点，好让他（她）卖完早点回家，不要让家中老父老母望眼欲穿等等。又如，在学校里要遵守学生守则，通过行为规范践行道德的培养：早晨进专用教室抽空整理一下教室环境，让同学们进来有一个好的心情；晚自习最后离开教室的人顺手熄灭所有灯光，养成节约意识；狂风骤起正路过无人教室时，赶紧进去关好门窗，防止大风将窗玻璃震碎；盥洗池水龙头哗哗流淌无人知晓，路过时把它拧上；从图书馆借的书内页有破损，用胶带纸仔细粘好；在书库自选参考书，记住把不需要借的书归还原处放好，不要给管理员增添额外麻烦；有同学半夜突然发病，出于姊妹、兄弟之情赶紧起来照料或送校医院看急诊；寒暑假回家多干点农活、家务活，多与父母聊天解闷，饭前帮忙摆放碗筷请二老上桌，饭后递上热毛巾给二老擦脸，有身体欠佳老人睡前帮着洗个热水脚，等等，让孝子孝女之心宽慰父母一辈子对自己的牵挂；听老师周末讲座已口干舌燥，悄悄递上一杯温水润润嗓子，等等。这些爱心潜涌在纯洁的灵魂中，这些德行流露在细微之处，一旦习以为常，就会成为本能的反映。那么，无论学生走到哪里，无论在什么时候，无论在什么场合，都会让道德闪光。学生就会言谈举止，彬彬有礼；就会换位思考为人着想；就会宽容为怀恕人之过；就会知恩感恩涌泉相报；就会诚信为本重诺守信；就会低下身子尊重弱者；就会路遇灾祸出手相帮；就会永存爱心热衷慈善；就会谦让低调掌声送人；就会交人不疑信任朋友，就会……，等等。学生有这样高尚的道德，在职业生涯中就会受到众人尊重，就会得到领导、老板的赏识，就会顺利推进工程项目的进展，就会赢得信誉和成功。因此，学生只有厚德载物，才能有远大抱负，今后才能担当重任，成为德艺双馨的优秀建筑师。

## 4、低调做人

在大自然面前个人的生命是短暂的，个人的作为是有限的，个人的力量是渺小的，个人的功成名就是不足挂齿的。总之，个人如同一滴水，风可以把它吹干，土地可以把它吸收，太阳可以把它蒸发。一滴水要想不干枯，只有低调汇于大海，才能波涛汹涌。这就是说，人不能狂妄自大，自以为是，唯我独尊。英国文学家萧伯纳对此深有感触。一日，他闲着无事，同一个不认识的小女孩玩耍聊天。黄昏来临时，萧伯纳对小女孩说：回去告诉你妈妈，说是萧伯纳先生和你玩了一下午。没想到小女孩马上回敬了一句：你也回去告诉你妈妈，说是玛丽和你玩了一下午。萧伯纳由此感悟，切不可以为自己是名人而把自己看得过重。同理，在同学面前纵然你出类拔萃、成绩优秀、屡受褒奖，在未来可能事业有成，或者地位显赫，或者学问高深，或者腰缠万贯，或者一夜成名，虽然有你的努力，但多为条件与机遇造就了你的成功。故而不要把自己看得太重，要学学有修养的人，越是被人敬重，越是低调。他们从不把成名当作人生追求的目标，如同农民一辈子耕耘劳作生产粮食养活了普天下芸芸众生一样，默默无闻地为国家的强盛，人民的幸福而勤勤恳恳贡献自己的一生。

低调做人就要学会行事不张扬，言语不张狂。学生学习建筑设计就是要静下心来老老实实从基本功学起，当下还没有什么本事值得自傲。若自己学时浮躁，动手又不勤，做出的方案虽平淡无味，自夸起来却口若悬河，不但"理论"一套又一套，且张口洋大师 A 怎么说，闭口洋大师 B 怎么讲，似乎以此证明自己的设计水平有多么高。其实，在别人看来，你再怎么吹嘘方案也没什么高招。没什么内容却自以为了不起，这就是一种"骄"。若学生设计能力确实过人，设计水平公认超群，倒值得别人赞赏，但自己不必忘乎所以。若是你却由此而看不起自己的同学，谈话趾高气扬，甚至对老师也不屑一顾，这就是一种"傲"。低调与骄傲正是两种不同的人生态度，把这两种人生态度带到今后的工作中，低调做人者非但不会降低自己，反而赢得别人的敬佩和更大的发展空间；而骄傲做人者，对人对事总是锋芒毕露。只愿大手笔做方案，俨然"大师"派头，而不愿做细小事情；只愿抛头露面上镜头，不愿与人合作当副手。这正说明这种人的内心狭隘，最终总会遭人非议而成孤家寡人。这正是古人云："满招损，谦受益"的道理。

低调做人就要学会甘于寂寞做学问，专于埋头干实事，安于平淡享生活。出了成果，有了荣耀在掌声中，闪光灯下，要能平静似水，泰然自若。当受到追捧时能自知之明，婉拒作秀，回避炒作，学生在学习中就要学这种自谦平和的风度和品格。因为校园生活不同于社会浮华的喧嚣，需要平静的环境，慎独的心境。这样，才能潜心读书，才不会招来诸如争夺名利，看重分数，计较得失，懊丧失利，愤懑不平，忌妒贤能等许多烦恼。烦恼就是这样把自己本应平淡的学习生活搅得心灵不安。这种烦恼心态若带到今后的工作中去，将会使自己深陷进复杂的人事关系和利益冲突的旋涡之中，生活将从此不得安宁。因此，人要想一生叱咤风云有所作为并不难，但要想平淡无为却不易。这种无为似乎什么也没做，恰恰是一种大作为，只是低调不愿对人宣示而已，这正是低调做人的一种修为。

## 5、修养做人

诸葛亮临终前写给8岁儿子诸葛瞻的一封家书《诫子书》中说："静以修身，俭以养德。非淡泊无以明志，非宁静无以致远"。又说："淫慢则不能励精，险躁则不能治性。"成为后世历代学子修身立志的名言。古代家教如此重视子女修养，现代教育岂能缺失对莘莘学子的德行培养？在物欲横流、诱惑肆虐、道德失守的社会背景下，学生千万不要随波逐流，要耐得住清贫，守得住寂寞，努力提高自己的思想境界，视功利淡如水，视责任重如山。一句话，做一个有修养的人。

淡泊是修养做人的人生境界。苏轼原是朝廷大员，又诗文书画皆精，人称才子。只因政见与当政者不合而遭人恨，几度升贬。在尝过人生酸、甜、苦、辣、咸百味杂陈之后方醒悟：我何必一定要在政治里争这些东西？于是在失意降职黄州（今湖北黄冈市）后，远离京城政治纷争，过起赏景吟诗赋词作画的悠闲平淡生活，并在城东开垦一块坡地，"东坡居士"别号由此而来。苏东坡得意忘形时烦恼不断，而落难寂寞后，他的生命开始有了另一种包容，另外一种力量，才写出"大江东去浪淘尽，千古风流人物……"等传世名作和极品书法。可见，苏东坡在看淡世态炎凉之后，以豁达的坦荡胸襟、洒脱的人生态度，从被为现实目的性绑架，到回归自我，真正把握了自己生命的航船，在人生的任何境遇里，"荣辱成败都是歌"，而享受无穷的人生快意。从苏轼变为苏东坡的生命过程，我们可以悟出"风恬浪静中，见人生之真境；味淡声稀处，识心体之本然。"这就是人生态度、人生哲理。只有守得住恬淡，才能看淡名利，看淡荣辱；守住恬淡，才不会贪念，才见人品。人生难免有失意遭难，难免寂寞低落，若为此大动干戈以求摆脱，反因摆脱不了而痛苦，甚至自戕。唯有心绪像秋水一样澄明，胸怀像苍穹一样广阔，即使身处逆境也坚信彩虹总在风雨之后。有这样淡泊心境的人，就会有明确的志向，就不会烦扰于浮躁的喧嚣，不会陷入名利的诱惑，才能在"采菊东篱下，悠然见南山"中收获人生的宁静。

宁静是修养做人的人生心态。面对繁复喧哗的世界，人的心境要像止水一样寂静，才能修养身心，静思反省。水是清淡透明的，却凝重着哲学的意味。它的不同形态暗喻着人之不同心态。清静与烦恼，心静与躁动，沉静与飘浮，平静与喧嚣，是人挥之不去的两种不同生命心境。清静者清心寡欲，有一颗不为外界所动的禅心。唐代书法家怀素独守清静，潜心习字炼心，在自种一万多株芭蕉树叶上，不分寒冬酷暑，挥毫泼墨，苦练书法，练出一手惊世骇俗的狂草，也修炼出自己的书法人生。这完全得益于一个"清"字。心静者，神情专注，有一种不被外界纷扰的坚守。《泰坦尼克号》在冰海下沉那一刻，一支乐队，为安抚逃生者惶恐的心，置生死于度外地静心履行职责，专注演奏，直至琴声随船慢慢沉入海底，在性命攸关时刻彰显出修养浸润灵魂的至高境界。沉静者洞若观火，有一种坦然面对外界施加人生重压的沉稳。文学家、翻译家、戏剧家杨绛，一生独自挑起全家的负累，让丈夫钱钟书和女儿集中精力做学问，直至她80多岁时，还要来回奔波在相距大半个北京城的两个医院之间，辛苦异常地悉心照料钱钟书和心爱的女儿。丈夫、女儿相继去世后，已近90高龄的杨绛接手钱钟书遗留的多达七万余页的手稿与中外文笔记，陆续整理出版，并将高达800多万元的稿费和版税全部捐赠给母校清华大学设立"好读书"奖学金。做完钱钟书未完成的事心里踏实后，92岁的杨绛才又重新提笔，打开封存多年的记忆，写出了感动无数中国人的《我们仨》和探讨人生价值的《走到人生边上》。是什么秘诀让杨绛在坎坷的人生道路上敲开了百岁的大门又成就卓著？一是内心的强大，让她在磨难中能直面人生；二是豁达的人生境界，让她能洞达世情而沉静与淡泊。"我和谁都不争，和谁争我都不屑；我爱大自然，其次就是艺术；我双手烤着生命之火取暖；火萎了，我也准备走了。"这正是杨绛一生高尚人格的心语。平静者心定自若，有一种处变不惊的安详。汉语拼音之父周有光的人生是一个"错位"的人生。大学毕业本可以当外交官，他却选择了学经济；许多同学去了美国留学，他却因手头拮据不得不去了日本，本想到日本京都大学拜著名经济学家河上肇学经济，可河上肇却被捕，只好专攻日语；本可以在海外享受优裕生活，他却于1935年毅然返回苦难的中国。新中国成立后，本在经济研究中成就斐然，他却被指定去研究语言。面对这样的"错位"人生，周有光却因心中坦然，平静面对，而错出了另一种人生路径：放弃经济专攻语言，而成为语言学家；文革下放劳动改造不但治好了失眠顽疾，还与比他长6岁的教育家林汉达（71岁）在看守高粱地里"很有趣味"地仰望星空，高谈阔论；下放返回赋闲在家，才能平静著书立说，笔耕不辍，直至2010年104岁时还出版了《新闻道集》。这一切，需要怎样的胸襟与智慧啊！"猝然临之而不惊，无故加之而不怒"，正是周老以宽容平和的心态，活得自然洒脱的最好注脚。

平和是修养做人的人生品质，人的欲望常常使人与人之间为权力明争暗斗；为金钱尔虞我诈；为名誉钩心斗角；为私心吵闹使坏；为嫉恨嫌怨怄气，致使原本阔大邈远的尘世，只能容得下一颗自私的心。得到的却是烦恼、痛苦、仇怨，以及疲惫至极的身心。倘若人在欲望扰得人心蠢蠢欲动前能后退一步，便能海阔天空，身心就能轻松且清醒，就会在逆境中心平气和；在被误解时一笑了之；在荣辱面前不大喜大悲；面对得失进退泰然处之；对奢华富贵不屑一顾。总之，平和的人能安于平凡的事，以平和心态看待不平常事情，容不平常的事情于平和心中。无论对己还是对人总是平平和和，这就是一个人的修养境界。中国建筑界第一代建筑师，中国建筑教育开拓者之一杨廷宝，一生温良恭俭让，与世无争，与人为善，在坎坷不平的人生道路上，走着自己的平和之旅。他幼年时上私塾因体弱，读书吃力受先生训斥体罚，直至被"开除"回家。杨廷宝并不气馁，反而激发苦练书画的志气，其书画水平让人刮目相看。在宾大深造期间，他学习成绩优异并屡获设计竞赛大奖，可杨廷宝却说："至于我个人得了多少奖牌，已记不清了。"对荣誉全不放在心上。当一次在全美大学生建筑设计方案大赛中夺魁获金牌时，轰动校园，众人欢呼，可杨廷宝拨开庆贺人群，淡淡一笑，又钻进教室。杨廷宝学成回国就接手修缮北平几处古建。一位留洋的大建筑师能够放下身架,"一点一滴地向工匠师傅学习",甚至烟酒从不沾嘴的杨廷宝,不惜亲自给老师傅敬酒或陪躺烟馆以示执弟子礼。当中国营造学社在战乱年代艰难致力于古建研究缺少经费时,杨廷宝慷慨捐赠。杨廷宝一生创作了百余座建筑,这些作品也体现出他的平和人格。如清华大学老图书馆扩建,以平和的姿态而不是张扬自己,使新老建筑天衣无缝地和谐为一体;南京中山陵园音乐台利用地形,依山就势与环境平和共处;北京和平宾馆设计逆复古主义潮流,以平和的格调让人耳目一新,等等。在建筑教育岗位上,杨廷宝无论在沙坪坝时期的中央大学,以他做人的魅力和做学问的功力,与同仁们同甘共苦、患难与共,培养了许多出类拔萃的人才;还是在新中国成立后的南京工学院,作为大牌教授、系主任,他却能平易近人,亲自为一年级学生耐心示范怎样削铅笔;出差调研坚持与同事吃住在一起,不搞特殊化;在元旦师生联欢会上,杨廷宝也能上台"高兴地挥舞着随手抓来的扫帚,表演了一套漂亮的剑术"。在建筑研究所,暮年的杨廷宝带领师生跋山涉水,足迹各地考察指导当地规划与建设。在国际建协活动中,杨廷宝更是以他个人的人格魅力和沉稳风度既能遇事沉着应对,又能交友平易近人。虽为国际建协副主席,但重要问题出于尊重组织,尊重同志,仍按老习惯及时向代表团其他负责同志通报情况,绝不隔夜。杨廷宝、梁思成、童寯三人是宾大的挚友,又是一生的志同道合者,他们仨携手共事的美德,在中国建筑界、建筑教育界中口碑甚笃;杨廷宝曾以学成回国已在基泰工程司任职,谢绝东北大学之邀担任建筑系主任一职,而推荐即将学成回国的梁思成担任;是杨廷宝及时向在中国营造学社进行古建研究的梁思成,提供发现蓟县独乐寺的惊喜信息,从而改变了梁思成第一次科学调查之路的行程,竟发现中国最古老的木构建筑;是杨廷宝与梁思成,早在重庆中央大学建筑工程系,就联手通过组织学生进行设计竞赛培养学生,直至各执南工、清华两校建筑系办学之牛耳,为两校跻身国内建筑系办学水平处于前茅而鞠躬尽瘁。而杨廷宝与童寯的君子之交更是形同兄弟,还在他俩同处上海分别供职基泰和华盖时,杨廷宝已是童寯的家常客,并亲手下厨做"杨廷宝面";两人也曾为刘敦桢著《苏州古典园林》日文版作序,为让对方署名在前而争执;直到两人有一次同时病重住院,杨廷宝即吩咐研究生去照顾童老,而另一次两人病重同时住院,童老却让护理自己的儿子去杨老身边值班。甚至童老出院回家休养,也不顾体质极度虚弱,硬要去病房探望杨老。两双手长久握在一起,似有生死离别久久不舍分开，两人一生的友情，人性的光辉，让人无不为之动容。从杨廷宝这些平凡事中不难看出，人生在旅途中，平和是至关重要的，只要以平和调整心态，就能心如止水，和在其中，就会心胸开阔，宽善待人，不为世俗欲望所动，不把荣辱名利看重，能在世事繁杂中豁达不惊，把修身养性化作涓涓细流淌入心田，在安然宁静中怡然自得。而这一切缘于弗洛伊德所言，把"本我"、"自我"、"超我"，共同构成一个完整的人格，人的心性才是平和的，杨廷宝做到了这一点。

知止是修养做人的人生智慧。与知足一字之差却境界更高一层的是知止。知足是别人给多少都可以，不足也能接受。而知止，则是自己主动去挡住，说够了，不要了。若不知足，就会贪，正像童话《渔夫和金鱼的故事》里那个渔夫的老婆贪得无厌，当一个愿望满足后，又产生了更高的愿望，最后贪欲让她失去了所得的一切，又回到了原来的穷困状态。同样，若不知止，痛苦就会随之而来，烦恼就会日夜缠身。其实，"止"在我们生活中无处不在。比如汽车不能没有刹车；闹钟发条不能上得太紧；情绪不能过分紧张等等，都是"止"的作用。同样，人的言行举止都应有个度，过度了，过头了，事情就会发生质的变化，甚至走向反面。只有知止才能心安，心安才能淡定。而能否掌握"适可而止"，则靠一个人平时的修养，靠人生历练的积累，靠一个人的智慧来判断。法国总统戴高乐，可谓是政坛上最懂得"知止"的人。他在第二次世界大战期间领导自由法国运动，并在建立法兰西第五共和国中功勋卓著。他离任后，政府按规定对退职总统提供的费用，他分文不要。政府给他的宅邸，他拒绝迁居。他靠自己的稿费度日，生活十分简朴，他还建立了儿童基金，救助更多的人，戴高乐由此成为法国人的骄傲。相反，那些贪官呢？没有一个是知足的，更没有一个知道什么时候贪够了，可以停手了，总是贪了几百万还想贪几千万，甚至上亿元地贪，都填不满私欲的胃口。他们不是不知道贪的后果，而是难在不舍得，不想"止"。其结局就众所周知了。因此，每个人都要用"知止"为自己设定一个为人处世的界限，在获得的过程中，要知足，见好就收；在利益面前要知止，适时学会放弃。放弃符合人生有得有失的辩证法，是为了更好的获得。正如，树木为了长高，就必须剪掉多余的枝桠；花朵为了结果，就必须放弃美丽的容颜。人生既要学会珍惜身边一切值得珍惜的人、情、物，人生也要学会放弃一切不值得珍惜的事情和东西。比如放下压力才能扔掉痛苦；放下烦恼才能驱走阴霾；放下自卑才能内心强大，放下懒惰才能振奋精神；放下消极才能打败忧郁；放下抱怨才能心平气和；放下狭隘才能宽容别人。总之，一个人既要知止外来的物欲，也要知止内存的心病，才能"知足不辱，知止不殆"。

优雅是修养做人的人生气质，受过高等教育的学生应该在人文修养和艺术修养方面有更高追求，以便使自己成为有知识涵养、有宽广胸怀、有善良心灵、有艺术天分、仪表端庄、温文尔雅、风度翩翩，有气质的君子，这些气质内涵与表征，对于学生成长为优秀的建筑师十分重要，是成就一番事业的内功。然而，气质是内心散发出来而外表做不出来的一种人格魅力。那种以外包装粉饰的矫揉造作，那种以诱惑扭捏、勾魂摄魄的刻意作秀，实际上是对内心空虚的一种遮掩。正如歌手站在舞台聚光灯下，尽管靓丽娇美、英俊帅气、歌喉动听，可是，回答问题一问三不知，因文化底蕴不足而遭观众微词。说明气质美要远胜于形象美。而真正有气质的人，举手投足，眼神谈吐，一颦一笑都会带有书卷气息。他们高雅洒脱，秀外慧中，不经意间渗透着优雅的生活品位。他们或爱读经典书籍，或擅长琴棋书画，或悠然谈古论今，或激情吟诗高歌。他们静时端庄，动时优雅，这些气质是经过岁月的洗礼而成就的修养和智慧。就像八月桂花弥漫的芳香一样，由内而外散发出来沁人心脾。气质如何具有呢？气质既由先天造就，但也要靠后天充实。出生在书香门第的梁思成因受家庭的熏陶感染，在得天独厚的家风影响下，被一点一滴雕琢内心，塑造人品，为他日后成为中国建筑界的一代宗师，和中国近代建筑教育事业的开拓者之一，奠定了成就一生的基础。梁思成从小就受到学贯中西的国学大师——父亲梁启超那严谨而丰厚的家学滋养使他受益终生。从"顽童"时期起，家父梁启超就经常给他和其他子女讲传统而经典的励志类故事，到他求学清华时梁启超仍不忘"寒士家风"培养，告诫梁思成"我想有志气的孩子，总应该往吃苦路上走"。另一方面，八年清华的学习，梁思成也充实了自己高尚而广泛的兴趣和爱好，从中得到良好的人文修养、艺术修养。他参加了学校合唱团、担任军乐队队长、成为清华美术社成员，曾在全校运动会上得过跳高第一名。这些健康而广泛的兴趣和情操，无形中培养了他积极乐观而又敢于进取的精神和性格。这完全得益于清华学堂那种教学理念和宽松民主的氛围，以及父亲梁启超时刻关注梁思成人生的航向，提醒督促梁思成要"读万卷书，行万里路"，要扩大自己的眼界和胸襟，要潜心研习国学以利在宾大深造西学时，不遗失中华优秀的文化传统。并且要梁思成"分出点光阴多学些常识，尤其是文学或人文科学中之某部门，稍微多用点功夫。我怕你因所学太专门之故，把生活也弄成过于单调。"梁思成正是深受其父梁启超多情、多思、多欲、多才、兴趣广泛，集多学科成就于一身的影响，才能在修身养性中蕴含着特有的气质，形成性情温厚、稳重朴实，豁达宽容、机智幽默的性格。这些性格又决定了梁思成后来一生的命运：他赢得了与"第一美女和第一才女"林徽因的美妙爱情和伴随一生的幸福婚姻；他在抗战时期的中国营造学社，不畏艰险和重病缠身，足迹深山荒野，苦并快乐地实地考察"深藏闺中人未识"的稀世古建瑰宝，开创了在中国用科学方法研究古建的先河；他在亲手创办的清华大学建筑系，执教有方，传道授业也会妙语横生；爱生如子，常不失幽默风趣，与同事在家惯例的下午茶中边喝咖啡边神聊，在优雅的氛围中自由交谈，启迪思路，滋养气质。他于解放初在讨论北京都市计划方案时，敢于直面陈述己见，并为保卫北京城垣而抗争，即使受到批判也不曾妥协退让；在腥风血雨的"文革"中，他受尽屈辱也未曾消沉，直至生命的终结也未动摇过他对祖国热爱的赤诚信念，这就是品操高尚、气质不凡的梁思成一生人格写照的缩影。可见，一个人一生欲有所作为既需要才智，更取决于他的气质。

学生从古人和先辈修身养性的生动故事中，是否能触动自己的心田呢？是否应当立下远大抱负，把当下的学习与一生的做人联系起来，把修身养性的磨砺与刻苦攻读的坚守结合起来。学生只要努力去做，终能像这些心中崇拜的偶像一样，做到才华横溢、德高望重。

# 第五章

## 学生怎么学

由于建筑设计涉及到多学科领域的知识，又特别强调理论与实际的结合，还要求学生既要有扎实的基本功，又要有创新意识；既要有活跃的设计思维，又要有过硬的动手能力；既要有丰富的空间想象力，又要有处理实际问题的能力；既要有理工科严谨的科学态度，又要有文科的诗意与艺术激情。总之，建筑设计是一种需要学生博学多才，富于想象的创造性学习。其要求之高，难度之大是一般课程所不及的。因此，学生既然选择了建筑学专业，立志一生从事于建筑设计创作，也就选择了自己的人生道路，那就要全身心地投入到建筑设计的学习中去，实现自己人生的梦想。虽然这种学习将使学生遭遇难以想象的困惑，将付出难以想象的努力，但是，学生只要坚守，学习路子又对头，终将踏入建筑设计的门槛，直至入迷入正道，并且，达到享受建筑创作所带来无穷快乐的境界。

那么，学生怎样能学好建筑设计呢？

# 一、多动手，苦练设计内功

内功是人在社会中生存、发展、超越的潜能，应该说，学生在建筑院系五年的学习都是在训练基本功，包括表现基本功和设计基本功，以及本章所论述的其他方面的基本功。而前两种基本功都要体现在动手的功夫上。这种功夫的练就乃"冰冻三尺，非一日之寒"。因此，学生要像武生拳不离手，艺人曲不离口，体育健儿夏练三伏，冬练数九一样，要耐得住单调、枯燥、寂寞的基本动作训练。只有千百次的苦练，才能有长进，才能达到炉火纯青的地步。而且在苦练设计内功的过程中，要经得住困惑、迷惘的学习阶段，但又要相信只有今天的付出，才会有明天的收获，否则将一事无成。

建筑设计学习的功夫就在于动手。这种动手不是操作鼠标，而是动笔。动笔才是学生入门建筑设计最基础的学习，也是将来成为建筑大师过人的本事。说到动笔却是学生从小学一年级就开始的学习基本动作和方法，然而学生用笔写了十二年后进入大学，难道进入建筑院系还要动笔写写画画？现在有了计算机先进的工具为什么弃之不用？这是对建筑设计学习认识上的误解。因为学习建筑设计仍需要动笔，实质上是一种思考方式所决定的，是睿智的脑力活动在动手上的反映。或者说，动笔勾画是通向设计思想，知识结构和思维方式的一个窗口。这是中小学生动手写字的升级版，是学习建筑设计的必要手段。而且，从建筑设计的特点而言，在思考设计问题时，有时需要若干问题同步思考或者个别问题需要暂时搁置下来，去继续探索其他问题，对于这些要求，用动笔勾画草图可以轻而易举做到，但计算机就相形见绌了。而且鼠标与屏幕是分离的，其间因没有摩擦而感受不到动鼠标的反馈，反映不出屏幕线条突现带来的触感和线的运行过程，也就不能刺激大脑的活动。如此，采用什么样的动手工具以促进建筑设计的有效展开也就不言而喻了。诚然，计算机在许多方面有无比的优越性，但对初学建筑设计的学生而言并不合适，其优越性并不能很好体现，反而有副作用。正如 2009 年 2 月 12 日，美国一架飞往纽约州布法罗市的客机，因自动驾驶仪失灵，机长手动操作反应失误，造成机毁人亡。反映出自动化技术的滥用正导致飞行员专业技能和条件反射能力的退化。而加拿大北部因纽特人在伊格卢利克岛上生活了 4000 多年，无需地图和指南针，凭借风向、雪堆、动物习性、星辰和潮汐等迹象就能辨别方向、追寻猎物。而今，新一代因纽特猎人喜欢用 GPS 导航工具找路，结果在 GPS 失灵的时候，年轻猎人很容易在茫茫雪地中迷路。说明过度依赖科技正使人类天赋能力在退化。因此，学生若过早使用计算机，将会养成一些不好的设计习惯而贻误一生。正因为学生入门建筑设计是从毫无设计基础的零起步开始的，因此，学生才更要明白脚踏实地地苦练动手用笔训练设计的基本功才是最需加强的。

学生要想练好动手用笔的功夫，就要从最基础的画线条开始。如同吃饭要先学会怎样拿筷子一样。而画线是建筑设计最基本的表达方式。有用明确的清晰线条表达建筑设计的成果；有用模糊的粗线条表达建筑设计过程的图示分析；有用徒手勾画的白描表达建筑设计的概念。这些线条看似简单，但要练到娴熟程度，却不是一日之功。刚入学的大一新生，在建筑设计基础课程的学习中首先就应练习画线条。当然是学画线条的方法，从怎样使用工具到怎样操作都要从严学起。不要轻视这些小学生都会的基本动作。其实这些画线条的基本功和使用工具的基本常识，对于直到大学毕业还未掌握的学生来说却大有人在。只要看看学生拿出的秃头软铅笔，就知道线条的表达会差到什么样的程度。再看学生出手画线条的生硬动作，线条首尾粗细不一，线头搭接毛糙，就知道该学生设计功底不会被看好。这些画线条的毛病不能全责怪学生，而是教师没有要求，也是教学纵容学生过早使用计算机画图带来的后果。但是，作为学生不能因基本功的缺失而影响一生的设计能力发展。为此，学生在认识上首先要自我意识到苦练线条基本功的重要性，才能下功夫日复一日地练好它。

首先，要认真练好每一课程设计的器画作业表现。然而，工欲善其事，必先利其器。这就是说要做好作业就要学会用笔，比如一年级使用铅笔，做图时要选择软硬适度的 H 或 HB，铅笔尖要削得修长，或者选用 0.5 铅芯的自动笔亦可。工具画还要选择透明三角板、丁字尺和四边必须平直的图板。操作上，左手将丁字尺短边紧贴图板端头上下平移，方可画出平行线。右手轻扶紧靠丁字尺长边的三角板，按画线要求左右慢移，方可画出符合要求的垂直线。画正图前先完成图形铅笔稿，务必用 2H 细线轻画，墙厚力求按比例等宽，文字标注按字体大小要求用轻微细线控制字高。当正式绘制图纸时，运笔要准确细心，边运笔边慢旋笔杆，以保持笔锋。横竖线头相接时一定要严格交代，不可出头亦不可搭接不到位。当墙厚轮廓需加粗以表示横剖切墙体并与窗洞细投形线相区别时，须向墙轮廓线内侧加粗，并使线粗一致。画配景时，由于学生美术基础尚缺，可选现成资料徒手临摹。画广场铺砖表现时，一定要用比例尺量出等间距，并画出规整网格，而不可凭感觉随意打格子。当二、三年级需用墨线绘制设计作业时，更要小心针管笔出水的快慢，运笔速度的控制或移动工具时发生墨水未干而导致墨线被损或图纸被污。以上这些用笔制图要领看来都是不足挂齿的小事，但正如幼儿蹒跚学步一样，这是学生初学建筑设计必须经历的训练过程。尽管在今后，这种绘图手段用的机遇并不多，比如，不少学校到四年级就允许学生上机绘图，直至终生就离不开计算机了。似乎学习用笔绘图的手段不必过分用心。其实不然，计算机绘图的技能，比如线条粗细的把握、字体大小的设定、图纸内容的编排等，都是手绘训练的经验积累而成为一种专业素养的反映。学生如若缺乏手绘线条的严格训练，不具备控制线条的能力，缺乏表达线条美感的技能，尽管计算机本身画线十分清晰，但由于操盘手的学生其内功不足，计算机表现的图也就十分匠气，而缺少建筑图应有的品位。而更为担忧的是，缺乏基本专业素养的学生，其设计能力真的难以提高。何况，手绘设计图的手段并不会完全被计算机取代，在某种场合还必须通过手绘方案图进行即时的方案讨论、交流，或者作为研究生报考和一级建筑师注册考试的手段，此时，就看学生手绘方案图的基本功了。因此，忽视工具手绘基本功的训练是万万要不得的。

其次，徒手画线无论作为一种表现形式，还是作为一种思考手段，在方案表达和方案研究中更是起着举足轻重的作用，是学生必须掌握的基本功。

一是徒手线条要求整体上看感觉是较直的，而从局部看线条却有小的弯曲，显得画线不生硬不拘谨而活泼随意。运笔时，用拇指、食指、中指三者紧握笔杆下方，小指尖抵住纸面作为支撑，水平线自左至右横向运笔，其间握笔的三指放松且有小的抖动，以使线条有轻松感，又不失直线的感觉。画竖线时，小指抵住纸面不动，通过握笔的三指做垂直运行，画出总体上垂直，局部有抖动的竖线。如果想把垂直线条一气画得更长一点，可以将握笔的三指上移，让笔的力臂再长一点，使三指运笔有较大的幅度就可画出较长的垂直线了。这些基本动作要不厌其烦地反复练。而且在课堂上练远远不够，课堂上只是在教师指导下练方法。学生主要是在课外利用零敲碎打的时间，三两分钟也行，经常徒手练上几笔，只要坚持总会有效。更有效的方法是用硫酸纸墨线徒手描现成的资料。一则不同方向的线条都可练到，二则借此描图可收集不少资料，日积月累，装订成册，也相当可观。而且通过思考消化的徒手描图，可以加深对资料的记忆并储存于脑海中，对日后建筑创作激发灵感大有裨益。比起快捷却浮光掠影的数码相机拍照，或扫描仪扫描收集资料的方式更有利于学生扎扎实实地做好学问。倘若学生进一步能将照片资料转换成线条描绘出来，这种把面表达改为线表达需要一种再创作的艺术加工过程，对照片有一种因繁就简的提炼思考和动手表达，这正是学生既提高了训练徒手画线的能力，也积累了更多的资料，而且无形中提升了专业的修养。学生有了这样的画线功底，不愁设计能力上不去。

二是徒手图示线条是作为一种与思考同步互动的表达手段，更是学生不可或缺的设计基本功。这种功效是计算机无法替代的。因为，前者的手与脑合一，处在人的共同体之中，两者无间隙的心灵感应，促成频繁的互动。且图示线条是一种连续显示的过程，有助于眼光跟踪、感觉、判断、反馈的识别要求。而后者，人机是分离的，机由于没有思维，只能听命于人的指令。且线条在屏幕上是突现而无形成过程，这就会造成学生经常把注意力集中到屏幕上不断跳跃呈现的线条上，从而忽视对设计研究本身的关注上。因此，学生在整个五年建筑设计的学习中，甚至在今后需大量使用计算机的设计单位工作时，至少在方案起步和探索阶段，应运用有明显优势的图示线条作为方案设计的研究手段。那么，练好徒手图示线条就成为学生学习建筑设计重要的前提。首先选择合适的工具——软铅笔。因为方案设计起步和探索过程中，学生对许多设计问题总是混沌、模糊、游移不定的，宜用软铅笔。比如2B，像涂鸦一样用图示符号表达一种设计意念或一种分析结果，这种图示线条是随着思维的流动，不停地勾画、不停地修正，直至图示线条像乱麻一般，可是头脑却在乱线的演变过程中，逐渐理出方案生成的头绪。当需要从方案全局判断当下探索的设计问题是否能得到确认时，有时需要用另一张拷贝纸覆盖其上，再运用图示线条探究，对应于下层平面的上层各平面的图示分析，以求证各层平面能否在功能整体上取得圆满。或者，另辟新径探索新的方案思路。总之，徒手图示线条应奔放不羁、具有速度感，线型是粗犷而模糊的，线条深浅随方案研究的程度有所变化。这些运笔技巧都为适应方案思考方式所决定，也是为促进思维发展而服务。因此，徒手图示线条实在不能被认为是一种画图方式，而应是思维的一种手段。

另外，与徒手线条和徒手图示线条训练有关的另一类表现基本功训练，就是渲染基本功训练。它的特点是通过表现"面"的手段，比用线表达"形"能够更进一步表现建筑的空间、材料的质感、光影的变化、环境的氛围。而更为重要的是，渲染训练可以培养学生严谨的学风，专业的素养，和加深对形、色、光概念的理解。然而，由于渲染训练是一种磨洋工的活，费时费力，在当下急功近利的心态下，在强势的计算机表现的取代中，渲染训练几乎在各建筑院校已退出教学舞台。其实，它的短处可以通过教学研究加以改革，而它对于学生基本功的训练和人才培养的作用却不应被轻视。因为渲染训练需要学生一丝不苟的精神，在认真、严格上下功夫，需要学生在完成作业的过程中细心、耐心地每一遍渲染都不能失手，需要对空间、色彩、光影三大关系的概念十分理解才能下笔表现生动。所有这些对于学生性格的磨炼，做事认真态度的端正，设计修养的提升都有着积极的作用，从下面对渲染训练的描述中可窥见一二。

在一幅渲染作业的完成过程中，学生首先要准备好研墨汁，并滤去杂质，吸走面层油渍，再分为若干份并各添加不等量清水制成由浅到较深渐变的各种墨水，或准备好由冷色到暖色渐变的若干份颜料水。前者可做水墨渲染图，后者可做彩色渲染图。渲染前还要在图板上事先裱好绘图纸。裱时纸中间用清水浸润使其膨胀而纸周边要保证不被水弄湿，并在其背面用糨糊抹匀，然后边粘贴边用双手指相对将图纸趁湿向外撑开，直至四边贴牢，再用笔杆紧压图纸边缘向外挤出多余糨糊，以保证糨糊较图纸中间潮湿部分先干燥，直至图纸全部干燥收缩而绷平。这些渲染前的准备工作细致而繁琐，学生若没有一点细心、耐心的认真作风，将会坏了渲染成功的大事。从这个意义上来说，一年级新生一接触到专业学习就必须先收敛自己浮躁的心，从中明白学习建筑设计既要有浪漫的激情，又要有实干的作为。当铅笔稿完成正式动手渲染时，先要计划好渲染步骤，明确关键部位，以及操作要领。当开始渲染大面积天空时，事先须将图板颠倒放，并稍加倾斜，便于水分下淌，以使颜色能方便地从浅（接近地面的天空）到深（远离地面的天空）逐渐变化。起笔时，先用湿润小号毛笔将边界严丝合缝抹匀，再用中号毛笔添加清水，以不下淌为准。再边依次添加由浅及深（或由暖色及冷色）的水，边将水均匀下拖，使其深浅（或冷暖）退晕无突变痕迹。这是基于接近地面的天空色应浅而暖，远离地面的天空色应较深而冷的原理。当此遍天空渲染行将结束时，可将图板慢慢竖起，让右下角处于最低点，再用甩干毛笔及时吸走聚集右下角多余的水分，直至吸干为止，以防边界水分停留过久留下色痕而破坏渲染的均匀效果。如此一遍渲染下来，等图纸完全干后似乎不见什么效果，这正是渲染训练的要领。一则万一渲染过程出现意外瑕疵，因色浅而不至于明显；二则如此重复渲染十多遍乃至数十遍，可使颜色逐渐显深，以至于达到艳阳天既深又亮，天顶与天边既有深浅又有冷暖变化，仿佛空气都被渲了出来，这就是功夫！倘若学生不耐烦，三五遍就渲完天空，则一定是乌云密布的阴霾天，其效果就差矣。当渲染建筑物时，近处色深且暖，而远处色浅且冷；近处渲染仔细，刻画清晰而远处渲染淡化、细部省略，这些渲染技巧可以把空间距离表达得真实而深远。而近处大片山墙，之所以上深下浅，上冷下暖的夸张渲染变化，是基于山墙上部与明亮天空背景的对比和地面对山墙下部反光造成影响的原理，使单调空荡的山墙顿觉生动起来。对于大面积的阴影渲染宜使影子偏冷，阴面偏暖以区别"阴"与"影"是两种不同的光效果。且影子的边缘由于与阳光面的强烈对比，色宜偏冷且较深，而越远离影子边界色越渐变为相对既淡又暖，这是由于周边漫射光对影子中间地带作用的结果。学生懂得了阴影的光照原理，并把它强调出来，自然就会把阴影渲染得既生动又有漫射光感，而不是一片幽暗的毫无光感。至于墙面上若干玻璃窗应避免孤立各自渲染，仍应由近及远做深浅或暖冷的整体渐变，以加强表现建筑物的整体素描关系。而大片玻璃上的影子表现，特别要突出玻璃透明的质感。渲染时玻璃上的影子与阳光下玻璃的色差不可过大，稍深即可。而窗棂、窗框因材质不透明，且面积过小，一旦将其上的影子渲深，则影子中的玻璃透明反光的效果立即呈现。学生若能将阴影中的玻璃渲染到如此精致地步，应该说表现的基本功过关了。有了这样的功力，再去运用计算机表现效果图，将会超水平的发挥。对于环境的表现宜以简洁的手法，仍然强调深浅与冷暖的渐变，以及对人物、树木、汽车等配景要素的刻画做到近细远略，从而烘托环境的氛围。总之，整个渲染过程看似运用表现技巧做图，实际上是在培养学生做学问要一丝不苟的严谨学风，进而端正学生求学的态度和提高学生学习建筑设计的专业修养。虽然渲染训练的这些目的并不能立竿见影，但对于学生却是一个很重要的自我修炼的开端。正是因为我们的教学忽略了培养人才的首要任务，只看到渲染训练所谓不能与时俱进而轻易废止，导致严谨学风不在，学生专业基本素养欠缺，对素描、色彩、光影三大基本概念不清，更无意识充分表现。难怪不经过严格基本功手绘训练的学生，尽管可以操作计算机画出图来，可是图面怎么看就是缺少一种专业的功力与素养的内涵。这应引起学生的警觉，否则个人设计能力的发展将缺少后劲的推动，而一生无所大作为。

总之，学生苦练内功是如此重要，我们就没有任何理由再轻视它了。应该向我们的先辈、大师、学者、高手学习，学习他们在学生时代以顽强的学习毅力练就了过硬的基本功，练出了一生受用的洒脱精练的线条，奔放不羁的图示语言，美妙绝伦的建筑表现，才有后来的过人设计水平和深厚的人文底蕴。因此，学生在真正明白苦练基本功是对明天的自己负责之后，剩下的就是身体力行去实践诺言，并坚守一生。

## 二、多用心，钻研设计方法

建筑设计是一门实践性很强的学问，不管你建筑设计理论说得如何头头是道，玄之又玄，但出手做好设计才是真本事，也是学生今后从业的看家本领。

那么，学生怎样学好做设计呢？千条万条就是一条：掌握好正确的设计方法！因为这是设计基本功的核心，也是学生大学五年内学习建筑设计重点要攻克的难关。

首先，学生要明白，各年级的课程设计仅仅是训练设计技能的手段，而不是目的，不能停留在只为做题而设计上。尽管各年级题型不一，要求不同，但解题思路却有共性。因此，学生学习建筑设计的重要之处就在于要从不同课程设计的训练中，去钻研方案生成的共同规律，从而理解学习正确的设计方法才是入门建筑设计的金钥匙。并力求娴熟掌握它，方能举一反三地迎刃而解大学中无法经历的其他建筑类型训练。可见，建筑设计方法的学习较之手法的学习才是更重要的学习。而且，对于初学建筑设计的学生而言。要先从普适性的设计方法学起，正如初学开车、初学游泳等一样，要先练好基本动作，掌握好基本方法，而不是去学花式车技，学花式泳姿，学高难度动作。在建筑设计中学生若沉迷于花架子玩建筑，只能丧失在校学习设计基本功的大好时光。

那么，怎样学好普适性的设计方法呢？

## 1、要遵照程序展开设计

任何事物的发展都有其内在的客观规律，从万物的生长到人类的演化；从社会形态的更替到科学技术的进步，都各自遵循自身发展的规律运行着。建筑设计当然也不能例外。为此，学生就要钻研方案设计是怎样一步步生成、发展而达到设计目标的？其间的发展规律是什么？这个设计规律是通过怎样的设计程序被揭示出来？学生经过几年的建筑设计训练，若用心琢磨的话，可以摸准设计程序的脉络。这个设计脉络就是：方案设计起步除理解设计任务书，现场踏勘调研、阅读有关文献、立意与构思等设计前期准备工作外，第一设计程序要干的事，不是研究平面功能关系，也不是考虑形体造型的问题。而是考虑设计目标如何融入指定的环境中去，它与现状的环境条件如何友好共处。否则，设计起步时，学生若一下子钻进对单体建筑的考虑，不但违背了系统论所阐释的整体与部分、全局与局部辩证关系的原理，而且也不符合方案"生长"的规律和设计操作的程序。因此，从环境设计起步应是设计程序的第一步骤。而在环境设计的众多因素分析中，首当其冲要解决的主要设计问题，应是基地的主次出入口和"图底"关系这两个全局性的关键问题。这是因为，设计目标是为人而服务的，那么，各类人员和物应从城市哪条道路进入基地，再分别从各自入口进入建筑物内的？以及设计目标作为整体，基于内外因素综合考虑的构思，其最佳"图"形是什么？最合理的定位在哪里？学生这一设计程序的第一步迈对了，就奠定了方案设计成功的基础。反之，则埋下后续设计程序混乱的隐患，导致步步被动而走入方案设计的歧途。接下来设计程序的第二步骤是对"图"的研究,而"底"留待最后进行总平面设计时再行考虑。对"图"

的研究不是立即陷入对建筑个别因素，比如平面或造型的考虑，而是按照构思意图从整体向部分逐层展开设计探索。以平面构思为例，实际上在设计程序第一步的"图底"关系中"图"形已有所大致考虑。比如为体现中国建筑的特点，又要满足自然通风和采光的设计要求，平面"图"形构思为"口"字形的四合院，这是设计要素的"单细胞"，以下设计程序只是"单细胞"逐步裂变而最终形成一个生命体——设计目标的发展过程。那么，设计程序的第二步干什么也是十分清楚，即不是在"口"字形"图"中一个一个安排房间。正如树的生长，当从种子长出主干时，不是立即再长出树叶，而是主干再分杈一样，要把"图"中全部单个房间同类项合并成三个"树杈"，比如，使用、管理、后勤三个功能分区，再根据前一设计程序所确定的各自出入口分析成果的条件，而确定各功能区在"图"中与各自入口相对应的位置。同理，第三步设计程序是将使用、管理、后勤三个"细胞"再各自裂变成包含各自房间的更多"细胞"，而且，这些"细胞"——房间的"生长"秩序绝不会发生此区的房间"跑"到彼区去的现象。至此，设计目标的全部使用房间配置都较合理地纳入"图"中。这种设计分析过程尽管顺应了方案生长规律，但是，能否整理更有条理而落实下来，并使三大功能分区的全部房间彼此成为系统，达到流线清晰，关系紧密的整体，就要靠设计程序第四步的交通组织分析。这一步设计程序的主要任务是使各层水平交通形成网络，以及对垂直交通手段配置的考虑，使水平交通与垂直交通构成完整交通体系，并符合相关规范的要求。而接下来第五步设计程序就是对各功能区卫生间配置的分析到位。至此，对平面功能分析的研究，连同每一设计程序同步考虑造型或空间等的其他设计要求，而得到一个较满意的阶段性成果。从中可看出按设计程序展开方案设计的特点：一是设计过程必须遵循设计程序而展开。二是前一步设计程序是后一步设计程序的条件，后一步设计程序是前一步程序发展的结果，方案生长就是这样，是一个线型直进的过程。三是设计程序前后步骤需要互动作用，以使方案生长及时得到修正，并保证设计方案朝着设计目标渐进。然而，此时所得方案设计阶段性分析成果，还需要第六步设计程序，即建立相应的结构系统，使之按既定功能秩序将所有房间一一纳入结构框架之中，成为符合结构逻辑关系的方案框图，如同细胞经过若干次裂变后已发育成生命的胚胎一样，奠定了设计方案成功的基础。后面要做的设计工作就是在此基础上，通过不断深化，协调包括空间、造型、结构、构造等各设计要素之间的整体关系以及细节的完善处理，从而完成全部设计程序所规定的设计任务，最终实现设计目标。学生学习建筑设计就是要这样学会按设计程序展开设计。这种普适性的设计方法对于场地设计、规划设计、景观设计的前期分析研究方法也是适用的，只不过需要把设计要素转换一下而已。

### 2、掌握好设计章法

做任何事都要有一定的章法。写作很讲究文章的逻辑和条理；办事要有程序和规则；社团要有章程和制度；绘画要推敲画面构图；书法注重字体笔画结构。总之，有章法的事物总是美的，杂乱无章的事物一定是糟糕的。做设计也一样，有章法的方案看起来就顺眼，心情就好，毫无章法的方案就令人心烦。显然，前者出自设计强手，后者则是设计能力差者所为。学生当然都希望自己练成设计高手，拿出的有章法方案能令人赏心悦目。而有章法的设计方案主要体现在平面功能设计和造型体块组合上。那么，怎样练一手有这样好章法方案的功夫呢?

一是娴熟运用前述按设计程序展开设计的方法。因为程序可使事物的组织结构呈现秩序感，这就是一种有条理、不混乱的有机整合。方案中，几十、上百个房间若能按秩序组织起来，不同体块若能按构成规律组织起来，就形成了章法。特别是方案平面布局的功能分区是否明确、造型上体块关系是否有机构成，是评价方案是否有章法的关键。而功能分区欲要明确，一定先要保证各功能区独自的入口方位正确作为条件，只要各功能区的位置跟着各自的入口紧密在一起，其平面布局就会呈现出章法来。或者在研究造型体块构成时，只要不发生两个极端，即毫无秩序地任意拼凑或过度堆砌累赘的体块，就可避免造型出乱子。

二是运用设计手法将紊乱的房间配置顺理成章，或将零乱的造型体块修整规矩。比如，对待平面中众多房间的布局，学生经常手忙脚乱顾不过来，出现遗漏的小房间无处可放，而被生硬塞进原来完整的大房间一角，造成双方都有缺憾：小房间无法采光通风，大房间被挖去一角，破坏了空间的完整性。又如，出现狭长比例不好使用的房间或各房间的定位不是系统分析的结果，而是孤立逐个地机械排房间，造成房间组合缺乏条理性或平面图形到处张牙舞爪，任意伸胳膊伸腿，致使平面布局一片零乱。此外，内部庭院的形状也不是精心设计出来的，而是完成房间布局后，剩下弃之不用的"边角料"当作庭院，因此，庭院形态随意，难以满足使用要求，也就不足为怪了。又如，在造型研究中，忽视整体考虑，而只推敲体块的形式构成，或两个体块的搭接面过小，造成体块结合薄弱乏力；或不同高矮大小体块的结合是直接相撞，还是介入过渡体块连接，或是相互咬合缺少充分比较；或过分热衷玩弄非线型建筑怪异的形状而对其受功能、结构等的制约全然不顾，等等。学生在方案设计中出现的这些现象，都是造成方案成果缺少章法的缘由。有时，某方案设计的缺憾不可避免，但学生应有发现这些问题的眼光，并学会运用设计手法进行修补的能力。比如，一个较大的房间从服从大局出发，万不得已被另一房间侵占了局部面积，使自身平面形状受损。此时，学生可以结合大房间的功能性质（如舞厅），通过二次空间设计划分成各自完整的主次空间（如舞池和休息），并通过地面或天花标高的变化再次强调两者空间既流通，功能又相区别的灵活处理，使原本大房间缺乏完整的空间形态，经整理后顿觉有了空间趣味的章法。再如，在一个三层简洁单一体量的形式构成中，由于平面设计的三层面积不足，致使体量的进深较之一二层收进，导致体量的整体性与原有造型构思有出入。此时，学生可以在不超面积的要求下，将边柱框架升至三层顶，以保证体量外轮廓的完整性，而实现造型的构思。而三层立面漏空构架的阴影效果因有别于一、二层立面简洁平整的处理，反而增添了两者的生动对比，更显出造型设计的章法。诸如此类的方案修补工作，一方面可以使学生加强方案设计应有章法的设计意识，另一方面，可以使设计方案更为完善。而这正是提高学生设计能力的必要训练手段。

### 3、养成设计好习惯

学生运用设计方法是否能成为一种下意识的行为，还得看学生能否养成一种好的设计习惯。因为人的任何行为无论好与坏，只要习惯了必定成自然。例如一个有爱心的人，总是把善举当作生活的一部分，视经常做好事习以为常；一个讲诚信的人，做任何事情总是把重诺守信，言出行随作为本分；一个爱读书的人，每天总要习惯性静下心来翻几页书；一个讲究养生的人，总是依节气和生命规律安排好每天的饮食起居生活。而一个惯偷，一天不偷点东西手就会发痒；一个吸毒上瘾的人，一天不吸几口就会难受至极；一个以权谋私的贪官，见钱总要伸手。因此，好的习惯能使人上进，能使干事情成功。当然，坏的习惯也能使人误了正事，甚至毁了一生。

因此，学生学习建筑设计比掌握设计技能更重要的是养成一种好的设计习惯。这种好的设计习惯就是：

首先，学生能下意识按前述正常的设计程序展开方案设计，一步一个脚印地推动方案设计有条不紊地由零起步，经过若干设计环节，顺利达到设计目标。然而，无论是把平面功能设计作为设计起步，还是将造型构思作为方案设计起动，学生都要遵循两者互动促进、同步发展的原则。要通过不断地设计实践强化这种方法学习的路子，坚持每次课程设计都按正确的设计方法指导方案设计，这是不变的方法学习。但根据每个课程设计条件的特殊性和设计要求的不同，以及每次不同的设计构思，可以采用多变的设计手法，做出每个课程设计不同特点的方案来。这种不变的设计方法学习与多变的设计手法运用的结合，正是学生大学五年的建筑设计学习要逐步掌握，并作为好的设计习惯要加以养成的。同时，学生一定要克服那种做方案设计没有方法指导，任凭随意性想法支配自己的设计行为，甚至受社会不良设计倾向的误导，跟风模仿，抄袭所谓时尚建筑样式，不但学不到建筑设计的正确方法，误入歧途，而且设计出来的作品不伦不类，正是"画虎不成反类犬"。学生对此若不警觉，甚至成为一种设计的坏习惯，将误了前程。

其次，学生要把图示分析作为研究方案设计的良好习惯。我们多次强调，方案设计实质是一种思考过程，画图只是表象，而建筑设计思考的表达一定是图示方式，即用图示线条或符号及时表达头脑中泉涌般迸发的设计意念，而不是用明确、肯定的计算机线条显示头脑中模糊、游移不定的设计想法。因为，此时采用明确的线条做方案，这本身就是一种表现手段与思维特征自相矛盾的缀合，因而不是一种好的设计操作方式。正确的设计操作方法应是用笔来思考，即用拷贝纸蒙在地形图上，学生只能在基地控制线的范围内做好设计文章。而眼睛要能看清基地周边的环境条件，作为学生做设计文章的限制条件。在着手方案从起步，经生成、建构、完善、深化等一系列设计程序的过程中，始终用图示方法分析每一步设计环节所要解决的主要设计问题，并获得阶段性图示分析成果。此时，头脑风暴所产生的大量设想都通过手的运作，用图示符号表达出来。就是这样，想法不断涌现，粗线条不停涂抹，图示符号在渐变、充实中形同乱麻，但学生的设计思路在图示分析的过程中将越来越清晰，直至方案生长的胚胎隐约可见。就是这样几张 A4 拷贝纸，一支粗铅笔，通过图示分析方法，快速、高效地理清了方案设计的脉络，抓准了设计程序每个步骤要解决的主要问题，研究了各层平面及其所包含的空间与形式、结构与构造等各设计要素的设计问题和相互的整合关系，在获得每个设计程序正确的阶段性成果基础上，始终把握住既定设计目标的方向，一气呵成方案设计的目标。学生每次课程设计若能坚守这种动手图示分析方案设计的操作方法，定会明白几乎所有课程设计，包括遇到陌生类型建筑的方案设计，都能较顺利地将方案设计进行到底，而且习惯成自然。即使在今后工作中，大量操作计算机忙于完成产值的情况下，也会在方案设计初始阶段还是习惯于运用图示分析方法探索、研究诸多方案性的关键问题，以便为设计中、后期运用计算机手段深化完成设计项目而奠定成功基础。

此外，学生做课程设计要养成计划性的好习惯。尽管课程设计任务书已明确了教学进度及其各阶段要求的规定，真正能否落实下来还需学生自主、自觉地掌握。这并不是一个简单的按时完成设计作业的问题，而是学生要自我培养做事的计划性、要统筹各科目学习的共赢，不可厚此薄彼。要明确八周课程设计的每周设计任务及其要达到的阶段性成果，并按要求做到位，不可前松后紧。学生不能因为只热衷于自己喜欢的建筑设计课程全力以赴投入，甚至熬夜画图，并视集体熬夜是一种乐趣，累但快乐着，而不顾由此影响其他科目的正常上课。殊不知，这却是一种学习的不良习气。因为，与建筑师为赶紧急工程项目设计或方案投标竞赛被迫加班、熬夜不同，学生是在进行建筑设计的学习，学习就要求全面发展，要服从教学计划的安排，不能偏科建筑设计的学习，而对其他一切置之不顾。若如此，将造成一系列不良后果。一是学生经常熬夜赶图说明学习没有计划性，不能科学合理的自主学习，甚至把完成设计作业的赌注押在最后几天开夜车上。于是前期课程设计不给力，把问题积压到设计后期，突击解决。学生若将此紊乱的学习状态养成习惯，就会形成干任何事都是毫无条理头绪，个人生活也会是杂乱无章的作风，将来怎能自立成人？二是学生经常熬夜，必然无精力学好其他课程，甚至逃课成为必然。那么，学生缺乏相关知识的掌握，又怎能真正学好建筑设计呢？这种不良习气的恶性循环，只能使学生欲学好建筑设计事与愿违，建筑设计能力还是提高不了。三是学生毕竟正处在身心发展阶段，这种开夜车熬夜的坏习惯，实在是与健康无益而透支生命。虽然现在年青不在乎，可是学生体质整体下降是不争的事实。等到学生人到中年正是干事业的黄金时代时，只因在大学期间养成熬夜习惯而埋下危及健康与生命的隐患，一旦摊上大事将后悔莫及。

总之，学生要与这种不良习气彻底决裂，转而养成做事有计划性的好习惯。这就要求学生做课程设计时，按期努力完成每一设计阶段的设计工作任务。到时就要按时转入下一阶段设计工作，不要因对当下的设计完成度不满意而迟迟不按教学规定的教学进度向前迈进。学生要明白，设计是个无底洞，永远也不会有绝对满意的时候，要学会适可而止。重要的是学到方法，至于因缺少设计手法，设计速度较慢，设计技能较差等原因而造成设计阶段性成果自我感觉不佳，那是今后课程设计，甚至一生要努力逐步提高设计能力的任务，不要企图在几次课程设计的训练中就能学到所有。其实，学生只要注重方法的学习，有了按计划做设计的习惯，就是学习课程设计最大的收获。不止于此，学生若能把课程设计的学习与所有其他课程的学习看成系统，做好计划性安排，乃是学习的最大能力，将来走上社会定是可胜任干大事、干重要事的能人。

## 三、多动脑，激活设计思维

学生做课程设计或者建筑师做工程项目设计，要想实现预期的设计目标，并取得优异的设计成果依靠两条：一是思维活动；二是表达手段，此二者就构成了建筑设计的行为方式。而思维是建筑设计行为的灵魂，手段则是思维活动赖以进行的媒介。因此，对于学生来说，首要的不是怎样去"画"方案，而是怎样去"想"设计。正是在"想"即思维这一点上反映出不同学生、不同建筑师设计水平的差距。为什么同样一个课程设计命题，全班同学的设计结果会有好有坏？最重要的一点就是各人"想"的不一样，导致设计操作各行其是，走向不同的设计目标，其结果当然有相对优、良、中、差各层次的方案品质。看来，学生重视设计思维的训练就十分重要了。毕竟学生学习建筑设计是自己的事情，自己的事就要自己干，哪怕有先进的手段也不宜依赖。从这个意义上来说，再次强调初学建筑设计的学生还是要多动脑，多动手，把设计基本概念"想"透，把设计基本动作练扎实，只有这样，如同插上双翼，才能在建筑设计的领域翱翔。

而且，学生做设计不是一般性地思维，而是需要思维相当活跃、流畅，才能使才思泉涌，这也是学生的建筑设计水平能超越他人的前提条件之一。那么，学生怎样激活自己的设计思维呢？

### 1、勤用脑

现代生物化学研究表明，人脑中有 140 多亿个神经细胞（神经元），总容量有 1000 万亿个信息单元，存在着 10 万至 100 万种正在进行化学反应的不同物质，能够适应范围极广的知觉状态的变化。作为一个整体，人脑中的任何一部分，甚至一个细胞，都能反映其全部工作状况和特定功能，可以说，人脑的功能几近无限，但人对大脑的利用却极为有限。因此，一个人要想聪明，要想有创造力，就要大力开发脑的功能。好比人的头脑就是一部思维的机器，机器要不停地运转才不会生锈。同样，头脑是生命的中枢，要让它动起来，才能越用越活，才能指挥得动人的各种行为。否则，头脑对事物的反映就会越来越迟钝，若长此以往，搞不好到老要得老年痴呆症就晚矣。这个道理学生都明白，可是在现实中常常被急功近利的心态或缺乏勤奋的惰性，唆使自己找替身，让计算机替代自己应该学习的事情。比如，学生学习求透视一例。建筑制图课程把求透视的基本概念、过程、方法都已向学生阐明清楚，但这些知识并不能被学生立刻消化和理解，还需学生自己动手通过实际操作加以训练，并在若干课程设计的作业制作中不断加以运用，直至学生能凭感觉根据平、立、剖方案图的条件，较为准确地徒手勾画出透视或鸟瞰的效果图，作为方案设计的研究手段，这才是学生把学习建筑制图的理性知识转化成熟练操作方案研究的一种技能。在这一过程中需要学生思维不停地活动，不停地理解各个透视面的相互关系，不停地想象空间的形象，不停地指挥手的协调动作，学生唯有这样的实际训练才能真正搞懂透视原理，才能掌握熟练勾画透视的本领。可是，建筑设计的教与学不是这样，在学生求透视训练基础能力还不扎实的时候，过早运用计算机建模手段把透视表达出来。我们承认这是一种快速而有效的作图手段，但并不适合初学建筑设计的学生。因为，计算机的建模求透视是依赖学生之外的媒介生成，学生虽可以从中快速获得一个最好视角的透视效果，但这不是学生动脑的结果，学生仍然不会明白，课堂已讲过的诸如视点、视平线、视高、视距、灭点、画面等及其相互关系的理性知识，甚至对于复杂的建筑物阴影关系是怎样形成的，阴影边界在高低起伏的建筑界面上如何变化、如何走向的，更是如坠云雾之中。何况无论建筑制图还是计算机建模，都是机械地按一个视点画出透视图。而事实上，人是用双眼（两个视点）在看建筑，自身对透视有一个视觉矫正过程。因此，前者所画透视会有失真现象，需做必要矫正；后者才是人对建筑物真实的透视感觉。而这种透视感觉的能力正是学生因缺乏自主动脑画透视所不具备的。更为担忧的是，由于学生太依赖计算机帮忙，从而产生凡自己可不动脑的事都可以不去想，让计算机去做既省事又高效，何乐而不为？可是，这样一来，学生因懒于动脑，结果对空间的理解力越来越弱，对空间的想象力越来越贫乏，对空间的创造也就越来越缺少激情和能力。这种状况才是对学生学习建筑设计的一种隐患，至少影响到学生设计能力难以提高。而这却是不被学生所意识到的。其实，学生运用计算机仍然是一种工具，完全可以无师自通。但动脑却是学生学好建筑设计的关键。而且，仅仅只有在校五年时间，能有机会在老师指导下正确学会用脑，为什么不珍惜这样的时光与机遇呢？对于学生而言，只要今后成为一名建筑师，恐怕这一辈与计算机要终生为伴了，何必急着从一年级就上机做设计，而让大脑的思维潜力得不到开发呢？学生只有自己管住自己，让大脑时刻动起来，甩掉依赖的拐棍，才能有希望真正学到一点建筑设计的真功夫。

从上述解剖个例可看出，学生定要养成勤用脑的习惯。绘图用脑仅仅是次要的，重要的是在方案设计全过程中要紧张地用脑。只有勤用脑，才能多想设计问题，才能多涌现设计想法，才能找到解决设计问题的出路，才能最终达到设计的目标。否则，思维懒惰头脑只能空空。头脑没有或少有想法，手就无所作为，最终只能使设计方案苍白无物。长此下去，学生在专业的发展道路上就难有希望。为此，学生务必认清这个问题。

### 2、会用脑

学生明白了勤用脑的重要性，还要进一步做到会用脑，这就涉及到学生要学会用脑的方法，以提高用脑的科学性和有效性。

所谓用脑的科学性就是思维活动要沿着事物发展的客观规律想问题，只有这样才能思维路线清晰，思维方向正确。那种思维活动不尊重客观规律，或超前或滞后所带来的教训与后果，从社会变革、经济发展到城市建设、个人成长可谓不胜枚举。学生学习建筑设计也一样，勤动脑是前提条件，重要的是在课程设计的过程中，思维要一步一步发展，而且要按方案生长规律搞清先思考什么，后思考什么。思考程序一定不能乱，不能把后面的设计程序提前到前面来干扰当下应该考虑的设计问题。比如，前述论及设计程序中，谈到方案设计起步时，首先要思考环境设计的问题，协调设计目标与环境条件的各种矛盾，解决好基地出入口和建筑与场地的"图底"关系这两个主要设计矛盾，而不能把后期要考虑的某个功能房间的问题，或造型的具体形式拿到前面来研究。这种先入为主的情形，是学生做方案设计常常发生的。学生只有按设计程序所规定的总体设计路线有条不紊地展开思维活动，才能较顺利地直达设计目标。

但是，实际上设计的路线并非是线型直进，方案生长规律有时反映出设计程序的前后步骤又是互动的，每一步的思考并不是单纯地向前看，或者只考虑当下这一步设计要求的满足和所要达到的阶段性成果。经常是欲要达此目的，必须要瞻前顾后，这就是说当下这一步的思考不仅考虑自身，还要考虑前一步阶段性成果对自身的制约，也要想一想下一步设计程序有什么要求，这一步的思考要为下一步设计程序创造有利条件，而不是埋下矛盾的伏笔。这样，当下这一步的思考才能有根有据，有理有利，才能使设计进程顺利进入下一设计程序，从而避免使设计路线走回头路。

同时，上述这种用联系起来看问题的思考方式，不仅在同一设计要素（比如功能或形式）的纵向发生，而且在不同设计要素（比如平面与造型、结构、总图）等的横向之间也要左顾右盼。如在研究宾馆课程设计的宴会厅布置时，既要联系前一步功能分区对其布局的制约，又要联系后一步宴会厅房间对住店旅客与对市民兼顾服务的方便，还要联系与厨房备餐供应的便捷流线，如此，才能确定宴会厅在平面布局中的定位。又如，在研究平面设计的思考中，每走一步都要横向想想对空间形式的设计、对结构的要求、对总图的影响、对构造要求能否满足等等，都要用联系起来看问题的思考方式，进行复杂的思维活动。这种思考方式，是因建筑设计是一种多项设计要素的整合设计性质所决定的。不可能，也不应该撇开其他所有设计要素而孤立就某一设计要素进行无条件限制的思考，这是学生从进入二年级一旦入门建筑设计，直至一生从事建筑师工作，所要掌握的整合设计思考方法，这也是会用脑的评价标准之一。

其次，学生在具体解决某一设计矛盾时，也有一个能否会用脑思考的问题。有时，学生在处理具体设计矛盾中，往往就事论事孤立思考如何去解决它，而且解决它又抓不住重点，常常纠结在一些细节设计问题的处理上，又不能从方案全局考虑忍痛割爱，为此折腾很久而不得其解。实际上，方案中的所有设计矛盾没有一个是孤立存在的，它总要与其他矛盾纠缠在一起，牵一发而动全身。因此，即使在处理必要的设计细节问题上，如大厅中楼梯的处理，不但需考虑自身的位置放在哪儿合适？形式如何美观？还要想到楼梯若放在大厅内，对内部空间形态有何影响？若放在大厅边缘靠外墙处，对外部造型手段能否起到有利作用？楼梯起步台阶应该是什么方位更能引合主要人流方向？两跑梯段谁在左谁在右更有利于在大厅展示其造型的美？等等。学生一旦将方案设计的细节问题放在整体当中去思考，就能清楚地看到解决设计问题的正确出路。

另外，有时解决一个设计矛盾，并不是只有唯一的办法，似乎若干办法都能行得通，这在方案设计中是司空见惯的。问题是学生应该学会运用辩证法的思维抓住主要矛盾，才能对设计矛盾解决到点子上。例如，学生做幼儿园课程设计时，用地条件是南北长，东西短，且道路在用地西侧，为了使沿街立面体现幼儿园建筑的特点，主体建筑就呈东西向，但幼儿活动用房必须南北向以利日照，通风条件得到满足。这一设计矛盾该如何思考？在不能做到两全其美的时候只能有得有失。此时，学生就要抓设计主要矛盾，即必须满足所有幼儿生活用房必须朝南的使用功能要求，造型只能另行想法处理。这种辩证思考设计问题的方法，充满在方案设计的全过程之中。看来，学会用辩证法进行思考应是学生训练会用脑的主要方面。

### 3、巧用脑

学生做课程设计有时冥思苦想许久而一无所获，这是设计中常有的现象。一是因为方案设计初始学生思路还未完全打开，二是思维活动也有疲劳的时候。遇此情况，学生宜调节思考的方向与强度，干脆放下手上的笔，另寻其他活动以转移思维对方案设计过度的思考力度，使头脑暂时弛驰下来得到休息。有时学生反而能在轻松的其他活动中，或与同学的交流中偶尔获得启发，又可重新回到对设计问题的思考上来，一举迎刃而解久思不决的老问题，有点"踏破铁鞋无觅处，得来全不费功夫"的欣喜。因此，学生不能靠开夜车，耗时间磨蹭在设计无效的思考上，而应注意巧用脑，提高思维的有效性上。

在方案设计中，学生为了减少无效的思考，有时要破除正向思维的常规思路，不被思维定势所束缚，而采取从一个新的角度去审视设计问题。往往这种巧用脑，不但有可能获得一个意想不到的解决设计问题的思路或结果，而且这种巧用脑所产生的灵感，使设计效率也许比常规思路解决设计问题要高明得多。正如人人皆知的司马光砸缸的故事，说明司马光救人的方式是非常规办法，而且因为缸被砸破，水便很快流失，从而赢得了救人的时间，提高了救人办法的有效性。齐康院士早年设计的侵华日军南京大屠杀遇难同胞老纪念馆，打破纪念性建筑雄伟、庄严、崇高的形象和观众直接进入建筑内部体验氛围的设计套路，而采用建筑布局不对称手法和让观众先从室外环绕悲凉院落，体验生与死抗争的环境氛围，油然而生压抑愤恨的情绪之后，再步入室内观展，从而达到最佳设计意图。从以上两例说明：学生要巧用脑，一定不能使思维僵化。

为此，一方面不能使设计经验、设计手法固化，以防一旦形成一种套路，就会产生"先入为主"的思维定势，而成为束缚巧用脑的消极因素。例如，学生做工作模型是研究方案设计的有效手段，几年课程设计训练下来已经非常熟练此法，也积累了不少经验。问题是这种研究手段在方案设计过程的什么阶段运用最合适？对于一些重要建筑物，可以在方案设计的构思阶段就作为研究手段；而对于功能有一定要求，甚至特殊要求的建筑物，宜以平面功能分析起步，然后以此为基础，再配合工作模型研究与建筑体块的协调关系。这说明工作模型作为研究方案的手段，是为设计服务的，它什么时候介入设计程序要视具体情况而定，因此不能固化。否则，不管什么条件的课程设计，学生一上手就做工作模型，尤其在计算机上建模，更能诱惑学生以此作为课程设计的起步。然而，这种模型建构的依据是什么？使用房间能合理纳入进去吗？结构条件满足吗？这些问题不顾及，模型建构也就成了空中楼阁。不仅如此，学生每次课程设计都以形体研究入手，就会堵塞了更宽广的构思渠道。

另一方面是解决设计问题的途径单一化，认为要解决某个设计问题只有一种方法，既现成的方法。例如，学生做了几年课程设计，无论是平面布局还是造型推敲；建筑物无论是立于平整基地中还是处在起伏坡地上，设计路子似乎只有非常理性的建构方式，都是方块的拼接组合，这就陷入到"千篇一律"的思维定势中去了。学生运用理性的形式构成作为一种学习建筑设计的方法训练，只是一种设计手段。若每个课程设计皆如此，则就会放弃了对其他设计路子的探索，并且对激活头脑，发挥创造性思维的作用也是不利的。

激活头脑，发挥创造性思维，是需要学生巧用脑作为前提条件的。其目的在于开发创造力，这正是建筑创作的基础，学生怎样巧用脑来培养创造力呢？

一是运用创造力开发原理之"陌生原理"激活头脑，即把熟悉的事物当作陌生的事物来看待，避免因熟悉而熟视无睹，并变换角度，改变方法，重新审视已经熟悉的事物，力求解决问题有所突破。例如，设计建筑物主入口总是要做若干步台阶，还必须在其旁增加无障碍坡道，这是每位设计者惯用的设计手法，包括行人在内所有人对此都是再熟悉不过了。然而，学生若用陌生的眼光，再认识一下这一事物，能否提出疑问？主入口能不能不做台阶，大家都像走平地一样从入口进入大厅岂不是更方便、更人性化？而且无障碍坡道也可省去，建筑物整体降低一点标高，对于节约造价、减少材料消耗、缩小日照间距而节约土地等，不是更有利吗？

二是运用创造力开发原理之"进攻原理"激活头脑。即发挥主观能动性和积极性，主动地开展建筑创作活动。因为课程设计尽管在教学计划中占有较大学时份额，但毕竟一学期只做两个课程设计，创作时间总是有限的。学生要主动寻找锻炼自己开发创造力的机会。例如积极参加大学生建筑设计竞赛或者从网上获知有国内、国际的设计竞赛信息，若有时间、有条件尽力争取参加一博。这种创造的机遇是难得的资源，设法要抓住。学生在设计竞赛中，可以增强求索精神，最大限度地调动思维积极性，而且求胜心理也会激励自己付出更大的努力。

三是运用创造力开发原理之"开放原理"激活头脑。即学生必须把头脑从封闭状态中解放出来，并加强与外界的信息交流，才能集思广益，启迪思维、激发灵感，使自己的创造力超越原有的水平。因此，学生在做课程设计时，不可独自冥思苦想。要多与同学交流，多看看别人的方案，也许对自己的方案会有很大启发。也可以把自己的方案让别人点评，往往旁观者清，一下子就能切中要害，指出问题所在，也许这正是自己自鸣得意之处，却深陷其中而浑然不知。

四是运用创造力开发原理之"辩证原理"激活头脑。即学生应以辩证思维以及对立统一和发展变化的观点看待客观事物，才能不断地"有所发现，有所发明，有所创造，有所前进"。唯物辩证法告诉我们，事物对立统一的两个方面是互相渗透、互相贯通、互相联系、互相依存的。学生若能认识到这种本质关系，就能在对立统一的不同方面之间建立内在联系，实现互补互动。就能将发散思维与收敛思维，求同思维与求异思维，正向思维与逆向思维，这些相反相成的多样思维方式，巧用于课程设计中，成为创造性设想的催化剂。例如，学生做大学生活动中心课程设计时，突出的是如何处理平面与空间这一对设计矛盾。而平面与空间这是相互依存的对立统一体，是学生学习建筑设计处理设计矛盾的重要内容，但常常会发生这样的情况：学生做方案时分别孤立处理平面或空间的各自问题，互相缺少联系与互补，由于违反"辩证原理"，平面与空间总是不合拍。房间就是单纯作为功能使用，空间因缺少与平面的依存关系使其形态乏味；而空间就是作为形式而存在的，因缺少平面功能的支持而变得名不符实。这样，整个方案就会显得平淡而墨守成规。学生能不能打破这个思路，把平面与空间作为对立的统一体合二为一，你中有我，我中有你。让若干开放的公共活动内容。诸如展览、咖啡座、休息等集于一个开敞的公共空间内，并按功能划分领域，再做二次空间设计。这样，一个新颖的含有丰富功能内容的空间体出现了，并使其周边各个需要独立活动的房间产生一种凝聚力。作为初学建筑设计的学生，能这样把平面与空间灵活而辩证地处理好，不在于方案设计的本身探讨了一个符合题意，又不同于一般的设计思路，更在于学生在建筑设计的潜意识里，有了辩证的思维和创意的冲动，为今后的建筑创作埋下了创新能力的种子。

再如，"秩序"与"变化"也是互为依存的对立统一体，"秩序"是遵循设计程序的准则，也是确定平面布局和空间构成章法的要素，它会带给人们生活的舒适和健康的感觉，给人们带来对建筑形象美的愉悦。但是，过多的"秩序"又会引起人们的枯燥呆板的反感，甚至对"千篇一律"重复的憎恶感。在"秩序"中，活动的人们渴望有"变化"，以调节心情，刺激大脑的兴奋点。而建筑设计，是要把十分丰富的生活内容、空间构成要素，并存于一个整体性的建筑环境之中。这对于学生的设计能力来说，不能不是一个巨大的挑战。其关键就是处理好"秩序"与"变化"的辩证关系。而对于学生学习建筑设计而言，应是一个需长期努力的过程。学生在学习建筑设计对待"秩序"与"变化"的处理手法上，一般会出现两种倾向：一是过于理性地遵守"秩序"，造成平面设计总体呆板。如平面构成拘谨生硬，内部房间布置单调乏味。而外部造型只有体块关系，没有细部推敲，立面处理除去挖门窗洞口，剩下一片空白；二是过于感性地玩弄"变化"，造成平面设计张牙舞爪，伸胳膊伸腿，似"变形虫"般无章法可言，内部房间布置拼凑排列痕迹明显，毫无组织条理。而外部造型任意做体块变化，立面处理也是画蛇添足，玩繁琐堆砌。这些现象并不足怪，是学生学习建筑设计拿来主义的必然结果。问题是学生要在认识上应逐步搞清"秩序"与"变化"的辩证关系。在设计操作上首先要讲"秩序"，即设计方法上要遵循设计规律，因为规律就是一种秩序。在设计细节处理上，需要积累"变化"的设计手法经验，使课程设计方案收到严谨有序而不呆板、变化丰富而不杂乱的效果。

# 四、多生活，感悟设计真谛

建筑设计的本质是什么？学生很少用心去想这个问题。一则因学生刚入门建筑设计，对建筑设计是怎么回事还处于茫然之中，更不可能往深处去想。二则建筑设计教学也缺乏引导，在教学中多强调建筑设计的物质性，而对建筑设计的人性化少有热情，导致学生对建筑设计的目的究竟是什么含糊不清，至多把"建筑是为人而不是为物"这一设计哲理作为口号，而缺少真正意义上的践行。

学生要把"建筑是为人而不是为物"作为建筑设计的宗旨，就要了解人的行为心理。不但对建筑技术和艺术充满激情，也要对人性充满关爱；要熟悉生活，感悟丰富多彩的生活是建筑创作的源泉。其实，生活的课堂远比学校的课堂更能让学生获得设计的真知，更能启迪设计的灵感，也更能熏陶学生专业的素养。因此，学生不能把自己圈在校园内，委身于教室里，要投身到生活的海洋中，感悟为人而设计的道理和生活为设计而奠定的准则。

学生在多样的生活中，只要主动投入、细心观察、切身感受，并将真知作为对课程设计的启迪，定会逐渐感悟什么是设计？怎样做好设计？设计是为了什么？

## 1、在生活中获取设计知识

在建筑设计教学的理论授课中，教师都会结合课程设计命题，讲授各建筑类型的设计原理或相关设计理论。学生一般都会觉得这些理性知识比较抽象，教学方式又是填鸭式，因此，一时难以理解。而学生只有到生活中去经历，才能有所感悟。

例如，学生做餐馆课程设计时，课堂授课已把餐饮建筑的设计原理灌输了一遍，关于不同流线、食品加工工艺、餐厅空间设计等，也都做了一番讲解，但学生一下子却难以消化。同时，学生也经常光顾餐馆，尽情陶醉在美味佳肴中。虽然舌尖享受了，眼睛却顾不上观察周围，对身边许多与设计有关的知识不会刻意去注意，以致一次次丧失了汲取知识营养的机遇。早在 20 世纪 50 年代初，两位中国建坛的巨匠，中国建筑教育的开拓者"南杨（廷宝）北梁（思成）"和他俩的得意门生，后来成为中国科学院、工程院两院院士的吴良镛，一次在东安市场某饭店就餐时，席间，杨廷宝突然从座位上站起来，又坐下，又站起来，打量着面前的桌椅。然后，掏出卷尺、笔、小本子，量好尺寸一一记下。梁思成、吴良镛对此十分感慨。杨廷宝这种"处处留心皆学问"的举止，已成为职业的习惯和至理名言。一位德高望重、知识渊博的名教授是如此留心身边的生活常识，作为刚受建筑设计知识启蒙的学生，不是应该好好向大师学习这种从生活中求知的精神吗？这说明，学生要学习建筑设计就要学会投入生活。在餐饮生活中观察顾客进餐厅时选择座位的心理状态，以了解餐厅座位布置的方式与餐桌大小的搭配如何满足不同顾客的需求；观察服务员送餐路径是否顺畅，以了解餐桌间距的合适尺寸；观察散座、雅座、包间等的顾客用餐行为举止，以了解各自用餐环境的要求；观察室内空间的变化、灯具的布置、装修的特色、色彩的搭配、饰品的点缀等，以了解餐饮建筑的氛围是通过怎样的设计手法烘托出来的。学生在不同档次的餐馆用餐，若能时时处处留心观察，真能积累不少设计知识。而且，这些知识是学生主动地通过感性获取，比课堂上被动地通过灌输填入更能加深理解和记忆。

学生参与娱乐生活，若有心去观察，会了解到某些人的行为与不同场合下相同行为的生活，却有着不一样的情形。比如娱乐建筑中有阅览功能内容，但它不同于学校的图书室是做学问的地方，要求环境十分静悄悄。而娱乐建筑的图书室，阅览功能是休闲性的，翻翻当天报纸，看看最新刊物，甚至可以交头接耳，共同阅读，仅此而已。因此在设计上，空间可以更开放些，家具布置更自由些，以适应人在娱乐建筑阅读的特点。又如，娱乐建筑中的展览功能内容，并不是博览建筑中各自独立而串联起来的正规展厅，对三线（流线、光线、视线）有着严格要求，而是随意地浏览，轻松地欣赏。展区空间完全可以破除封闭形态，而呈现敞开流通的活泼感，以体现娱乐建筑的个性。学生观察到这些现象，对于课堂讲授的设计原理也就不会教条式地理解。

学生在参与文化生活中，如果在夏日从明亮耀眼的大厅，急匆匆走进刚开映的观众厅时，会顿觉两眼一抹黑，不敢挪步前行，只有稍候缓解，才逐渐恢复视力去寻找座位。学生对这一生活现象是毫无介意，还是有所感悟？这是人从亮处到暗处需要一种暗适应过程的生理现象。细心的学生从中省悟，在明亮宽敞的大厅与封闭幽暗的观众厅之间，应设计一个光线由亮到暗渐变，且空间较为收敛的过渡地带。这不是为了空间构成，而是为了适应人在观影生活中视觉生理的需要。当学生坐下静心欣赏银幕上的故事时，总感觉坐姿不如以往在另一影院看电影时那么舒服。不要放过这一感觉，等放映完毕站起来观察一下座位情况，有可能再量一量座位的排距和座宽，记住它！这是今后做影剧院观众厅座席布置设计时应避免的尺寸。在疏散行走的过程中，再观察一下人流路线的方向，学生会发现，不是从进观众厅的入口门洞出去。这是为什么？也许设计原理讲课中没有提到，但学生留心观察到了。这是因为电影放映是滚动式一场接一场，当这一场放映即将结束时，下一场观众已在门外等候。疏散的人流当然不能原路出去，以避免进场人流与散场人流相混，这便是影院设计原理之一。而剧院却不同，因为在一个单位时间（如晚上）只演一场剧，没有滚动演出问题，所以观众厅所有门洞都可以同时作为疏散口。学生当走近疏散口时，顺便观察一下它的位置，原来是设在观众厅分隔前后座席区的两条横向过道两端处的侧墙上，且疏散口区域较之过道宽阔，以适应疏散人流在此的集聚。如果学生将对现代影院的生活感受与传统影院设计原理进行对比，就会感到反映在影院建筑设计上的巨大变革。表现在观众厅小型化、规模集簇化、观看舒适化、功能综合化、设计人性化。一位在观影的学生若能带着建筑设计的眼光，捎带环顾影院建筑的里里外外，不啻是一次切身的专业学习。

　　学生若与父母住在单元住宅里，恐怕对居住生活理应再熟悉不过了。但却非如此，这是因为，学生在进入建筑院系学习之前的中学时代，或进入建筑院系初涉建筑设计而不具建筑设计思维的情况下，并不能领悟设计住宅建筑就是设计生活的本质。因而，学生设计住宅时，虽然只有几个房间，可是平面布局总是理不顺，各房间大小、形状、尺寸总是与家具配置不合，陈设、备品安置也难以得心应手，等等。之所以如此，在于学生缺乏对居住生活的关注。因此，学生欲要做出优秀的住宅设计方案，就必须熟悉居住生活的行为心理规律和满足舒适要求的设计细节。例如：人入户后第一行为是什么？这是现代居住生活链的第一环，这就是要暂时放下手中提物和换鞋。学生从这一行为中要想到，建筑设计要提供一个小的门斗空间，作为户内外空间的过渡，使户外不能开门一览无遗，以保护户内生活的隐私。同时，还要设置鞋柜（架）以满足存物、存鞋之需。此外，学生从了解现代居住生活的规律中，应懂得其核心生活内容就是客厅的公共生活，包括家庭的团聚、客人的接待，朋友的交往，因而它应是一个开放的空间，宜有最好的环境条件。能够朝阳与阳台相通、空间较宽大，能有不被流线穿行的稳定空间。同时，客厅与餐厅空间宜相互流通，共同组成居住生活的公共区置于功能分区的前部。而卧室区宜位于现代居住生活链的末端，以保证其私密性。至于厨房因有食物与垃圾进出，宜设在入口附近，使物流尽量少干扰人流的活动。但应与餐厅保持紧密联系，这是两者的生活行为不可分所决定的。即使卫生间的位置及其内部洁具的配置，无不是以生活原则为依据的。尤其是主卫生间，如何周到地为主人若干洗浴行为提供舒适条件，更需关怀备至。对于一些化妆品存放方式、洗漱用具摆放位置，以镜前灯取代吸顶灯、手纸盒挂在恭桶一侧而不是其后墙上等等。设计要做到使用得心应手，全在于学生对生活的熟悉。

诸如此类，学生只要做一个有心人，在多样的生活中，都可以从中汲取有助于提高建筑设计能力的丰富滋养，就可以领悟到，生活其实就是一部知识浩瀚的活的教科书。因此，学生要经常到生活中去，在参与各类公共活动中，不断积累知识，不断充实自己。

### 2、在生活中体验设计原理

学生为了提高自己的设计能力，不但要观察生活而且也要体验生活。学生只有亲身经历生活的锻炼，才能更明白设计的道理，这要比听教师所传授的设计道理更为深刻。

通过建筑设计教学，学生朦胧知道做建筑设计要按设计程序办事，平面设计要讲究设计章法，造型设计要符合审美规律，技术设计要遵守科学性，整合设计要运用系统论，等等。学生要搞清这些设计原理、道理。一是通过不断的设计实践；二是在生活经历中触类旁通。前者要依靠教师的课堂辅导，后者则是生活教会了学生设计的一些设计道理。

例如，学生若能有机会为全家人做一顿饭，就有许多类似于建筑设计的原理需要自己在厨房里体验。比如，一大堆食材已采购回来，面对眼前的条件和任务，学生该怎么办？一定是先把程序搞清楚，当然是摘菜——洗菜——剁切——配菜——烹饪——备餐——就餐——收拾——洗涤。这与做设计要按设计程序展开设计是一样的道理。在厨房具体操作步骤上，学生还要讲究条理性。比如洗菜环节，先洗什么，后洗什么，心中要计划好、每样菜至少要洗两三遍，既要洗干净，又要节约水资源。可以采取流水作业法，先将没有泥沙的叶菜浸泡一段时间清洗干净后，放入第二盆清水中，剩水就可洗有泥沙较不干净的叶菜，洗净后再放入第二盆已清洗过第一道叶菜的水中，把更脏的蔬菜，先放入第一盆已经洗浑了的水中稍为清洗一遍，再放入第二盒已清洗过第二道菜的水中，回过头把第一盆脏水倒掉换上清水，再重新依次走第二遍清洗程序。这就是设计中条理性的体现，不是那种做事眉毛胡子一把抓，毫无条理的紊乱行为。再说，学生想做一道大白菜清炖狮子头拿手菜，这就涉及到食材原料加工的手段。千万不能用现代化的绞肉机，这种肉糜做成的狮子头口感一定很差。学生就应耐心展示徒手的刀功，但不是胡切乱剁。要按程序进行；先剔筋、分离肥瘦肉，再分别按块——片——丝——丁顺序逐步切成肥瘦各半的肉粒。学生认真按程序做成的配料，就为清炖狮子头烹饪的成功奠定了基础。学生在洗切的准备过程中，还要运用运筹学的原理，组织好若干原料洗切蒸煮的同步、交叉安排，以提高工作效率。不可教条式的按部就班一样一样地做。否则，既浪费时间，又不能充分利用炉灶的使用率，或者闲置无用，或者两个灶头来不及调配使用，这是缺乏系统观点所致。应该在切洗过程中同时烧水，当水开时，暂停洗菜，先把需要焯一下的冷盘菜原料备好，回过头再去洗菜。或者，在洗切过程中，先把鸡汤早早煨上，这样就可充分利用炉火两不耽误，节省了时间。在所有菜蔬洗切工序完成后，配菜时要先想好把搭配的菜归好类，并设计好烹饪的先后秩序，先炒什么，后炒什么，要统筹考虑两个灶头用火的效率，还要考虑不同蔬菜烹饪的时间长短。学生事先做好计划，心中有底才不会手忙脚乱。这与学生学习一样，那么多课程都要学，各课程老师都想抢占学时，建筑设计又是无底洞，也要耗时间。面对繁重的学习任务，又不能偏科，还要突出建筑设计学习的重点，唯一的办法，就是学生务必通盘考虑时间的合理分配，并严格按计划执行。这样，就不会顾此失彼，任务再多事情再忙，总能有条有理一样一样地完成。

当全家就餐结束学生收拾、清洗餐具时，还有许多学问可学，有些设计道理会更明白。比如清洗完毕的餐具该怎样有条理地放回餐具柜？对于这个问题学生头脑中也应该有一个设计的观念。不是随意堆放，而是如同本书已论述过的，与在做建筑设计考虑功能分区时，要把所有房间同类项合并分成若干功能区，并按它们与各自建筑出入口的关系，分别定位在"图底"关系的"图"中一样，把所有碗、碟、盆等餐具分类，再细分饭碗、菜碗、汤碗、大碗、小碗等各自成一摞，归放在碗橱固定的位置。这样，下一顿做饭再用餐具时，就可以信手拈来。此外，为了减轻厨房的劳动强度，提高干活工效，应按人体工学原理将所有炊具、餐具、作料等放置在使用者得心应手，操作舒适的地方。看来，小小的厨房家务活，就蕴藏着诸多与建筑设计有关的设计原理和设计要求。虽然两者不是一码事，但是行为理念是相通的。学生由此更应想通，设计建筑就是安排好生活，这恰恰是建筑设计的本质所在。

学生放假乘火车回家，这一路的旅行生活经历，除去带着回家心切的感情，也要带着学习建筑设计专业的眼光去关注周围的事物，以便体验交通建筑的设计原理。

当学生拖着拉杆箱，背着双肩包来到铁路旅客站的站前广场时，不妨先驻足观察一下熙熙攘攘的旅客，他们行为的规律是什么？对进出站旅客的活动区域，及其与各自进出站口的关系是否分明，还是相混？学生面对站房，进出站口的位置布局谁在左，谁在右？而软卧旅客候车入口是不是在站房右端？售票厅位置是不是在进出站口之间？而且，各类出入口布局都是在站房面向站前广场的主立面上，而其他公共建筑不同功用的入口却分布在其各个方位上。再问一下自己，这是什么原因？当学生再环顾四周城市环境，才发现是因为铁路旅客站的地段条件与众不同，它只有主立面能够面向城市道路上来往车辆，和不同人通过不同城市交通手段聚集到这里的旅客。而站房的背后是火车线路，两侧毗邻的空间也不可能有城市道路。由此，学生才会明白铁路旅客站的所有入口为什么只能在一个面上。而且学生还能发现各出入口布局的规律，即进站入口多位于站房居中附近，以使进站旅客进站后能均匀分配到各候车室，且行程最短。而出站口一般设于站房左端，这是顺应城市车辆应遵守逆时针行驶的交通规则，使车辆接客后，离开出站广场右转即可驰上城市道路，或旅客出站右转徒步即可到达公交车站，以使与进站广场的旅客完全是相分离的。避免了因进出站口设置不当，而造成的广场进出站旅客人流相混的弊端。而软卧旅客是特殊的群体，为了给予较好的候车环境，其进站入口宜单独设置，且位于外环境条件相对好一点的区域，即设在站房的右端附近。

当学生体验完铁路旅客站总平面设计的基本原理获得一些印象之后，

进入站房第一件事是要经安检关口，这是候车程序的第一环。此时，学生要观察两件事：一是空间与设施；二是旅客在过安检关的行为心理。安检包括行包和人身安检、设施并不大，但旅客是非常慌忙的，行包要一件一件通过安检设施，旅客是围着排队在旁等候依次放行包。一旦行包上了传输带，旅客立即通过人身安检后，即刻围拢在安检设施另一头，抢拿自己的过关行李，并在一旁稍加整理。遇上旅客行包较多，动作就迟缓，停留整顿时间就较长，心理就会更紧张。从这一过程中，学生即刻思考一下，这一现象对设计有什么影响？这就是安检行为若要有秩序进行，一靠管理要到位；二是学生设计时，应想到安检设施虽不大，但前后应有足够的空间，以缓解旅客安检行包时的拥挤。

当学生要去候车室候车时，在候车大厅电子屏告示中得知自己的车次候车所在候车室的位置，或楼上或楼下。若在楼上，学生因身有重物肯定首选乘自动扶梯上楼。这说明交通建筑的主要垂直交通手段，应是成组的只上行的自动扶梯，且再设置一部与之并行的敞开式大楼梯。而且，学生应注意到自动扶梯和大楼梯的布置是顺应旅客前行的方向。这与学生平日逛大商场看到的只有上下运行的自动扶梯，却不设置敞开式大楼梯的情形有所不同。

当学生乘自动扶梯到达楼层时，左右方向都有候车室，在迎面的电子显示屏上，学生能观察到候车室分配规律吗？这与候车室布局有一定关系。这就是凡是火车往同一方向开行的沿途各站的候车室归类在一起，按铁路的行话，凡是向北京方向开行的称为上行，车次为偶数。凡是背离北京方向开行的称为下行，车次为奇数。因此，候车室数量是成双的。

当学生知晓自己的候车室方位后，来到候车室内，再观察一下候车室设计的特点。这就是空间要规整，候车室座椅是按各车次顺应旅客进站方向排列的，其两端一头是入口，另一头就是上车出口，人流是通过式的。不能是进出两个口在候车室同侧，造成袋形候车室空间，是不利于组织旅客候车和进站秩序的。

当火车到站放行旅客时，学生会发现，旅客上车需要通过天桥跨越铁路线，再在指定位置从天桥两侧的大楼梯下至中间站台，来到自己要乘的车次车厢前，学生会有疑问：二层候车旅客进站走天桥很方便，那么，一层候车旅客怎样跨线到中间站台上车呢？学生在进站通道途中会发现，有上行自动扶梯或大楼梯连上来，就解决了这个问题。由此，学生可知进站跨线多为架天桥方式。

学生经过若干小时的旅行，终于回到了家乡，从中间站台如何离开车站？学生首先要从中间站台在接近出站口方位，走一个较长的大台阶下至地道，再经地道从铁路线下面穿越过来，至出站口前的大坡道或大楼梯上至基本站台，就可直接经出站口出站了。可知，利用地道作为出站的跨线设施，是铁路旅客站设计的原理之一。最后学生再转乘城市交通工具回到久别的父母身边。

学生这一趟若干小时的旅行，如果有心的话，实际上也自我上了一堂记忆深刻的铁路旅客站设计原理的课，其旅行生活中懂得一些有关铁路旅客站设计的知识，对日后若遇上机遇设计此类型建筑将是大有裨益的，而学生所建立起来的向生活学习的意识更是受益终生。

当然，学生以上在乘火车回家旅途中的收获，只是线侧平式中、小铁路旅客站的一些基本常识和原理。而现代化的铁路交通已是今非昔比，许多设计理念随着站房硬件设施的更新换代，管理软件的现代化、自动化发展，现代铁路站房建设已大为改观。相应铁路站房的设计模式也就不同以往。这需要学生有机会到大城市进行设计调研或旅游时，再乘火车亲身获得新的体验。然而，这些变化目前多发生在特大城市、大城市、富裕城市的大型、特大型铁路旅客站中，尽管如此，一些最基本的铁路旅客站设计原理仍然适用。而大量的新建中、小型铁路旅客站，其基本设计原理仍然遵循着。

看来，人对不同的生活有着不同的要求，建筑设计的目的既然"是为人而不是为物"，说到底，就是设计者要尊重生活。要从人的实际生活需要出发，切实安排好生活秩序，创造舒适生活的条件，完备生活所需的必要设施。欲如此，设计者就要到生活中去体验、感悟。这既是设计者的责任，又是设计者的创作方法。

### 3、在生活中养成好的设计习惯

学生在学习建筑设计中，比学习设计知识掌握设计技能更重要的是养成好的设计习惯。这是因为好的习惯，是学生做人做事的前提，也是具备职业素养的基础。而好的习惯养成，一靠好的教育手段；二靠好的环境熏陶；三靠学生在学习生活和日常生活中自我养成。前二者为外因，而后者则是内因。辩证法告诉我们；外因是内因的必要条件，而内因则是事物发展的驱动力。因此,学生欲养成好的设计习惯,关键在于自己要发挥内因的作用,才能在成长过程中逐渐养成包括设计习惯在内的好的行为习惯。既然是习惯,就不是刻意去做作,而是一种潜意识的行为流露。这需要长时期潜移默化的积淀。那么,有哪些好的设计习惯学生应注意养成呢?

**一丝不苟**

学生做课程设计可以有些浪漫,可以放开构想,今后工作也可以有更多创作自由,可以大胆创新,但都不能没有一丝不苟的精神。一丝不苟就是做事要认真,要细心,也要有耐心。例如,学生做课程设计要认真推敲平、立、剖面设计的整体性,各设计要素应相互对应,不能对自相矛盾的设计和交代含糊的细节敷衍了事;低班学生渲染作业更要保证每一笔不出差错,每一块渲染颜色不能越界,不能有水印痕迹;设计手绘作业线条要流畅,交接要精准;各大小字体规格要一致;仿宋字要横平竖直,起笔落笔要顿挫有力,等等。这不是吹毛求疵,更不是为难学生,而是好的设计习惯需要一丝不苟的磨炼。学生只要想到设计方案的每一根线条画出来都是为了要做出来的,这样,学生对每一笔线条都要交代清楚,都要有充足理由,才能一丝不苟地认真对待。只有这样,学生今后成为建筑师,对待工程项目设计才会做到施工图每画一条线都要对建造负责,都要为建造着想。不能图自己省事,怎么简单怎么画,结果给施工,给工人会带来许多现场麻烦。这就是一种不负责任的态度,也是对自己的设计作品和设计责任心的一种冷漠,因而也就没有了一丝不苟的精神追求。然而,学生做人做事具备一丝不苟的品性是需要从小练出来的。小学学语文课,字是要一横一竖一撇一捺认真地练;中学学数学课,算式不能粗心大意,把小数点点错位;大学写调研报告,写英文摘要都要自校若干遍,每一个字或字母、标点都不能有错;住在学生宿舍,每天把床铺收拾干干净净,把物品摆放整整齐齐;在设计专用教室,自己的学习用具归类放好,有条有理;每天的学习生活规律有条不紊,做事不会虎头蛇尾、丢三落四,等等。学生从十多年的学习生活中倘若认真劲头不减,这种一丝不苟的学习品性,用在建筑设计的学习中,也一定会习惯成自然。此外,学生从日常生活一丝不苟地做事中,同样也能养成认真的好习惯。学生在家里打扫卫生要上上下下,里里外外,每一处旮旯犄角都要打扫到,就连板缝中的残渣也要设法剔除。帮母亲收拾对虾,要耐着性子一个一个把对虾外壳从脊背破开,再挑去泥肠、洗净;生病初愈,遵照医嘱坚持按时服药,不会停药过一次;规定每天行走半小时锻炼身体，风雨无阻不会停过一天；到商店购物，回家才发现多找给自己五元零钱，必返回商店送还；夜间狂风骤起，门窗噼啪作响，起身关上门窗不放心，手推再试，没问题才放心安然入睡；外出旅游，行前一一备好行装，不会遗漏必带用品；当志愿者为大型重要会议做导座员，能不厌其烦地引领老者、行动不便者一一入座，等等。似乎这些生活琐事与学习建筑设计毫无关联，但是，它们共同的价值，却是学生渐渐养成了做事一丝不苟的习惯。一旦这种一丝不苟的习惯，最终成为学生做人做事的可贵品性，也就奠定了学生学习建筑设计成功的基础。

**行事周到**

建筑设计因为是一种各设计要素的整合设计，学生就不能一厢情愿地只偏爱某一设计要素，而抓住一点不及其余。这种统筹兼顾，周到考虑问题的思维方法和行为举止，对于学生来说应成为一种习惯使然，才能应对设计的复杂矛盾。而这种行事周到的习惯，也是需要学生慢慢在日常生活中养成。

例如，学生某天要上街要办好几件事：到建筑书店买本新书；去商店买件换季衣服；找一家手机销售店准备买一款手机；进美术馆看看建筑画展；逛一下超市买点水果零食；搞不好上午办不完事，中午还得顺便在外吃一顿便餐。这些要办的事之间虽没有联系，但都要办成，这就需要设计一条流线把它们有效地串起来，让流程顺畅，路径最短，车费最省。为此就得考虑办各件事的秩序，而且要把午饭时间卡在中午，还得考虑餐馆的地点要合适。正如学生做课程设计之前，要把设计思路、设计程序做到心中有数才行，其思维方法是相通的。当学生办事路线设计好，办事秩序确定后，就可按计划行事。在行事的过程中，还要把握好时间，或者出现情况要随机调整。当然，学生真正办事不必如此一本正经，毕竟是一种轻松的生活。但这种行事之前，哪怕有点周到的考虑，就是一种好习惯。而不是那种做事无头绪，想到哪儿干到哪儿，或者干到哪儿才想到哪儿。这种盲干的行为对学生学习建筑设计是不利的。

再如，学生作为一名学生会文娱委员，要组织一台迎新晚会，就要做很多准备工作：开各年级动员会、布置任务；制订晚会计划，确定节目规模；筛选各年级上报节目；分阶段检查排练进度、质量；了解服装道具准备途径；询问场地、声光设备落实情况；组织各工作小组，向同学交代任务；联系老师节目；彩排合练的审查；请柬准备与递送；会场布置；晚会节目的编、排、串词的设计、演出进程的督场；晚会结束的善后处理，等等。这些晚会的事务性工作相互之间紧密有关，只要有一件事考虑不周，就有可能使关系链断裂，招致工作的被动。因此，学生要把迎新晚会当成一件系统工程来做。就像做课程设计要把环境、功能、形式、结构、构造、材料等各设计要素作为紧密的整体，无论考虑其中某一要素的设计问题时，都不能忘掉其他设计要素对方案的影响。这种设计意识，一定要成为一种做事的习惯。同理，负责一台迎新晚会，也是一个整合设计过程。这不仅展现学生对此工作有兴趣、有热情、有才华，也是一次从生活中养成与建筑设计有关的好习惯的机遇。

### 处处节俭

学生养成节俭的好习惯，也是一种美德。这种美德在专业工作中特别值得提倡。有一种说法，用计算机工作可以实现无纸化，这是一种误解。实际上比传统工作方式更浪费纸张，而且是好纸。殊不知文山会海中堆积如山的文件、报表、简讯等；日常办公中打印、复印、影印、彩印五花八门的纸张如雪片；学生做课程设计已经不用或少用拷贝纸或废旧纸，而是每次给教师改图哪怕就几根线条也要打印出来，一个课程设计全过程下来不知要用多少纸张，而且这些打印出来的文件、材料、文本、草图等等，都是单面，且一次使用。从来没人计算过成本且对如此浪费心痛过。嘴上高喊节能、绿色、可持续，可是行动上却是浪费、污染、不可持续。这种大手大脚的不良习气，会在学生的课程设计和建筑师的工程设计中反映出来。比如，学生学习建筑设计主动的节约意识较弱，总平面设计没有节地概念，平面设计、造型设计少有节能意识，结构选型与布置不懂得合理与适宜性。如果学生有节俭的生活习惯、有经济的头脑，就不会在课程设计中随心所欲。造成平面张牙舞爪，造型任意拿捏，结构小题大做。至少是课程设计应得体而不做作，适度而不夸张，新意而不虚假。建筑师做工程项目设计的浪费现象也十分惊人。不谈设计项目本身，仅就用纸而言，其大手大脚的作派实在令人扼腕叹息。一个工程项目设计的施工图纸多达几十、上百张。如何将所有设计内容全部纳入全套图纸内，不但要考虑编排的合理性，方便施工识图，而且还要考虑紧凑版面，节约纸张、降低成本。这与对设计目标的节约投资、节约能源消耗、节约使用维护费等的考虑是一致的。但是，在建筑师的出图中，节俭失控就不可取了。比如，一张零号图纸排版图纸内容，就当中放一个大剖面，而其四周空空如也。浪费还不止这一张硫酸纸，每一张硫酸纸底图还要晒八张蓝图，如果整套图这种浪费现象比较多见，且整个设计单位也是如此，则浪费之巨大就不言而喻了，设计单位的经营成本也就大为可观。从这不小的小事中可看出，节俭并不是一件小儿科的计较，而是人生的一种态度。正如学生对待生活的态度一样，不能因为富裕了，条件宽松了，难道就可以大肆挥霍，就可以不心疼资源的浪费？比尔·盖茨那么一位大富翁，尽管在做慈善事业上出手慷慨，但在生活细节上却不一掷千金。学生也应当这样，在日常生活和学习生活中要注意节俭，从小处细节中培养节俭的好习惯。比如，作废的复印纸反面还可画画草图，打打草稿；晚上睡觉把不用的电器关掉，不要带电待机；洗手擦肥皂时，暂关上水龙头，不要让水白白流淌；同学小聚，点菜不要过量，倡导光盘行动；大白天把教室不起作用的电灯随手关掉；双休日在学校里做点有益的事情，不要沉迷在网游里消磨时间，浪费生命；假期在家要学着节俭过日子，洗脸水留着冲恭桶，洗衣放在用电低谷时段，冬天家里燃气取暖，把无人住的房间门和暖气片阀门关上，夏天空调制冷也不必温度过低，既耗能又易得空调病，等等。学生在生活中只要有节俭的意识，处处都会有节俭的窍门。诸多这些节俭行为，不仅具有聚沙成塔的经济意义，更重要的是与时俱进，增强学生珍惜地球资源，保护人类家园的强烈意识。那么，学生在自己的课程设计和今后成为建筑师的工程设计中，无论是设计本身，还是设计的辅助行为中，都会把这种节俭的意识注入到行动之中。这已不仅体现在做节能建筑命题的设计里，而且应成为做任何项目设计的一种习惯意识。

**笔不离手**

建筑师的语言常用图示来表达，这要比用交谈或文字更能心领神会。比如学生向一位路人打听去某古迹处怎么走？对方说了一大串，让你在前面十字路口向右拐，大约一里路看见马路对面有一个小超市，侧旁有一个街口进去向前第二个路口再向右拐，走到丁字路口，向左拐，不远处有个小公园，古迹处就在附近。对方说的热情详细，可是学生由于没有地理环境概念，七拐八拐已经闹糊涂了，脑中还是一片空白。倘若学生出门前问一位自己的老师或者学长，一般都习惯拿张纸，把沿途街道环境和线路图画出来，不用说话，学建筑的你一看就一清二楚。一是学生立刻在脑中建立起城市街道的空间形象。二是学生有了方位感。三是行走路线心中有数。此时，学生按图索骥就省事多了。又如，学生与老师之间，或者学生与学生之间讨论方案，最有效的手段是双方都拿一支笔，边讨论边在纸上随手勾画，不但言简意赅，而且以图代话更能达意。这说明笔应是学生形影不离的工具，既携带方便，使用又灵活。更重要的是，笔是学生练好设计基本功不可缺少的中介。学生有了笔还要会使用、勤使用。

在课程设计的方案生成过程中，要始终用笔做图示分析，探讨方案设计全程的所有问题，直至设计目标初显雏形。这种用笔做方案的方法不但在大学五年内应坚持用下来，而且，今后成为建筑师做工程项目设计时，初始进行方案探讨也应如此。可以说，学生一辈子也离不开笔了。除此之外，学生空闲下来，或在旅游小憩时；或在候车无聊中；或在参观驻足间；或在茶社闲暇时，都可以掏出笔来，对感兴趣的景物画两笔，或记录些对学习有参考价值的设计资料。学生若能持之以恒，笔不离手，成为专业学习的习惯，不但可积累丰富的知识，而且，运笔的功底会越加娴熟、洒脱。这对于促进学生设计能力的提高，有着不可估量的作用。问题是有了计算机后，学生再也懒得动笔了。不但平日根本不会去动笔，而且做课程设计一开始就上机，用敲键盘、点鼠标、盯屏幕，代替了用笔来思考，致使学生在机上主要是在画线条，对设计问题却想的少，想的浮浅，对于入门建筑设计的学生，这是一种危险的倾向，欲想提高设计能力也就难有希望。因此，笔不离手是学生学习建筑设计应有的良好习惯。

### 处处留心

学生获取建筑设计知识的最佳途径就是向生活学习。而学生身边就充满着对设计有用的知识，就看学生是不是有心人。比如学生做课程设计，主入口大台阶总是按楼梯尺寸 $300 \times 150$ 来画图。可是，室外台阶与楼梯虽同属供人行走于不同标高的手段，但毕竟形式有所不同。台阶坡度要缓，即台阶踏步宽要大于楼梯踏步宽，台阶踏步高要小于楼梯踏步高。学生若留心观察，就会发现这种差别，以后再画入口台阶就会按正确的概念画了。当学生观察到一幢建筑物两个相邻立面的材料既不同，颜面也不一样时，留心一下它们俩是怎样交接的？原来是山墙的

**学生多留心动手测绘是获取建筑知识的有效手段**

外饰材料延伸至主立面边端，与其另一种材料交接在阴角处，而不是在两个立面相撞的阳角处。再留心看看所有细节处，凡是两种不同颜色、不同材料的交接，基本都在阴角而不是阳角处。即使同一面上有两种材料，也会在其间做凹缝处理，让各自在凹缝里相碰。学生通过留心观察摸清这个规律，再画透视效果图时，就不会发生两个不同颜色或材料的相邻墙面突兀地在交接的阳角处相撞了。总之，类似这些设计知识，课堂上不一定讲到，但生活中到处都有。只要学生处处留心，真可以学到课堂上学不到的东西。那么，学生怎样养成处处留心的习惯呢？

一是要有求知的欲望。一个人想获得某种东西或想达到某种目的，欲望的驱使是少不了的。学生想多长点见识，有了这个欲望，才会对周围事物多一份关注，走到街上就会东张西望。而对目标物看一眼获得印象，贮存在记忆中，也是一种收获。说不准哪天做课程设计，这个记忆恰好闪现出来，将会对设计构思或借鉴设计手法产生启发，可谓"踏破铁鞋无觅处，得来全不费功夫"。如果学生在东张西望中，无意间发现心中的目标物，会有一种喜从天降，发现新大陆的感觉。所以有了处处留心的好习惯，学生总会比对日常生活熟视无睹的人有很多意外的收获。

二是要有善于发现的眼光。随意东张西望的升级版，是用善于发现的眼光寻找有用的知识。比如学生走在多层和小高层住宅林立的小区，抬头望去，突然发现每幢住宅阳台底部都进行了色彩设计，煞是好看。常说设计有第五立面，说明屋顶面的设计也很重要。但是，人看到屋顶设计效果的机会却有限，除非在超高层或乘飞机鸟瞰才有幸看到。而人们经常仰视所看到的可称之为第六立面却是人们触目可及。学生这一发现对今后设计多层建筑时会有很大启示。假如学生经过这个住宅小区，却没有留心去发现这种独到的设计新意，也就错过了获取见识的机遇。这说明美是到处存在的，关键是学生要有善于发现美的眼光，这才是处处留心的真实含意。

三是要改变熟视无睹的漠然神情。许多事因为习以为常而不被人关注，因为司空见惯也就熟视无睹。而正是这些普通的现象，一般的常规，却有着某种存在的道理。恰恰这些道理对学生做设计有着很好的启示作用或参考价值。例如，一条商业街每家小商铺都有店招，几家大型商场都有琳琅满目的广告，而在一定程度上这些店招、广告比建筑更抢眼，这种现象对于商业建筑来说再普遍不过了。学生若对此熟视无睹，没有留心关注店招、广告的位置与大小有什么讲究，以及与建筑有什么关系，那么，在商场课程设计中就会忽略应把广告牌、店招作为建筑的不可分离部分进行整体设计。在现实生活中，铺天盖地的招牌、广告把建筑师精心设计的建筑立面弄得面目全非，已是见怪不怪的恼火事。虽然有商家的乱作为和管理的不作为原因，但与建筑师的设计不到位也不无关系。倘若建筑师能在立面设计中，把广告的位置留在合适显眼的地方，既满足商家做商业宣传的需要，又能为立面增色，岂不是两全其美的事。其实学生只要不熟视无睹身边的现象，是可以从中获得设计的灵感或得到设计的借鉴。再如，学生对一些生活细节可能更是不屑一顾。在做住宅课程设计时，仅就室内家具和设施的配置设计而言，就可看出学生对生活缺少关注，因而，在方案中问题多多。如主卧室的双人床放在卧室一死角，造成夫妻双方只能从床的一侧上下而不符现代生活方式。应床头贴墙，两边凌空，便于各自从床侧上下；次卧室的单人床放在靠窗一端，而写字台却放在远离窗的另一端，造成家具布置不合理；卫生间的浴缸画得有床那么大，而坐便器小得仅适合幼儿使用，没有尺度概念，尺寸把握有误；客厅的长沙发三个瘦子都坐不下，而小沙发可坐大胖子还挺宽裕；厨房的设施、橱柜也未能按操作工艺流程布置，可想而知家庭主妇做一顿饭有多累，等等。所有这些生活细节，都是学生在家居住天天亲历过、感受过的，学生就是因为对此太熟悉也就不以为然了。进入建筑院系前可以理解，但入门建筑设计以后，就要改变这种对周围一切事物漠然的态度，要用学建筑的眼光多加留心了，以便在课程设计中或者在今后作为建筑师，在工程项目设计中少犯点低级错误。

### 相互交往

学生进入建筑院系后，要改变在中学那种个人奋斗的学习习惯，而代之以同学间相互交往的学习风气。因为建筑设计的学习是一种开放式的，任何孤僻的学习状态、闭塞的独立思考、个人的钻研方式都不利于学生学好建筑设计。学生在新的学习环境中，只有展现开朗的精神状态，投入合群的学生生活，参与交流的学习方式，才能逐步养成相互交往的良好学习习惯。

开朗的精神状态，就是学生要把自己从自闭沉默的枷锁中解放出来，展现出年轻人应有的活力。这不仅是学生成长中的特征，也是学生学习建筑设计所需的氛围。学生精神状态开朗了，思维就会活跃起来，设计想法就会不时涌现，就会乐意与同学相互交往，共同进步。尽管学生初学建筑设计会遇到一些苦闷与困惑，多少会影响精神状态的振作。但是，事物总是一分为二的，学生若把这种暂时的学习遇阻，当作克服学习困难的毅力去磨炼，则精神的力量就会得到一次增强，进而对在人生道路上要不畏艰难而一往直前更充满信心。因此，学生在逆境中，仍然要保持开朗的精神状态就显得十分重要了。只有这样，放下精神负担，才能快乐地走到同学中去相互交往，从中获得帮助和鞭策。

学生要想与同学融洽交往，首先在生活中要合群，要与同学和谐相处。比如，多参与班级集体活动，多为同学着想，默默无闻为班级、室友、同学多做点好事。这不仅是学生优秀品质的体现，也是同学之间成为五年同窗的情感基础。学生本是来自五湖四海同龄人中的优秀分子，有缘相聚在大学校园里，应有一种兄弟姐妹的手足之情，应形成一种建筑院系在全校特有的学习氛围，一种良好的班风传统。只有这样，每一位学生才能在这种集体熔炉里感受到一种温暖，一种浓浓的情谊。有了这样和谐合群的集体，相互交往才会形成一种风气。这种交往是学习上的相互促进，是思想上的相互沟通，是情感上的相互交融，也是学习建筑设计的一种集体好习惯。倘若没有一个好的班风，同学之间少有往来，就会为了学习上的竞争而相互提防。即使学生相处，也只沉浸在二人世界的小圈子里，而游离于班集体之外。在专用教室里，教师辅导学生设计，如同医生看门诊，只见学生稀稀落落进出教室，而看不到满教室学生热烈交往讨论的学习场面。在课下，也看不到学生生龙活虎的体育活动或者丰富多样的课余文化娱乐活动。学生这些缺乏相互交往的后果，不但使学习氛围沉闷，而且阻碍了集体和个人的成长。因此，学生相互交往既是一种学习建筑设计必不可少的方式，也是形成良好班风，促进学生共同成长的一种集体习惯。

学生学习建筑设计不同于做数学题，最忌讳个人闷头做方案，越是这样，思路越是打不开，使学生陷入思维定势里不能自拔。学生只有把自己的方案拿到同学中去，旁观者清，立即会指出方案存在的某些问题，学生对此才会恍然大悟。学生若经常能这样主动与同学交流，则受益是明显的。其次，学生还可以主动去观看其他同学的方案，一是可以学习他人方案的长处；二是锻炼自己的眼力，看能不能发现点问题，这本身对自己评价能力是一种提高。此外，在与同学相互交往中，免不了会发生一些不同看法的争执，这并非是坏事。一则问题可以越辩越明；二则在交流争辩中促进了各自的思维活动。其次，在教学有组织的交流活动中，不要做旁观者，要积极参与进去，当做一次宝贵的交流学习机会，积极对同学的方案发表自己的意见，倾听别人有什么不同的见解。再在教师的分析指点中，归纳由此而得到的收获。学生要把这种有组织的教学交流与同学之间自由的交往，当作学习建筑设计必不可少的环节。要把自己主动参与进去当作一种学习习惯，才能从中尝到相互交往对于提高自己设计能力的甜头。

# 五、多读书、汲取设计滋养

古人云：最是书香能致远。书籍是人生道路的一盏明灯，点亮人的心灵。书籍也是学生求知的阳光和雨露，滋润着智慧的头脑。而学生之所以又称为书生，就在于学生与书有着不解之缘。尤其是学生来到建筑院系，如入书的海洋。就这样，学生学习建筑设计的起步，精彩的人生就从读一本书，读一本好书开始了。

那么，学生怎样读书呢？

## 1、心纯才能读有所获

学生读书要心地纯洁，不能带功利性杂念；要静心品读细心玩味，不可快餐式泛泛而读，要博览经典名作，而不是热衷手机读物；要把读书作为生活不可或缺的精神食粮，重在"谋心"，而不是忙于"谋生"而失落了读书。总之，学生读书心态要放正。把读书不仅当作求知的阶梯，也是作为精神修炼的洗礼。这样，学生就能坚守读书，把读书看成是人生之幸事，而忘却一切烦恼。正如梁启超曾告诫已到美国留学三年的梁思成："你该挤出一部分时间学些常识性东西，特别是文学或人文科学，稍稍多用点功夫就能有大的收获。我深怕你因所学太专一的缘故，把多彩的生活弄得平平淡淡，生活过于单调，则生厌倦心理，厌倦一生即成苦恼之事"。学生也要记住梁启超这句忠告，不但要读专业理论，特别是学生崇拜的洋大师的书，更要大量读专业基础理论与知识的书，这是作为初学建筑设计的学生最为迫切的阅读需要。除此之外，还要多读本专业以外的其他杂书：人文、军事、政治、经济、哲学、艺术、文学、地理等等，凡是学生自己感兴趣的书皆可读之。因为，学生的人生现在并未完全定型，并不是所有学生都要成为建筑师，也会有某些学生走上了另外的人生道路。特别是部分学生，由于某种内外原因而误入建筑院系，不幸埋没了自己的专长和优势，但通过阅读又唤醒了原来的人生梦想，并积淀了丰厚的学识，一旦抓住机遇，学生有可能通过读书而改变命运。正如北京大学一些英文系、图书馆系、中文系的学生，都是与金融、融资、管理专业毫无关系的人，怎么会在踏入社会之后成为创办诸如新东方、百度公司、中坤集团、世纪佳缘等企业的成功人士？其中一个秘诀就是他们喜爱读经典，读那些能够改变一个人生命轨迹的书籍。因此，他们不管走到哪个领域，都能比别人走得稍微超前一点，成功一些。再说大多数学生高考的确是奔着建筑院系而来的，一旦踏入建筑殿堂如鱼得水，为了充实自己的专业知识饱览群书杂志，才有对莱特、柯布西耶、密斯、格罗皮乌斯等第一代世界建筑大师及其作品，直至弗兰克·盖里、卡拉特拉瓦、博塔、多西、赫尔佐格、贝聿铭、卒姆托等近现代建筑大师及其作品的如数家珍，才有对国内外经典设计作品的了如指掌，才有对建筑设计一般常识的知晓熟悉。这是学生如饥似渴读专业书求知的所获。这就为学生的课程设计开拓了思路，提供了有价值的参考。但是，学生尚不足的是读书面较狭窄，为用而学的功利性较明显，人文修养的书籍涉足较欠缺。因而，学生读书的收获，尤其是在精神修炼方面有所受限，这是需要加强的。

## 2、思索才能读有所悟

读书不是眼过烟云，而要有所思。学生读书思索了，才能把书中有用的东西吸收成为自己的。当学生读专业的设计原理书时，书中讲的设计道理是否真正理解清楚，学生就要联想一下，现实中、生活中这些原理有没有道理？如果有亲身经历，则更能明了此道理。如果学生读书不加思索信以为真，有时在设计中却难以灵活运用。比如，设计原理明确指出，生活建筑、教育建筑、办公建筑、医疗建筑等其建筑方位应以南北向为宜。可是学生做小学校课程设计时，由于地段条件所限，不能保证小学校所有建筑按设计原理要求都做到南北向，学生不知如何是好。其实，学生读书时只要思索一下，小学校的办公楼只是从属地位，不同于办公建筑类型的办公楼是唱主角，既然处境有差别就不能一视同仁。能保证小学校办公楼南北向当然最好，在不能保证的情况下，只能优先保证教学楼南北向，而办公楼朝向不好只有通过其他设计手法加以处理。

当学生读建筑实例资料时，看到一个好的实例，不要像看画片那样一翻而过，要仔细琢磨一番：首先要分别读懂平、立、剖面图的内容，再寻找出精彩设计手法之处加以领悟。还要在脑中想象出空间的形态，悟出它的妙处。哪怕大厅里一个独具匠心的大楼梯也值得学生玩味许久。最后把平、立、剖面图三者通过想象合成一个三维的整体，搞清它们之间的对应关系。如此读懂一个实例是要花功夫的，学生若真正看懂了，说明学生还是有点设计功底的。假若学生没有读懂、读透，只能要求自己多读。

当学生读到各专业课程书籍时，比如建筑结构要把各类构件受力、传力的最基本概念搞清，才能在课程设计中避免随心所欲玩弄违反结构逻辑的形式。如俱乐部课程设计的二层体块若需要悬挑出去，一定要先把楼面主梁挑出去。为了把屋盖梁挑出去，须把一层外墙柱穿过二层悬挑房间升至屋顶。而楼面挑梁有一定高度，若干挑梁端头有边梁联结，以承受二层悬挑外墙的荷载，且屋顶还有女儿墙，这样，二层悬挑体块的所有荷载就可通过柱直接传力至基础，说明传力路径合理，结构符合要求。在考虑上述结构和构造要求时，学生对立面上下两部分的比例也不会搞错。若学生读书时不加思索，没搞懂结构形式与传力途径，则俱乐部设计有可能发生二层悬挑房间内一层边柱未升上来，导致悬挑体块传力产生力矩，造成受力不合理。若把一、二层在立面上的比例对等，则学生更没搞懂结构和构造的概念。这再次说明学生若不读懂其他专业基础知识，如建筑历史、建筑物理、建筑构造等，要想学好建筑设计也是有困难的。

学生读其他的非专业书籍也是需要思索才会大有裨益。比如，学生当读到《钢铁是怎样炼成的》这类励志经典名著时，会深深被主人公保尔•柯察金那种热爱生活、真诚待人，对追求真理和求知欲有着强烈渴望所感动。而让读者更为敬佩的是，主人公在后来艰苦卓绝的人生道路上，虽然受到各种严酷的人生考验，并且瘫痪在床，双目失明，但他以顽强的毅力，克服常人难以想象的困难坚持写作，最终成为一名作家的精神。正如他总结自己："人最宝贵的是生命，生命每个人只有一次。人的一生应当这样度过：当他回首往事的时候，不因虚度年华而悔恨，也不因碌碌无为而羞愧"。这句名言也曾经激励过无数中国年轻人勇往直前的志向。今天的学生读后掩卷也该有番沉思。与主人公相比，学生今天在学习、生活中，在人生道路上，所遇到的困难实在是微不足道，因而更没有理由胸无大志，裹足不前。而是要像保尔那样树立崇高的理想，明确的生活目标，造就良好的素质，拥有执着的追求，才不会被困难压倒，才能在挫折中挺立，在磨炼中成熟。无论是人生的修为，还是专业的学习，只有百炼才能成钢。这就是学生读这本书，经思索后应有的省悟。

诸如此类的书籍学生不仅要爱读，更要读后与现实生活、与个人成长联系起来思考才有裨益。对读书人来说，这些书对于学生学习建筑设计，对于增添学生的专业素养，哪一类信息，哪一份营养又是多余的呢？因此，学生读书宜多多益善。

另一方面，学生读书也不能迷信，不迷信书本，不迷信权威，做到这一点，学生也要思索才能读有所悟。特别在当今信息爆炸时代，无论书籍、网络、电视等充斥着相互矛盾的观点、说法。学生信谁呢？当学生说"不信谁"了，说明学生经过了读后思考，学生有了分析能力、辨别能力和判断能力。学生越来越相信自己，越来越懂得读书要用自己的眼光来审视世界，用自己的心灵来感知世界，用自己的思想来思索世界。正如屈原所说："路漫漫其修远兮，吾将上下而求索。"屈原是苦思他的政治抱负何以得实现，而学生从读书中要思索的是自己的人生价值何以能得到最大的成功。

### 3、手勤才能读有所用

学建筑设计的学生，比别人读书多了一个动作，就是手要参与到读书中来。因为，建筑设计的学习要收集资料，要提高文字能力，要具备徒手勾画的功力。为此，学生读书时要练习写读书心得。有时教师指定几本参考书要求学生读后撰写读书笔记作为考核，也是为了让学生读书有所获。学生经常翻阅杂志，遇有好的实例，不妨手抄下来，在抄图过程中不是照猫画虎，而是通过加深理解，读懂图，才能按需要重点地抄，由抄的过程而加深记忆。虽然抄图费点时间，但从学生长远的收获来说，这要比用数码相机拍照要有用得多。学生读参考文献，要养成做摘录的习惯，积少成多，对今后撰写学术论文会有好处。还要记录该文献出处，原载何书籍何杂志以及所在页码，以备下次查询就方便多了。如果学生读书不动手做上述必要的记录，就收获不到读书的更大效益。

### 4、沉浸才能读有所成

读书不是读一阵子，而是要读一辈子；读书不要浮在字面上，而要沉浸到书里去。这是因为，知识的更新与增新是日新月异的，学生若不能坚守读书，就跟不上时代的发展，思想就要落伍。做建筑设计就难有创新的意识，也就难有事业的成功。也因为书中的滋养蕴藏在深处，学生若不能品读就难有思想火花的迸发。而世界上中外古今许多名人，之所以能够在他们的研究和专长领域有所发明，有所创造，有所成就，其原因之一就是他们能孜孜不倦地沉浸在书中。书成为这些在科学的道路上勇攀高峰的人成功的阶梯。当人类即将迈入 21 世纪的前夕，英国广播公司（BBC）在全球范围内曾举行过一次"千年思想家"网上评选，榜首为马克思，第二名是爱因斯坦。两人都被认为是千年伟人，他们的思想对人类的文明进程有着最深远的影响，甚至至今无法测度。然而他们辉煌成就的来源之一就是对书籍——人类智慧结晶的一生沉浸。马克思一生博览群书，在被德国反动政府驱逐，最后定居英国伦敦的最初十年里，度过了一生中最艰难的时期。但是，马克思没有被苦难压倒，几乎每天大英博物馆开门，马克思就准时到达并开始了一天的如饥似渴地读书研究，直到晚上闭馆。马克思为了写《资本论》，用了整整 40 年（1843—1883 年），他几乎把当时欧洲所有的经典著作都大致通读了一遍，研究了 1500 多种书籍，知识领域涉猎到社会科学和自然科学的方方面面,从哲学、经济学、法学、宗教学、逻辑学、美学、政治学、文学、史学、语言学，到数学、生理学、化学、地质学等等，马克思都有所研究。而且马克思还学习了多种外语，除母语德文外，他先后攻下了拉丁文、希腊文、法文、英文和意大利文。并且用德、法、英三种文字写作。写下了《资本论》、《共产党宣言》、《关于费尔巴哈的提纲》等不朽名著，并创立了马克思主义。而爱因斯坦的成就，也与他从小就有刻苦读书的习惯分不开。他 10 岁就读通俗科学读物和哲学著作。12 岁自学了欧几里得几何学，同时开始自学高等数学，并开始怀疑欧几里得的假定。13 岁开始读康德的著作。16岁自学完微积分。爱因斯坦还根据自身的特点、志向和兴趣，把精力集中在对物理学的研究上，最终在物理学领域取得了重大成就。一篇篇划时代的科学论文相继问世，最终成为现代物理学的开创者、奠基人。爱因斯坦酷爱读书有时到了痴迷的程度，仅就一例为证。当他入籍美国住在普林斯顿时，每天清晨，人们就会在街上看到一位白发老人拿着一本厚厚的书，一边漫步一边读。有一次碰到路灯杆，他仍边埋头读书边说："sorry,sorry"，便继续走他的路。可见，爱因斯坦沉浸在书中，把一切都不放在心上。正如他所言："在你阅读的书中找出可以把自己引向深处的东西，把其他一切统统抛掉。"

　　两位千年伟人的读书能力真让人惊叹。学生虽然无法相比，但从中总应有所悟。即学生虽然知道学习建筑设计要博览群书，拓宽知识面，但仍然限于本专业或与本专业有关的狭窄阅读范围。应该把读书涉猎面扩大到建筑学以外更广阔的天地，这是其一。其二，要像两位千年伟人那样，读书要投入，不但投入还应沉浸书中去。一个人只有积淀足够丰富、深厚的知识宝藏，总有一天会在事业奋斗的道路上发出耀眼的亮光。

## 六、多兴趣，促进设计入门

学生欲想入门建筑设计的陌生领域，先对这一专业要有浓厚的兴趣。正如学生在做追星族时，对刘德华、周杰伦、李宇春等大腕明星那种狂热追捧均来自于对他(她)们歌声的喜爱、痴迷。由喜爱痴迷发展到搜索他(她)们所有的生活细节，便有了对他（她）们的一切都了如指掌，可谓爱屋及乌。而喜爱则来自于兴趣的启蒙。现在，学生从激情澎湃的娱乐场来到了学术氛围浓厚的校园，就要把兴趣转移过来，要对德高望重的院士、知识渊博的教授、德才双馨的年青教师，像追歌星一样对他们追随，要对建筑设计逐渐提高兴趣，及至爱不释手。这是一个令学生脱胎换骨的转身，尽管需要时日，付出努力，经历困惑，受到挫折，但兴趣是学生学习的最好老师，她可以引领学生逐渐进入既严谨又浪漫，既辛苦又快乐的另一番新天地。而兴趣宜从小养成，亦能在后天中自我培养。不过，其动力毫无疑问是为了学生自己要学好建筑设计的强烈愿望。

那么，学生对建筑设计的兴趣如何培养呢？最好的途径就是爱好各项适合于年轻人，有益于身心健康发展的高雅活动。比如：

### 1、爱好旅游

这是与学习建筑设计最为直接有关的兴趣。一是可以拓宽眼界，学生可以身临其境看到古今中外许多著名建筑，这是对学习中外建筑史最形象，最生动的学习，是提高自身建筑修养最好的手段。二是可以受到美的熏陶，学生在游览自然风景区中陶冶情操，赞叹大自然美的神韵，有利于自己对设计美的建筑的追求。三是可以放飞心情，学生经过长久的教室设计工作，头脑已感迟钝麻木，通过到外面的世界走一走，瞧一瞧，会顿感轻松自如，头脑清新。四是可以了解学习建筑设计的重要方式之一，就是游山玩水，在玩中学习，这是学生求之不得的了。旅游既然能轻松愉快地游山玩水，又能学到建筑设计的专业知识和提高审美情趣，学生何乐而不为呢？学习建筑设计的兴趣就是这样通过与一般游客不同的旅游方式和目的，而与建筑设计的学习紧密挂起钩来。因此，学生可以利用节假日，寒暑假，三五成群，带着学建筑的眼光，去饱览祖国的名川大山，各地的风土人情，闹市中的经典建筑，乡间的传统民居，欣赏美的建筑，拥抱美的风景，体会美的尺度，观赏美的人群。有条件的学生还可跑得更远点，到世界各地陶醉异国风情，参观大师杰作，品尝别样美味，体验风俗习惯，等等。学生有了这些丰富的阅历和积累的知识，相应地学习建筑设计的兴趣也就被提了上来。从此，打破了过去因对建筑设计无兴趣的郁闷心情，蓦然开朗起来。

### 2、爱好音乐

建筑是凝固的音乐，说明建筑作为艺术门类与音乐有着相通之处。它们都有韵律、节奏、过渡、高潮的创作手法，学生对这些抽象的美的法则也许一时难以理解和把握，不妨从音乐这门艺术去体味。学生既然是众多歌星的粉丝，必有一定的歌唱基础，结合建筑设计的学习，再提高一点审美的情趣，去聆听高雅的音乐演奏，细心欣赏委婉动听或澎湃激昂，或轻快悠扬，或深沉悲壮等不同音调、旋律所带给人们不同情感、情绪、情景的魅力。音乐只有七个音符，却能谱写出如此浩瀚的美妙乐曲，如同建筑设计通过不同手法，能够创作出如此千姿百态的建筑一样，都给人类的文化宝库增添了重彩和华章。既然建筑与音乐是如此的亲近，学生不妨把听音乐当成做课程设计过程中一种轻松的伴奏，甚至低班同学在教室里课外集体赶图时，边画图边和声，真有点妙不可言的建筑院系特有的学习气氛。这是传统建筑设计教学常见的场景，遗憾的是这种伴随着音乐声的学习氛围，现在已销声匿迹了。其实，学生有时心不在焉地哼几句小曲是一种心情调节、让冥思苦想的大脑消解一点单调思绪。而且学生若习惯了在音乐中学习、生活，人的精神状态也会轻松，这有利于学生在课程设计中，特别是在设计进展举步维艰时不至于枯燥乏味，反而对建筑设计越发增添了兴趣。如果学生对音乐有更大的兴趣爱好，可以参加校文工团，或合唱队，或管弦乐队，或民乐队，或舞蹈队等，一方面发挥自己音乐的专长，另一方面受到系统的、专业的培训，加深对音乐魅力的喜爱。这种课余生活的调节，不但让学生的校园生活更加丰富多彩，而且活跃的思维对促进建筑设计的创作也大有裨益。

### 3、爱好绘画

学生擅长绘画是学习建筑设计的必要条件。因为，建筑设计的任务之一就是创造美的建筑。这就要求学生自己要有爱美之心、发现美的眼力、表现美的能力和创造美的潜力。然而，由于中学教育对美育的缺失，学生对美的兴趣，对美的表达，对美的追求已经是力所不及。尽管到了建筑院系，有正规的美术基础教学，但对于学生学习建筑设计能有一个顺利的发展，似乎有点捉襟见肘。一是学生把学素描、色彩作为一门课来学，虽然可以学到一些美学基础知识，但这是一种被动的绘画技能学习。二是学生还没有把美学作为个人素养的一种修为，因而缺乏主动对美的追求。由于这些原因，导致学生对绘画提不起兴趣，比学习数理化甚感苦恼。其实，爱美之心人皆有之，只是学生还没有意识到学习建筑设计不能没有对美的追求，对美的表现。直到在课程设计推敲造型甚感棘手时，方知自己美术功底甚浅。怎么办呢？学生要把自己爱美之心唤醒。一是培养对美的事物的兴趣。比如多翻翻建筑杂志，那么多美的风景、美的建筑，看多了会赏心悦目的。多到美术馆参观那些优秀的美术作品，静心欣赏画中美的线条、美的色彩、美的构图、美的意境。看多了，在赞叹之余也会有点心动；多在街上看看那些美的景物，来往行人美的身姿、美的服饰、美的举止，这是对美的享受，会激起自己对美的追求，对美的兴趣也会慢慢油然而生。总之，学生对美要抱着欣赏的态度，才能培养出对美的感情。二是学生要多动手去表现美。美术课仅仅是启蒙性的补课，虽是为时较晚，但亡羊补牢也不失为一种办法。这就要求学生自己主动下功夫，随时随地动手画几笔，能够抽时间定下心来临摹、描绘、速写、甚至涂鸦，都是培养绘画兴趣、增强绘画技能、提高美学修养的途径。学生只有持之以恒地培养对绘画的爱好，才有希望增强对设计美的建筑的能力。须提醒的是，学生对计算机效果图不可过分依赖，该自己下功夫的时候，还得靠自己付出努力。

学生培养绘画爱好是学习建筑设计的基础之一

## 4、爱好体育

学生在大学里应得到德、智、体、美全面发展，才能成为国家需要的人才。而体育则是学生健身强体不可缺少的环节。同时，体育又与学生的学习，与建筑设计有着密切关系。比如，学生通过体育锻炼增强体质，以利对艰苦学习的体力支撑自不待言，就是那些与建筑设计有着直接或间接关系的体育项目，只要学生对此有兴趣，并参与其中，也会从中收益。围棋是一项智力竞技比赛，在黑白之间的风云变幻中，棋逢对手，拼杀尤酣，各自如何取胜可谓绞尽脑汁。这要看谁更有全局观念，更有布阵的谋略，更有不计较得失的度量，更有知己知彼的胸有成竹，更有抢占先机的胆量，等等。这些下棋的技艺与建筑设计的创作有着某些异曲同工之妙。学生若能成为围棋竞技的高手，思维方法一定高人一筹，用在课程设计上也会得心应手。打篮球即靠每个人的高超球技，更靠与队友的默契配合，学生把打篮球的方法，用在毕业设计的合作项目上不也是这个道理吗？再说，体育锻炼可以使紧张的思维活动方向转移，以避免长久陷在建筑设计思考问题的深潭中不能自拔，而得到思维卸载，让肌肉的紧张取而代之。这种身心交替变换的一张一弛，实际上对建筑创作是有利的。即不在于因参与体育活动，占用了课程设计的时间，而是学生因经体育活动使头脑得到休息放松，再回到设计中反而因头脑清醒提高了设计效率。因此，学生应改变当下学习生活从宿舍到教室两点一线的单摆，应该有参与体育活动的爱好，下午四点钟以后应该离开教室、图书室到运动场去，参与各项体育活动的锻炼。一个大学校园的各个体育场所，在课余时间应该到处能看到学生龙腾虎跃的身影，才是生动活泼的校园生活，而不是只闻读书声的一潭死水。

## 5、爱好收藏

收藏是一种广泛而高雅益智的文化活动。上自国家收藏：包括博物馆收藏文物珍宝，美术馆收藏字画真迹，档案馆收藏史料文献，图书馆收藏书籍手稿。下至私人五花八门、千奇百怪的收藏：大到收藏武器、汽车、家具，小到收藏算盘、纪念章、门票、纽扣、小脚鞋、名人签名、钱币、油灯等。收藏仅仅是一种保存或者猎奇，若能上升到研究，则收藏就是一种对藏品的敬重，若能从藏品研究中得益，则实现了藏品的历史和文化价值。而对于学生来说，并不是要成为一名收藏家，更不是为了增值，而是结合建筑设计的学习，培养一点收藏的爱好，把收藏兴趣集中在有益于建筑设计入门的藏品上，无疑经过长年累月的积累和研究，定能提高对藏品的喜爱，及其对学习建筑设计的潜移默化作用。比如，学生通过集邮会欣喜发现，小小邮票在方寸间记载着人类文明进步的历史，科技发明的突出成果，各领域优秀杰出的历史性人物，以及社会、政治、经济、文化、教育等的重大事件。还有五彩缤纷、争奇斗艳的动植物世界，以及中外各民族的民俗风情，等等。可以说，邮票俨然就是一部百科全书。学生研究邮票上的知识，对学习建筑设计就是一种非常好的辅助渠道。不仅如此，集邮对帮助学生学习建筑设计更大的作用还在于：首先，通过集邮过程可以培养学生有益于学习建筑设计的个性。比如：对待做人做事更讲究认真、耐心、细致。因为，学生获得一枚信销票（可惜，现在有了先进的通信设备、很少再有人采用写信的方式了），要通过一系列保护措施，达到品相完好才能最后藏于邮册内，如同博物馆将征集来的文物要经过鉴定、消毒、蒸煮、修复、摄影等工艺程序，才能最后入库一样，其信销票的整理过程来不得半点粗手笨脚的动作，否则，稍有疏忽就会前功尽弃，好不容易寻觅到的一枚邮票得而复失。因此，学生长期这样细心、认真地对待邮票收藏，无形中养成一种好的性格，这种好的性格就会直接规范着学生认真对待一切事情，包括对待学习建筑设计。其次，学生仔细研究每一枚邮票，会惊人发现其邮票的设计与建筑设计完全是一回事。每一套邮票的诞生都需要设计过程，从选题、构思到一套邮票内容的认定、枚数的控制，画面的构图、表现的方式、色彩的基调、文字的安排、面值的推敲，无一不是精心设计而成。学生若能静心品评，完全从中可学到许多设计知识，受益匪浅。此外，学生若兴趣浓厚，再深入研究，邮票内容的背景故事，则知识的天窗豁然洞开。比如，学生把集邮的范围集中在"建筑"专题上，学生欲要了解每一枚建筑邮票，就要查找相关资料。许多是中外建筑史上的著名建筑，了解起来就更有亲切感，相关建筑知识就掌握更牢固。若邮票上的建筑不熟悉，就要上网搜索，或到院系图书室查找，若能搜索查找到，就会有发现新大陆的窃喜，再仔细阅读下来，又增添了新的见识。又如，学生若对文学很爱好，可把集邮的范围集中在"文化名人"专题上，无论是国外的文化名人，还是国内的文化名人，无论是作家、诗人，还是音乐家、雕塑家，都是学生崇拜的偶像。学生在欣赏、研究这些文化名人邮票的时候，一定会想方设法去了解他们，就如同学生曾经狂热去了解刘德华、周杰伦等歌星一样。

当学生在欣赏法国著名作家雨果的外国邮票时，雨果头像背景有其经典名著《巴黎圣母院》的场景画面，学生一定会设法借到这本著作，沉浸在阅读中，并在网上搜索同名影片下载观赏一番，再进一步了解雨果的生平成就。那么，学生从中获得的文学素养就会有所提高。当学生在欣赏中国发行的鲁迅纪念邮票时，同样会去查找《鲁迅全集》，从中选读脍炙人口的短篇小说集、杂文集、散文集等。学生这种结合专题集邮的方式，不但从中真的能开阔视野，了解自己专业以外的丰富世界，对于回到课程设计的创作必会有丰富的想象力。而且，学生研究邮票的方法，对于做课程设计时，检索查找相关资料的方法也可触类旁通。

……

一言以蔽之，学生在学习建筑设计的过程中，当然应神思专一，但也应避免神情单一。因为，过于单调的学习生活反而不利于提高建筑设计的效率和活力。建筑设计本应是一件苦并快乐的学习过程，学生应当通过各种不同兴趣爱好的投入与展露，把青年人的青春活力迸发极致，让建筑设计的学习因此而不再是不停地修改，不停地画，无休止地苦思，无休止的苦闷。学生一旦有了兴趣爱好的调节，反而会愉快面对，尽情把设计当作是一种享受。这样，学生就能真正进入建筑设计的自由王国。

## 七、多担当，开发设计潜力

提高设计能力，是学生学习建筑设计最主要的努力方向，但并不是唯一的学习任务。因为建筑设计人才最突出的能力应是综合能力的表现。正如第四章所述，这种综合能力包括，除去设计能力以外的学习能力、思考能力、领导能力、交往能力、文字能力等。何况学生毕业后还将面临择业定位的机遇问题，无论学生今后是否从事建筑师工作，或者中途转岗去担任领导、管理，甚至跨专业的其他行业工作，为了适应今后的人生挑战，学生也要为此做好增强自身综合能力的准备。而这种综合能力，仅靠建筑设计教学是远远不够的，这也是当下建筑教育的短板。学生应该积极争取在学习建筑设计以外的其他学习生活领域，开发自己的各种潜力。其实，这些潜力与建筑设计多少还是有着内在的联系。为此，学生应改变自小由于家庭、社会惯养出来的，以自我为中心的生活态度，这种生活态度容易使自己任性、缺乏责任感，没有集体意识，会滋生人性的一些弱点。将来不要说人生道路会受到挫折，就是欲想发挥自己专业一技之长也会力不从心。因此，学生应争取一切机遇自我培养综合能力的锻炼，那么，学生怎样去努力呢？

### 1、担当学校社会工作

社会工作的本质就是一种为他人、为集体服务的奉献。而学生今后从事建筑师设计工作，或者从事其他职业，也正是一种为社会服务的延伸。因此，学生欲想树立为人民服务的意识，现在就要争取锻炼这种服务的能力。比如，学生担任班长，或者小组长之类的"芝麻官"，不但是一种担当为同学服务的义务，也应视为是一次非常难得的工作能力锻炼机会，而这种机会并不是每位学生有此幸运的。因此，要珍惜它，而不能认为担当服务工作耽误了自己许多学习时间和精力。殊不知，学生担当班长一职，只要全力投入，可以从中获得书本上学不到的本领，日常生活中得不到的能力锻炼。诸如，学生既然肩负班长重任就要负起责任，就要为集体的事操心劳神，就要对同学的生活学习关心牵挂。久而久之责任心上来了，而这一点正是学生今后在社会上立足的基本点。同时，当班长一职，就是要带领全班同学搞好班风，搞好各项活动，营造一个积极向上，生动活泼，团结友爱的优秀班集体。这其中，班长的才干就要充分发挥：组织要得力，工作要扎实，方法要对头，讲话要有号召力等等。这些领导者的素质，学生在当班长的过程中，都能得到不同程度的锻炼。这将有利于学生在今后职业生涯中，不仅自己份内的工作做得出色，而且还能领导一个团队发挥更大的作用。学生有了这种领导能力，也许更擅长去做城市管理工作或者领导一个部门，直至走上更高层领导岗位去担当重任，让能力超越专业技能，而为国家做出更大的贡献。其次，学生要当好班长，就要学会有条有理安排好各项工作，自己既要以身作则，事必躬亲，又要能调动同学积极性，发挥集体的作用，这样才能领导好一个班级。学生有了这种能力，正是为今后作为建筑师去组织好各专业设计人员的力量，并把建设方、施工方、设计方，三者拧成一股绳，团结协作搞好项目建设具备了能力条件。再如，学生即使担当一名寝室长，大小也是个芝麻"官"，其职责就是要为同窗室友服务好，带领这个小集体把起居生活管理好，把寝室卫生搞得文明光亮整洁些，而不是杂乱无章，甚至老师、朋友走访找个干净可坐的地方都没有。如果学生自己的生活都管理不好，那么课程设计的功能安排也必定是束手无策。因此，学生作为一名寝室长，不是简单地搞好具体的事务性工作，而是通过管理寝室生活琐事，得到懂得生活的意义和管理生活的能力。甚至结合专业特点发挥学习专长，将寝室半玻门的玻璃当作创作园地，寝室长带领大家每周轮流在其上进行窗花设计竞赛，既美化了寝室，体现建筑院系学生宿舍的特点，每人又得到建筑设计的艺术构成训练。看来，学生担当任何一件社会工作，不论大小，只要投入都能意外地获得能力的锻炼，而这些能力汇集起来，就成为学生所希望具备的综合能力。

### 2、参与学校各项第二课堂活动

学生的校园文化活动应是丰富多彩的，不但可调剂课堂紧张严肃的学习生活，而且在生动活泼的第二课堂活动中，学生可以增长才干、锻炼能力。而作为学生今后闯天下，才干和能力比知识更为重要。因此，学生不要把参与学校各项第二课堂的活动，当成一种学习负担。恰恰相反，它是对课堂学习的最好补充。例如，班级自发组织一次建筑文化周活动，除去活动本身的公众性、学术性意义外，更是锻炼学生各种能力的机会。学生能提出这样一项活动，就是一种很好的创意，说明学生思想开放，思维活跃，灵感敏锐。正如课程设计一开始不在于着手设计操作，而是先要有一个很好的立意，这是使方案胜人一筹的一着妙棋。同时，有了这样一个好的活动创意，还要有好的工作展开。诸如，确定活动项目、落实分项工作、安排人员分工、布置活动场地、准备器材用品、筹备展览内容、组织学术报告、邀请领导嘉宾、筹集活动经费、策划宣传造势、制订工作计划、协调工作矛盾等等。如此繁多的工作环节能否有条不紊地展开，全靠学生精心去组织，若能够达到预期效果，则说明学生组织工作能力得到锻炼，做事一定是考虑周全，措施得力。这样，学生回到课程设计中，

活跃的校园文化生活是学生活跃思维的催化剂

学生参与第二课堂活动可以增长才干

或者将来做工程项目设计，就会自然地运用系统论观点，有条不紊地按设计程序做好各阶段性设计工作，而学生通过这种第二课堂活动的参与所获得的能力锻炼，可以潜移默化地影响着设计能力的提高。

### 3、热心社会公益活动

学生大学毕业，多数人要结束人生连续十七年的学校生活而踏入社会，不但要从事职业工作，为国家创造财富，也要为文明的社会尽一份义务。前者是有偿劳动，后者是义务奉献。前者需要学生发挥才干，后者需要学生具有崇高的思想境界，而这种境界，也是专业素养的组成部分。因此，学生在大学里，不仅致力于专业知识的学习和专业技能的提高，也要注意专业素养的滋润。而学生多参与一些社会公益活动，不失为一种很好的渠道。比如，学生担当志愿者工作，这是学生在读书期间参与社会生活，了解百姓心声，增强自己社交能力的很好机会。特别是在一些大型公共活动中，学生担当某些工作，不但使这些公共活动带来青春的气息，亮丽的风景，而且对于学生来说也是多方面的考验：责任心、知识域、体力、忍耐心、善心善意等等。这些都是在校园里不曾有的体验。对于锻炼独立工作的能力也是大有裨益的。而能结合专业学习的公益活动，更能使学生如鱼得水，并且，学生从中也能得到技能的进一步提高。比如在志愿者活动中，参与组委会的文件翻译工作、导游工作、宣传制作工作，或者学生利用寒暑假到贫困地区支教等。学生参与这些社会公益活动，最大的成果应是培养了对社会、对人的一颗爱心，这是学生成长中最珍贵的，也是学生作为未来建筑师不可或缺的品质。有了这颗爱心，今后就会爱岗敬业，就会真诚为社会和人民服务，就会成为有作为、有成就的建筑师或者学生所热爱职业的优秀人才。

# 主要参考文献

1. 黎志涛.建筑设计方法.北京：中国建筑工业出版社，2010.

2. [英]布莱恩·劳森著，杨小东、段练译.设计师怎样思考：解密设计.北京：
   中国机械工业出版社，2009.

3. 李嘉曾.创造学与创造力开发训练.南京：江苏人民出版社，1997.

4. 张钦楠.建筑设计方法学.西安：陕西科学技术出版社，1995.

5. 鲍家声编著.建筑设计教程.北京：中国建筑工业出版社，2009.

6. 芮杏文、戚昌滋.实用创造学与方法论.北京：中国建筑工业出版社，1985.

7. 戚昌滋、胡云昌.建设工程现代设计法.北京：中国建筑工业出版社，1988.

8. 中国出版工作者协会.半月选读.2013.1~12期.